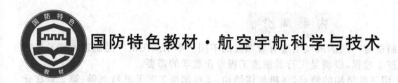

国防特色教材·航空宇航科学与技术

飞行器制造技术基础

陈文亮　安鲁陵　主编

北京航空航天大学出版社

北京理工大学出版社　哈尔滨工业大学出版社
哈尔滨工程大学出版社　西北工业大学出版社

内容简介

由于飞机产品的特殊性，飞机制造与一般的机械制造有着明显的不同。本书从飞机产品制造所涉及工艺方法的角度，全面介绍飞机制造的整个过程，以满足飞行器制造工程专业教学的需要。

全书共分7章。第1章简要介绍飞机结构的特点、飞机机体结构、飞机制造工艺及其特点等；第2章在介绍飞机制造中互换与协调基本概念的基础上，主要介绍基于模拟量传递的互换协调方法和基于数字量传递的互换协调方法；第3章主要介绍飞机钣金零件成形技术，包括飞机蒙皮类零件的制造、飞机骨架类零件的制造、飞机复杂钣金零件的制造和飞机钣金零件制造新技术；第4章主要介绍飞机整体结构件制造技术，包括整体壁板类零件的制造，框肋类零件的加工，以及整体梁、骨架和接头类零件的加工等；第5章主要介绍飞机复合材料构件制造技术，包括复合材料预浸料的制造、复合材料构件成形方法和成形模具等；第6章主要介绍飞机部件装配，包括飞机装配准确度要求，飞机装配中的定位、夹紧与连接，飞机部件装配工作和飞机部件装配新技术；第7章主要介绍飞机总装配及机场工作，包括飞机部件对接及水平测量，飞机导管、电缆的安装与试验，飞机系统的安装、调整和测试以及机场车间工作等。

本书除可作为高等工科院校飞行器制造工程专业本科教材外，也可供从事飞机设计和制造等工作的工程技术人员参考。

图书在版编目(CIP)数据

飞行器制造技术基础 / 陈文亮，安鲁陵主编. -- 北京：北京航空航天大学出版社，2014.4
ISBN 978-7-5124-1322-1

Ⅰ. ①飞… Ⅱ. ①陈… ②安… Ⅲ. ①飞行器—制造 Ⅳ. ①V47

中国版本图书馆CIP数据核字(2013)第289467号

飞行器制造技术基础
陈文亮　安鲁陵　主编
责任编辑　刘晓明
*
北京航空航天大学出版社出版发行
北京市海淀区学院路37号(邮编100191)　http://www.buaapress.com.cn
发行部电话：(010)82317024　传真：(010)82328026
读者信箱：bhpress@263.net　邮购电话：(010)82316524
北京建宏印刷有限公司印装　各地书店经销
*
开本：787×960　1/16　印张：13.75　字数：308千字
2014年4月第1版　2024年2月第5次印刷
ISBN 978-7-5124-1322-1　定价：45.00元

前　言

飞行器包括航空器、航天器、火箭和导弹等，各种飞行器构造不同、要求各异。飞机在现代飞行器中最具代表性，与一般的机械产品相比，其结构和制造工艺有很大的不同。一架大型飞机有十万多个零件，数百万个铆钉、螺栓等连接件，成百台电动机，数百只各种仪表和数百米各种管道；飞机零部件形状和结构复杂，尺寸大、刚度小；飞机的装配质量要求高，有更高的性能和可靠性要求。飞机产品的这些特点决定了飞机制造工艺有它的特殊性。

飞机制造工艺的特殊性，首先表现在它具有非常复杂而完善的互换协调理论和技术，并贯穿于制造过程的始终。飞机装配过程中的协调和变形问题比其他任何机械产品都要复杂。其次，飞机机体由大量钣金零件组成，其形状复杂，成形工艺非常特殊，飞机的整体结构制造和复合材料成形技术也很有特点。飞机装配是最能体现飞机制造特殊性的环节。飞机装配过程采用了大量的型架等特殊工艺装备，飞机的疲劳性能要求特别高，对装配连接工艺提出了严苛的要求；同时，飞机生产过程中，多品种、小批量和改型频繁的特点，决定了飞机制造和装配工艺与汽车等大批量生产的产品有显著的区别。

长期以来，飞机制造采用以模拟量传递为核心的零件制造和装配协调体系。近年来，随着信息化技术的普及和深化应用，我国飞机制造技术正在发生着革命性的变革，以数字量传递为核心的数字化设计、制造技术正在深刻地改变着传统的飞机制造模式，飞机制造工艺的特殊性有了新的表现形式。

在飞行器制造工程专业的教学实践过程中，由于一直缺少一本全面介绍飞机制造整个过程的教材，飞行器制造工程专业的学生难以获得飞机制造过程的宏观认识。作者围绕飞行器制造工程专业课程体系改革，结合多年的教学实践，认为设置一门“飞行器制造技术基础”的课程十分必要，为此，南京航空航天大学飞行器制造工程专业进行了多年的尝试，编写了相关的讲义用于该课程的教学，取得了良好的效果。在此基础上，作者还广泛听取了北京航空航天大学、西北工业大学飞行器制造工程专业的老师以及航空制造企业技术人员的意见和建议，编写了这本教材，以满足飞行器制造工程专业教学的需要。

本书第 1 章由卫炜编写，第 2 章由陈明和编写，第 3 章由翟建军、鲁世红、金霞编写，第 4 章由王珉编写，第 5 章由安鲁陵编写，第 6 章由陈文亮编写，第 7 章由安鲁陵编写。另外，郭宇、徐岩、王志国、闫崇京等为本书的编写做了许多工作。在本书的编写过程中，张麟教授和王俊彪教授对本书的内容提出了很好的意见和建议，并对本书进行了仔细的审核。在此，对各位老师的辛勤劳动表示衷心的感谢。

由于时间仓促，加上近年来飞机制造技术的发展突飞猛进，文中一定有很多不恰当之处，错误也在所难免，恳请广大读者批评指正，以便在以后的版本中加以改进。

作　者

2014 年 1 月

目　录

第1章　飞机结构及其制造工艺特点

1.1　概　述

飞行器(aerospace vehicle 或 flying machine)是指能在地球大气层内或大气层外空间飞行的器械,包括航空器(如飞机)、航天器(如太空航天飞机)、火箭和导弹等。

航空器包括气球、飞艇、飞机、滑翔机、直升机、旋翼机、扑翼机、倾转旋翼机等。航空器是在大气层内飞行的飞行器,依靠空气的静浮力或与空气进行相对运动时产生的空气动力升空飞行。

航天器包括人造地球卫星、空间探测器、载人飞船、空间站、航天飞机、空天飞机等。航天器是在大气层外空间飞行的飞行器,通过火箭等运载工具获得必要的速度进入大气层外空间后,在引力的作用下进行近似天体的轨道运动。

火箭和导弹可以在大气层内外飞行,动力装置和飞行范围接近航天器。火箭以火箭发动机为动力升空,导弹是基于火箭技术的飞行武器。

各种飞行器构造不同,要求各异,一一道来,几无可能。本书拟以使用最广泛、最具有代表性的航空器——飞机为例,力求较系统地介绍飞行器制造技术基础部分的基本内容,以利于读者"举一反三"。

1.2　飞机的组成及对飞机的特殊要求

飞机主要包括机体结构、动力装置(发动机)和机载设备(如雷达)等。机体结构保证飞机的气动外形,并将飞机各个部分连接成一个整体;动力装置作为其动力来源,使机翼产生升力,并保证飞机克服空气阻力向前飞行;机载设备作为飞机的指挥中枢,用于控制和协调各部件的工作。如图1-1所示为空客A320客机的主要组成部分。

由于使用目的不同,飞机结构和一般的机械结构相比,具有自身的特殊要求。这些要求可以概括为:气动要求、结构完整性要求、最小质量要求、使用维护要求、工艺性要求、材料要求。

① 当飞机结构与气动外形有关时,应保证构造外形满足总体设计规定的外形准确度,不允许机翼、尾翼、机身结构有过大变形,以保证飞机具有良好的气动升力、阻力特性以及良好的稳定性和操纵性。飞机的机翼、尾翼和机身等部件的几何外形参数与飞机的总体性能密切相关。机翼翼型及其在机翼上的配置情况,对气动特性影响极大。机身作为飞机机体结构中构造最复杂的一个部件,在选择机身几何参数、确定机身外形时,必须综合考虑,使其内部容积足

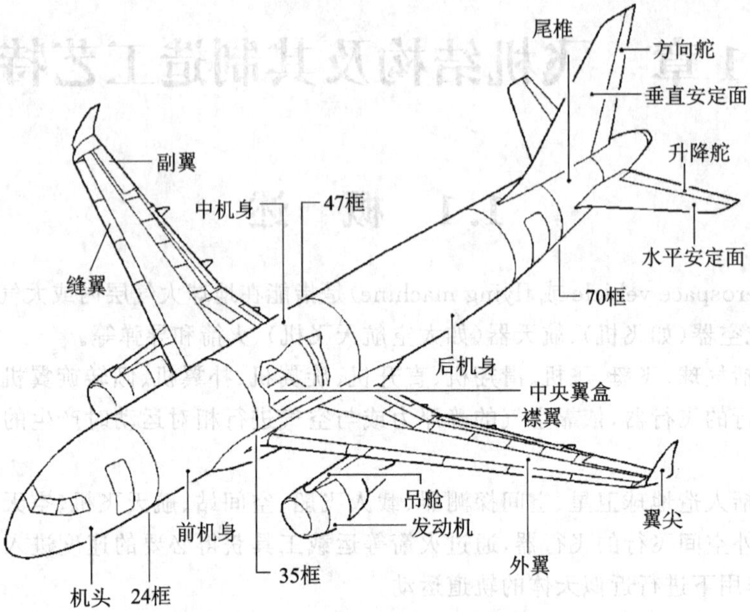

图 1-1　空客 A320 客机的组成

够大、气动阻力最小、有利于进行结构布置等。

② 飞机结构完整性是确保飞机安全寿命和高可靠性的重要条件之一，它主要包括机体结构的强度、刚度、损伤容限及耐久性(疲劳安全寿命)等设计指标，保证结构在承受各种规定的载荷状态下，具有足够的强度，不产生不能允许的残余变形；具有足够的刚度，以避免出现不能允许的气动弹性现象与共振现象。

③ 飞机结构质量显著影响飞机性能的优劣。在满足飞机的空气动力要求和结构完整性的前提下，应使结构的质量尽可能轻，这意味着有效载荷、飞行速度和飞行距离的增加。合理的结构布局是减轻结构质量最主要的环节。

④ 飞机的使用维护品质是衡量飞机性能的一项重要技术指标，良好的维修性意味着维护成本低，或者无故障的飞行时间更长，意味着飞机的经济性更好。飞机在结构上必须按照维修方式(定检、小修、中修)来合理确定检查口盖的位置、数量及种类。同时，飞机良好的维修性也体现在结构上需要布置合理的分离面与各种舱口，在结构内部安排必要的检查和维修通道，增加结构的开敞性和可达性等。

⑤ 要求飞机结构有良好的工艺性，便于加工、装配。这对飞机来说意义重大。因为飞机零件数量多，多采用薄壁结构，开敞性差，形状和结构复杂，尺寸大而刚度小，所以使得飞机制造困难，手工劳动量大。

⑥ 在保证结构具有足够的刚度、强度及抗疲劳特性的情况下，为了满足结构质量的要求，

大量采用铝合金、镁铝合金、钛合金等比强度高的金属材料。随着飞机性能的逐步提高，对飞机的要求也越来越高，复合材料在飞机结构中的应用日益广泛。在第四代战斗机 F－22 上，复合材料用量约占飞机结构质量的 40 %，在 787 干线客机上的复合材料用量已达到 50 %。

1.3 飞机机体结构

1.3.1 机　翼

机翼的主要功用是产生升力，以支持飞机在空中飞行，同时也起到一定的稳定和操作作用；机翼还可以存储燃油。机翼作为飞机的主要气动面，是主要的承受气动载荷的部件。它一般由机翼主盒、襟翼、扰流片、副翼、缝翼、发动机吊挂等部分组成，如图 1－2 所示。其中副翼和扰流片用于机翼的横向操纵。副翼是安装在机翼翼梢后缘外侧的可动的翼面，为飞机的主操作舵面，飞行员操纵左右副翼差动偏转所产生的滚转力矩，可以使飞机作平衡的横滚机动。襟翼和缝翼用于增加升力或改变机翼升力的分布：襟翼是安装在机翼后缘内侧的翼面，可绕轴向后下方偏转，依靠增大机翼的弯度来获得升力增加；缝翼一般位于机翼前缘，打开时，既增大机翼面积，又增大翼型弯度，可达到较好的增升效果。

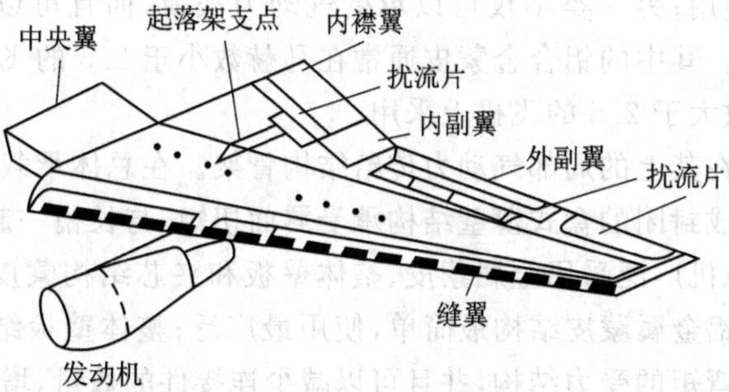

图 1－2　机翼布置

机翼质量一般占全机质量的 8 %～15 %，机翼结构质量占机翼质量的 30 %～50 %。机翼通常有以下气动布局形式：平直翼、梯形翼、三角翼、后掠翼、边条翼、前掠翼、变后掠翼和菱形翼等。机翼的几何参数主要有翼展（机翼左右翼尖之间的长度）；翼弦（机翼沿机身方向的弦长）；展弦比（翼展和平均几何弦长的比值，同时，展弦比也可以表示为翼展的平方与机翼面积的比值；展弦比越大，机翼的升力系数越大，但阻力也增大，因此，高速飞机一般采用小展弦比的机翼）；后掠角（机翼与机身轴线的垂线之间的夹角，包括前缘后掠角、后缘后掠角及 1/4 弦线后掠角）；根梢比（翼根弦长与翼尖弦长的比值）；相对厚度（机翼翼型的最大厚度与翼弦长的

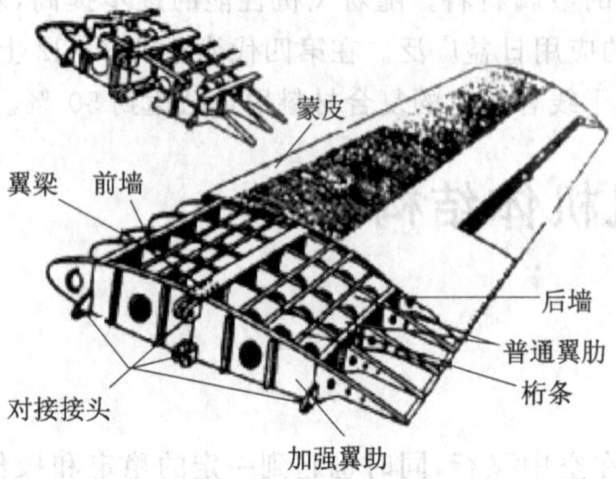

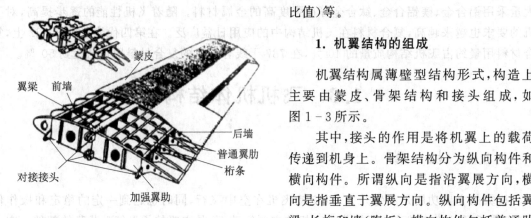

图 1-3 翼面的典型结构构件

比值)等。

1. 机翼结构的组成

机翼结构属薄壁型结构形式，构造上主要由蒙皮、骨架结构和接头组成，如图 1-3所示。

其中，接头的作用是将机翼上的载荷传递到机身上。骨架结构分为纵向构件和横向构件。所谓纵向是指沿翼展方向，横向是指垂直于翼展方向。纵向构件包括翼梁、长桁和墙(腹板)，横向构件包括普通肋和加强肋。蒙皮是包围在机翼骨架外的维形构件，用铆钉或粘接剂固定于骨架上，形成机翼的气动力外形。这些构件的基本功用是形成和保持翼面外形，承受和传递外载荷。

(1) 蒙　皮

蒙皮的主要功用是保持机翼气动外形，承受并传递局部气动力。根据参与受力的程度，蒙皮可分两类：一类只能承受气动力载荷(吸力或压力)，有布质蒙皮、层板蒙皮和薄金属板蒙皮，早期的低速飞机广泛使用；另一类不仅可以承受气动力载荷，而且可以在不同程度上承受弯曲、剪切和扭转等载荷。其中的铝合金蒙皮通常在马赫数小于 2.5 的飞机上采用，钛合金蒙皮通常在高温区和马赫数大于 2.5 的飞机上采用。

通常，蒙皮将作用在其上的局部气动力传给结构骨架。在总体承载时，蒙皮和翼梁或翼墙的腹板组合在一起，形成封闭的盒式薄壁结构承受翼面扭矩，与长桁一起形成壁板承受翼面弯矩引起的轴力。现代飞机广泛采用金属蒙皮、整体壁板和夹芯结构蒙皮、复合材料蒙皮等，如图 1-4 所示。其中硬铝金属蒙皮结构最简单，使用最广泛；整体壁板结构形式的蒙皮是最主要、甚至是唯一的承受弯矩的受力结构，并且可以减少连接件的数量，增加结构的抗疲劳寿命，提高整体油箱的密封性，在保证足够强度和刚度的条件下获得质量较轻的光滑翼面；夹芯蒙皮通常由两层薄金属板或复合材料层板与轻质疏松或蜂窝结构夹芯互相连接而成，可以减轻翼面结构质量，提高翼面刚度和表面品质(无铆缝)，并具有良好的隔热、隔音、防振、抵抗裂纹及其他损伤扩展的能力；复合材料蒙皮由于高强质轻、抗疲劳能力强，而得到越来越广泛的应用。

(2) 桁　条

桁条(也称长桁)是纵向较为细长的杆件，与蒙皮相连，对蒙皮起支持作用，一般还与翼肋相连，受翼肋支持。桁条是纵向骨架中的重要受力构件之一，承受翼面弯矩引起的轴向力和局部气动力引起的剪力，这些力的大小取决于翼面的结构形式并决定桁条横截面的形状和面积。

桁条按截面形状分为开式和闭式截面，按制造方法分为板弯桁条和挤压桁条，如图 1-5

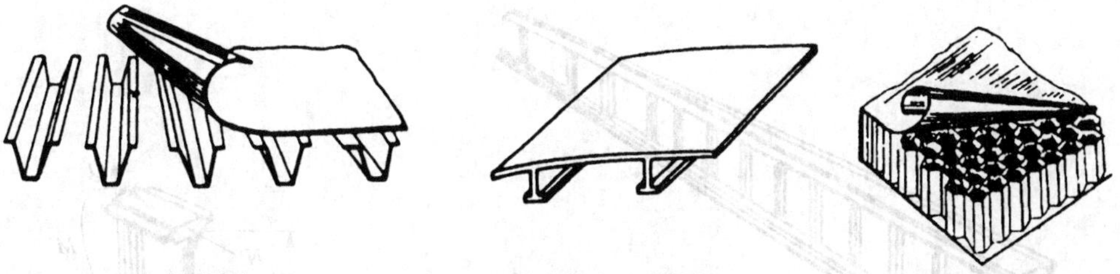

(a) 金属蒙皮　　(b) 整体蒙皮(整体壁板)　　(c) 蜂窝夹芯蒙皮

图 1-4　蒙　皮

所示。板弯开式型材由板材制造,容易弯曲,与蒙皮贴合好,得到的翼面光滑,容易与蒙皮及其他构件固接。板弯的闭式型材,如图 1-5(a)中的 6、7 所示,可提高型材和蒙皮压缩临界应力。挤压型材通常比板弯型材具有较厚的腹板,在其他条件相同的情况下,它们的受力临界应力较高,但与蒙皮(特别是弯度大的蒙皮)难以固接。

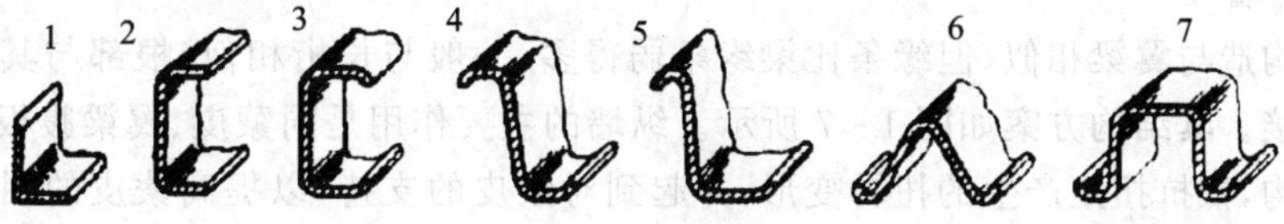

(a) 板弯型材

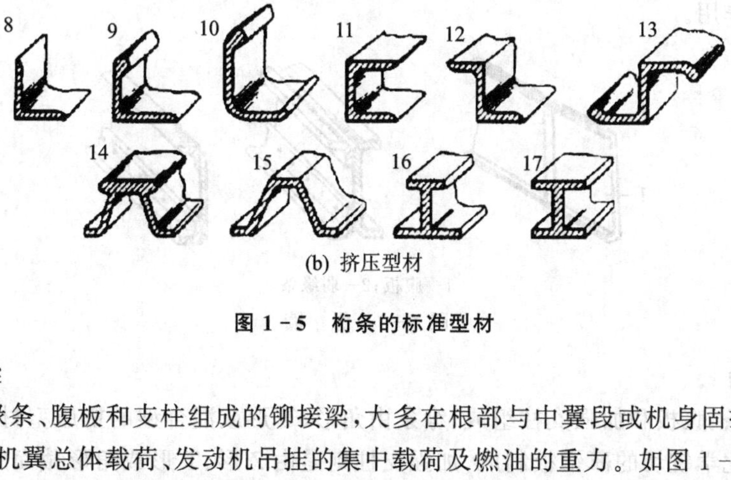

(b) 挤压型材

图 1-5　桁条的标准型材

(3) 翼　梁

翼梁是由缘条、腹板和支柱组成的铆接梁,大多在根部与中翼段或机身固接,组成机翼的受力盒段,承受机翼总体载荷、发动机吊挂的集中载荷及燃油的重力。如图 1-6 所示,翼梁缘条由角形和 T 形截面的挤压型材制成,翼梁腹板通常由薄板经过化学铣切制成,由 Z 形和角形截面的挤压型材制成的支柱加强。翼梁是单纯的受力件,缘条承受由弯矩 M 引起的拉压轴力。由支柱加固的腹板承受剪力 Q 并能承受由扭矩 M_t 引起的剪流,使翼面周边形成闭室并在这两种情况下受剪。在有的结构形式中,它是翼面主要的纵向受力件,承受翼面全部或大部分弯矩。

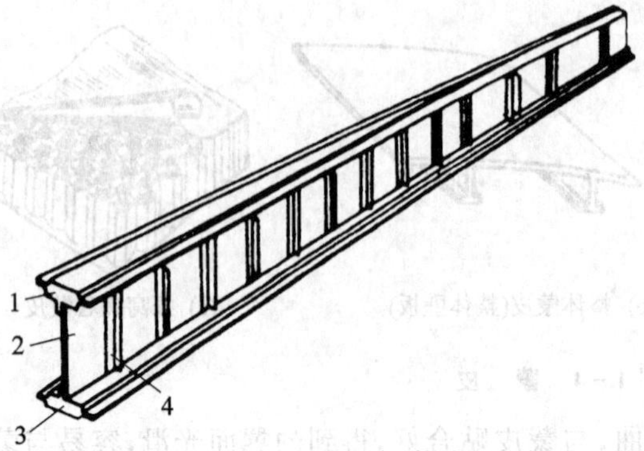

(a) 翼梁构造

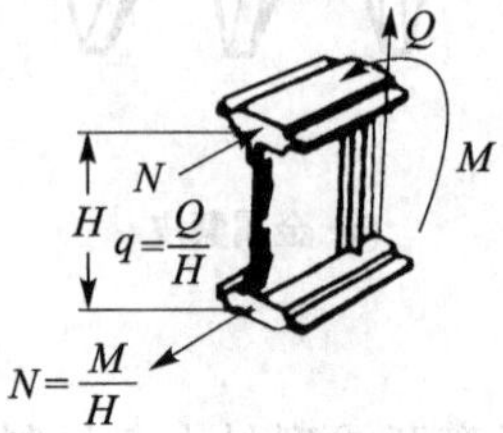

(b) 翼梁受载

1—上缘条；2—腹板；3—下缘条；4—支柱

图 1-6 翼 梁

(4) 纵 墙

纵墙的构造与翼梁相似，但缘条比梁缘条弱得多，一般与长桁相似，根部与其他部分的连接方式为铰接。其结构方案如图 1-7 所示。纵墙的主要作用是同蒙皮、翼梁腹板一起构成封闭的盒式结构，抵抗扭矩产生的扭转变形，并起到对蒙皮的支持，以提高蒙皮的屈曲承载能力的作用。通常腹板设有减轻孔，为了提高临界应力，腹板用支持型材加强。后墙则还有封闭翼面内部容积的作用。

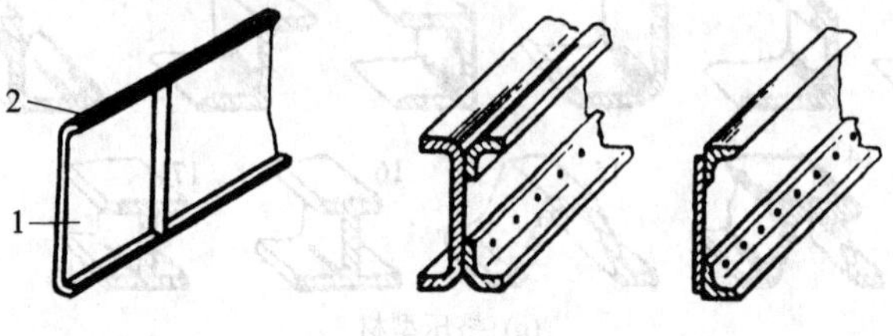

1—腹板；2—弱缘条

图 1-7 纵 墙

(5) 翼 肋

翼肋由缘条、腹板和加强支柱组成，缘条由角形、T 形或混合型的挤压型材制造，肋腹板由光滑的或经过化学铣切的薄铝板制成，加强支柱则是由 Z 形、T 形或角形截面的挤压型材加工而成。翼肋分为普通翼肋和加强翼肋，按照不同的功能，翼肋又可被划分为 4 类：

① 承力翼肋，承受集中载荷；

② 隔板翼肋，燃油箱或油箱段的壁，即把机翼盒段分割成油箱的翼肋；

③ 防晃动翼肋，用于承受燃油顺翼展方向移动的惯性载荷；

④ 标准翼肋，承受并传递从壁板到翼梁的载荷，支持壁板，维持机翼形状。

普通翼肋构造上的功用是维持机翼剖面所需的形状，并将局部气动载荷从蒙皮和桁条传递到翼梁和蒙皮上，如图1-8所示。一般它与蒙皮、长桁相连，当翼面受气动载荷时，它以自身平面内的刚度向蒙皮、长桁提供垂直方向的支持。同时，翼肋又沿周边支持在蒙皮和梁（或墙）的腹板上，当翼肋受载时，由蒙皮、腹板向翼肋提供各自平面内的支承剪流。

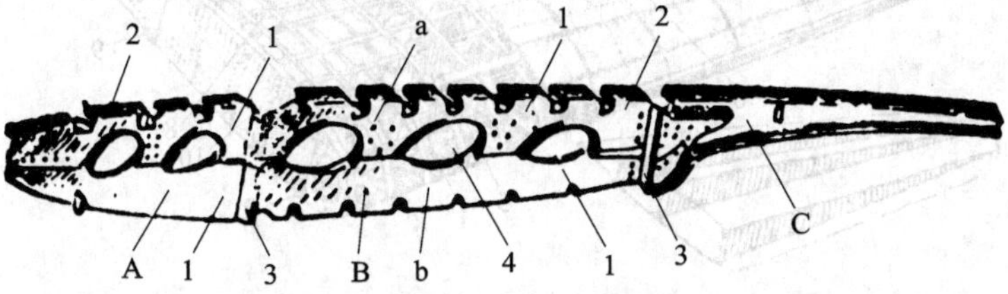

1—腹板；2—周缘弯边；3—与腹板连接的弯边；4—减轻孔；
A—前段；B—中段；C—后段；a—上部分；b—下部分

图1-8　腹板式翼肋

加强翼肋除起普通翼肋的作用外，主要是用于承受固定在翼面上的部件（起落架、发动机、副翼及翼面其他活动部分悬挂接头）的集中力和力矩，并将它们转化为分散力传给蒙皮和翼梁、纵墙的腹板。结构不连续的地方也要布置加强肋，用于重新分配在纵向构件轴线转折处壁板和腹板之间的力，或在翼面结合处和大开口边界上将扭矩转变为力偶。加强肋有很大的横截面积，挤压型材制成的缘条、腹板不开口，用支撑角材加强，翼肋上的桁条重新对接，不需要切断翼肋缘条，如图1-9所示。有时这样的翼肋由锻件制造，或采用桁架式结构。

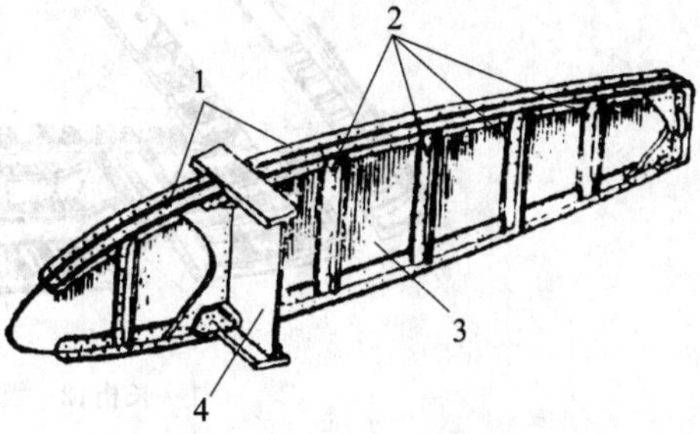

1—缘条；2—支柱；3—腹板；4—翼梁

图1-9　带支柱的腹板式加强翼肋

机翼的特点是薄壁结构，以上各构件之间的连接大多采用分散连接，如铆接、螺接、点焊、胶接或它们的混合形式，如胶铆等。

2. 机翼结构形式

机翼结构形式是指结构中主承力系统的组成形式。主承力系统由承受作用在机翼上的力和力矩的构件组成，通常按照强度设计的要求选择机翼结构形式。根据主要抗弯构件的不同，典型的受力形式有蒙皮骨架式、整体壁板式和夹层结构。

蒙皮骨架式即薄壁结构形式，可分为双梁式（见图1-10）、单块式（见图1-11）和多墙式（见图1-12）三种结构形式。

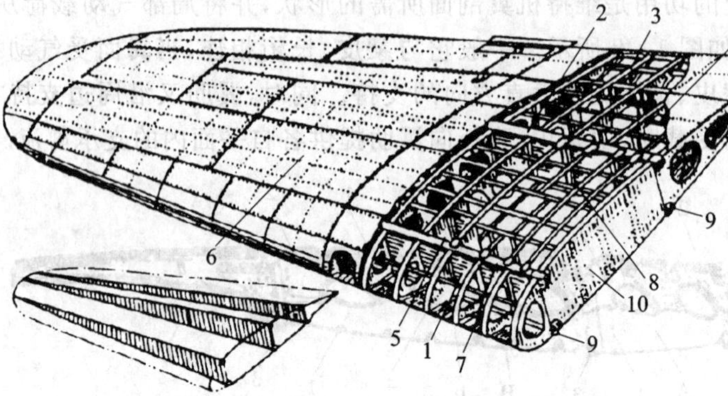

1—前梁;2—后梁;3—后墙;4—桁条;5—普通翼肋;6—蒙皮;
7—梁缘条;8—立柱;9—接头;10—加强翼肋

图 1-10 双梁式结构

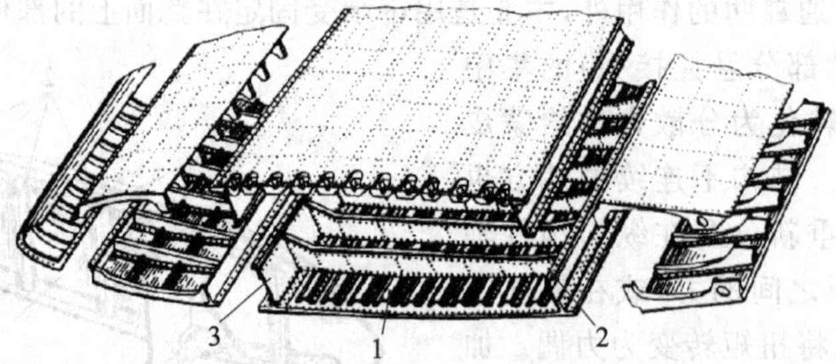

1—长桁;2—翼肋;3—墙或梁的腹板

图 1-11 单块式结构

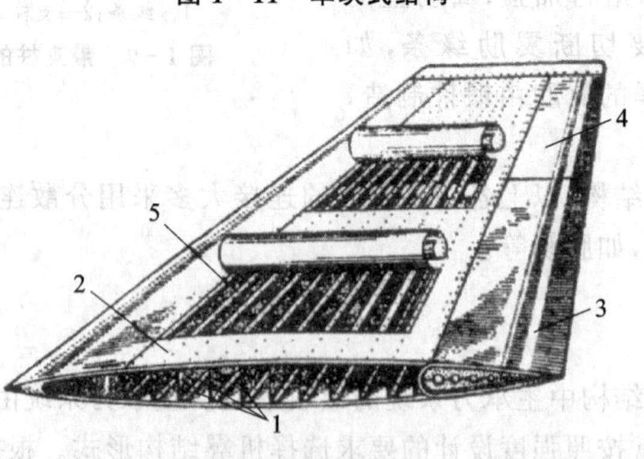

1—纵墙;2—蒙皮;3—襟翼;4—副翼;5—纵墙的缘条

图 1-12 多墙式结构

整体壁板结构由若干个大型整体件如整体蒙皮壁板、整体梁和整体肋组成。整体壁板翼面由蒙皮与横向骨架、纵向骨架合并成上下两块整体壁板，然后用铆接或其他方式连接起来，形成一块完整的机翼，如图 1－13 所示。这种结构的特点是：蒙皮容易实现变厚度，加强筋可以合理布置，受力效果好，强度、刚度较大；构造简单、质量轻；铆缝少，表面光滑，气动外形好；零件少，装配协调容易。整体壁板结构除了可以用金属材料制造以外，还可以用复合材料制造。

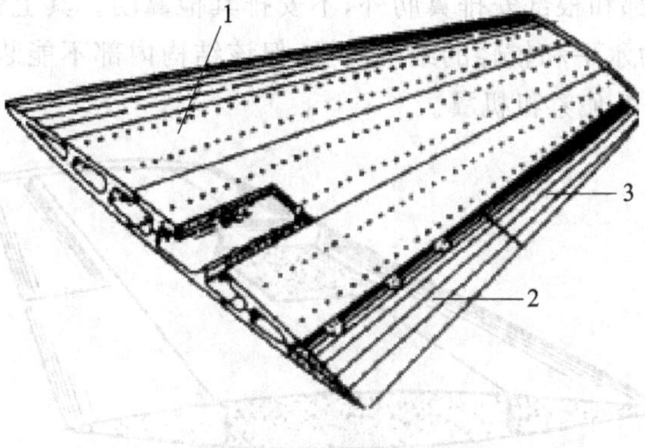

1—整体壁板；2—襟翼；3—副翼

图 1－13　整体壁板结构

夹层结构采用夹层板作为元件。夹层板由面板和芯层构成，芯层一般是各种轻质材料，或金属和复合材料制成的波纹板、蜂窝格。面板有铝合金、不锈钢等。目前，应用最多的是铝蜂窝夹层结构。夹层结构又可分为夹层板结构和夹层盒结构。

夹层板结构主要由上下夹层板壁板、前后梁和若干翼肋组成，如图 1－14 所示。与同样质

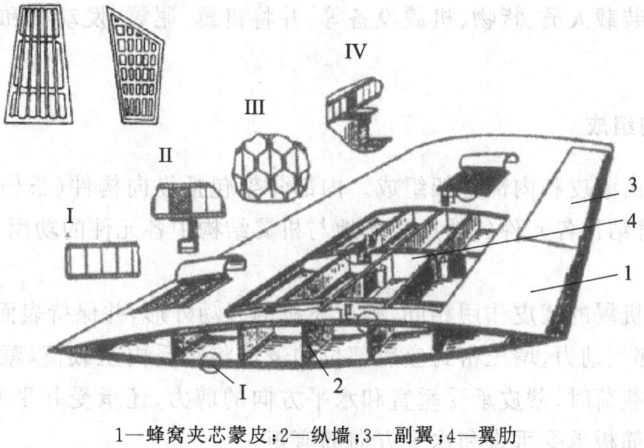

1—蜂窝夹芯蒙皮；2—纵墙；3—副翼；4—翼肋

图 1－14　蜂窝夹层结构

量的单层蒙皮相比，夹芯蒙皮的强度、刚度大，能够承受较大的局部气动力，气动外形好；夹芯蒙皮的两层面板之间充满着空气和绝热材料，耐热绝热性好。这种结构形式受力构件少，构造简单，装配工艺性好，密封性好；但制造工艺较复杂，工艺质量不稳定，特别是接头和分段处加工制造更加困难，且夹层结构上不宜开口。

夹层盒结构主要是指相对厚度很小的翼面，且其上下夹层蒙皮的内层面板过于靠近而制成的全厚度夹层或全充填夹层结构。如图 1-15 所示为采用泡沫塑料作为填料的夹层盒翼面。该结构除在机翼尖部和根部安排翼肋外，不安排其他翼肋。其上蒙皮通过夹芯得到下蒙皮的支持，有很高的应力水平和较轻的结构质量；但该结构内部不能装载，一般多用于无装载的外翼结构，如美国 U—2 侦察机机翼。

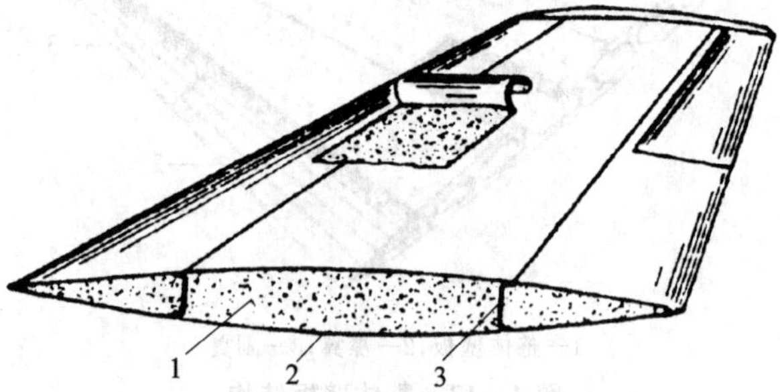

1—填料；2—蒙皮；3—纵墙

图 1-15 实心夹层盒结构

1.3.2 机 身

机身是指用来装载人员、货物、机载设备等，并将机翼、尾翼、发动机和起落架等连成一个整体的飞机部件。

1. 机身结构的组成

机身结构一般由蒙皮和内部骨架组成。内部骨架包括纵向构件（长桁、桁梁）和横向构件（隔框）。通常，机身结构各元件的功用相应地与机翼结构中各元件的功用相同。

(1) 蒙 皮

机身的蒙皮和机翼的蒙皮作用相同，构成飞机的气动外形，并保持表面光滑。在承受局部载荷时，如承受局部气动力，增压密封座舱部位的蒙皮将承受内压载荷，蒙皮将其传递给机身骨架。在承受总体载荷时，蒙皮承受垂直和水平方向的剪力，还承受并平衡机身上的扭矩；蒙皮与长桁组成的加筋板承受垂直和水平方向的弯矩。

机身蒙皮材料一般采用铝合金，对关键件应采用断裂、疲劳性好的材料，如 LY12、2024—

T4 等；对于 $Ma>3$ 的飞机，在受热影响较大的部位采用钛合金或不锈钢板材。在某些情况下，也可采用厚铝板经化学铣切等方法直接加工成带纵、横筋条的整体壁板。

蒙皮厚度首先要考虑载荷的大小，由于一般机身中部受力大，两端受力小，故中部的蒙皮应比两端的厚。

(2) 纵向骨架

长桁(桁条)与桁梁均为机身的纵向构件。结构中长桁与机翼的长桁相似，长桁承受部分作用在蒙皮上的气动力并将其传给隔框。另外，长桁对蒙皮起支持作用，可提高蒙皮受压、受剪时失稳的临界应力。

长桁与蒙皮组成承力壁板，在桁条式机身中，应根据受力合理、结构效率高、工艺性好等多方面因素综合考虑其剖面形状、分布规律。长桁沿机身周边基本为均匀分布，沿机身纵向尽量按等角辐射分布，占机身结构质量的 12 %～20 %。现代战斗机其间距一般为 80～150 mm，轰炸机、运输机等一般为 50～250 mm。

(3) 横向骨架

横向骨架主要由普通框和加强框组成。框的功用与机翼中的肋相同。普通框用于保持机身的截面形状以及固定蒙皮和桁条，承受蒙皮的局部载荷，对长桁提供支持。普通框的典型结构如图 1-16 所示。框截面有两个缘条和一个腹板，能保证框承受弯曲和剪切应力。较强的框缘条还可以作为周向止裂带，提供一定的破损安全特性。

加强框主要是传递机翼、尾翼、起落架等的集中力和集中装载等。如图 1-17 所示为歼 6 飞机翼身连接加强框。通过连接件以剪流形式将力分散传给机身蒙皮。通常在机身的大开口两端需要布置加强框，以便在结构不连续处实现机身盒段受力形式的转换和重新分配。

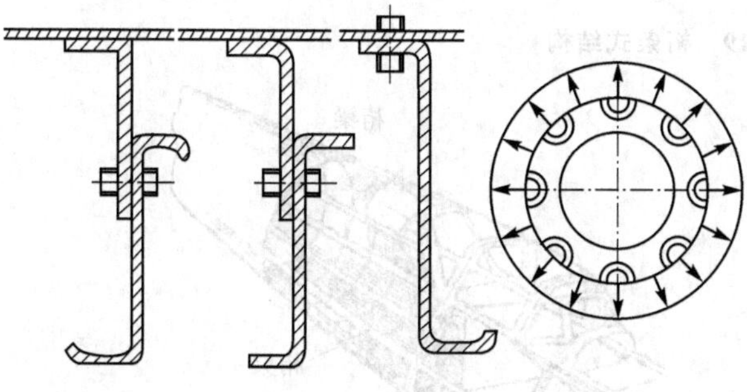

图 1-16　普通框的典型结构和框截面形状

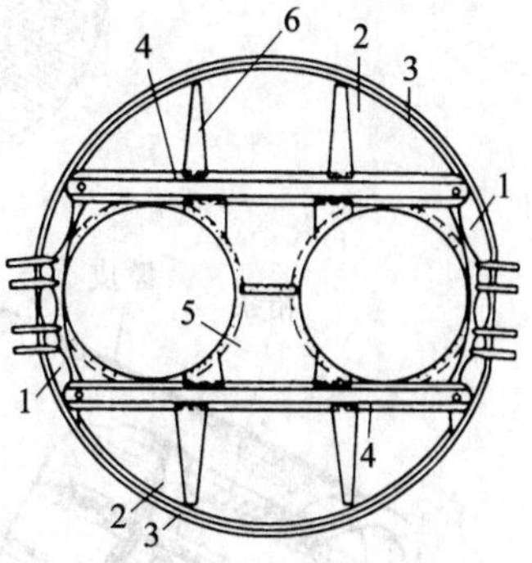

1—横梁；2—上下腹板；3—框外缘条
4—缘条；5—中腹板；6—集中力扩散件

图 1-17　歼 6 飞机翼身连接加强框

2. 机身结构形式

机身通常要承受剪力、弯矩以及沿机体轴向的轴力和扭矩，并且机身内部需要装载货物、乘员和发动机等，一般采用刚性薄壁空间结构，主要有桁架式、半硬壳式（包括桁条式和桁梁式）和硬壳式（厚蒙皮）等几种典型结构形式，如图 1-18～图 1-21 所示。

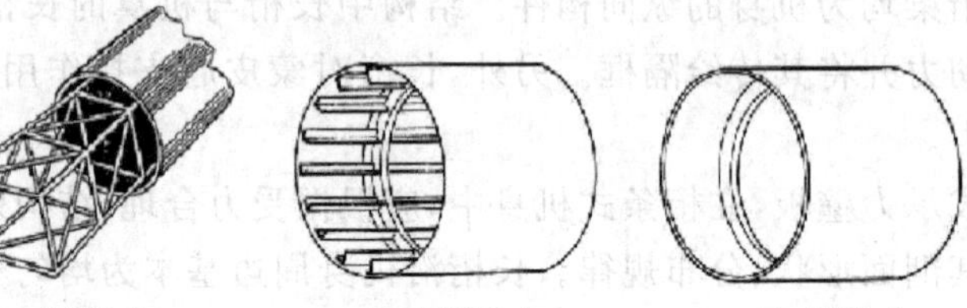

图 1-18 机身的典型构造形式

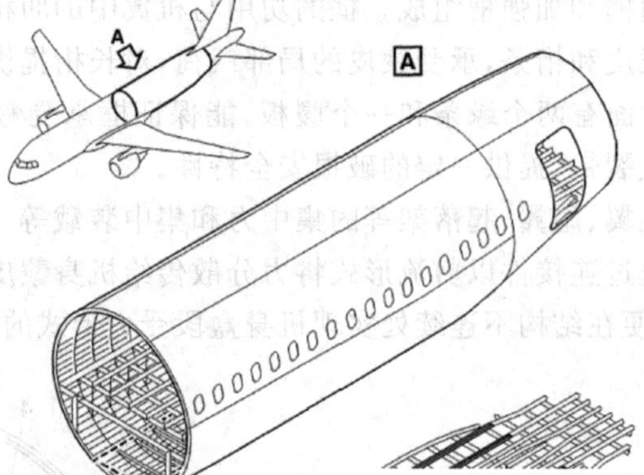

图 1-19 桁条式结构

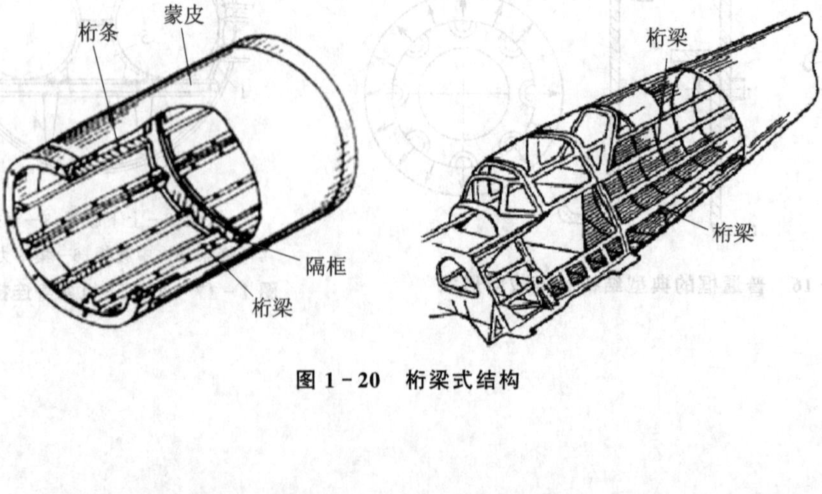

图 1-20 桁梁式结构

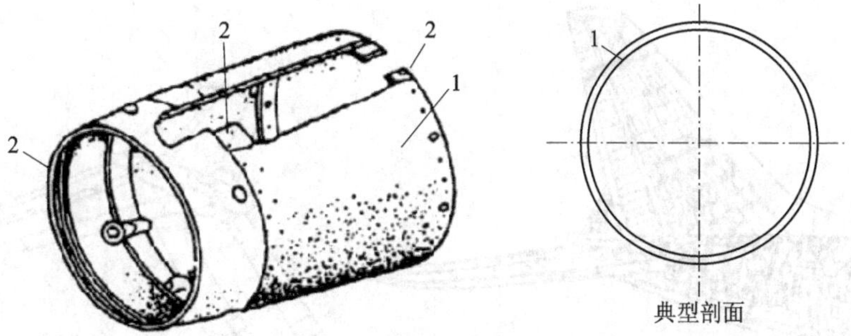

1—蒙皮;2—隔框

图 1-21　硬壳式结构

1.3.3 尾　翼

尾翼用于保证飞机的纵向和航向的平衡与安定性,以及实施对飞机的纵向、俯仰和航向的操纵。一般常规飞机的尾翼由水平尾翼和垂直尾翼两部分组成。水平尾翼由水平安定面和升降舵组成;垂直尾翼由垂直安定面和方向舵组成。升降舵和方向舵统称为舵面。从本质上说,尾翼的直接功用也是产生升力,因而尾翼的设计要求和构造与机翼十分类似,通常都是由骨架和蒙皮构成的,但它们的表面尺寸一般较小,厚度较薄,在构造形式上有一些特点。

随着飞机的不断发展,为了提高飞机在跨声速和超声速高速飞行中的操纵性能,如今许多超声速飞机(尤其是高性能的战斗机,如俄罗斯的苏—27、美国的 F—15"鹰"战斗机等)都将水平尾翼设计成可偏转的整体,即不存在固定的水平安定面,整个水平尾翼都可以活动,称为全动平尾。

1. 安定面的结构特点及布局

安定面的结构和翼面基本相同,受力特性也相同。但安定面不同于机翼结构设计的特点是,安定面内很少有装载,故安定面完全可以按受力的要求而进行结构设计。安定面的结构布局及承力系统的安排是否合适,对结构效率有重要影响。同时尾翼的气动布局形式不同,安定面的结构布局与承力系统安排也有所不同。普通尾翼与 T 形尾翼的典型布局如图 1-22 所示。

安定面常采用的结构布局形式有梁式、单块式、多墙式、整体式、全蜂窝式或混合式等。轻型飞机的安定面较小,多采用梁式构造;大型飞机的安定面一般都采用多纵墙的单块式构造,例如,B747 和 B767 的水平安定面和垂直安定面都是双梁加一辅助前梁(前墙)的双闭室结构。

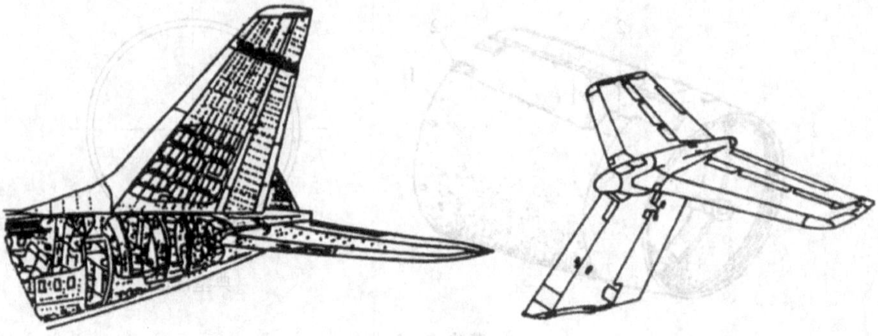

(a) 普通尾翼布局 (b) T形尾翼布局

图 1－22 尾翼的典型布局

2. 全动平尾

当飞机超声速飞行时，升降舵的偏转对安定面没有影响，但舵面操纵效率大为下降。为了提高尾翼的效能采用了全动平尾，将水平尾翼做成可操纵偏转的整体，在全动平尾上不再有安定面和升降舵之分。操纵时整个平尾翼面一起动作，实现飞机的俯仰姿态操纵。全动平尾的构造与机翼相同，但是翼面的全部弯矩和扭矩载荷在根部都要集中到转轴上来，并且支承点是可转动的轴承，因此全动平尾根部结构复杂，质量较重。

全动平尾必须绕一根轴转动，它所受的全部载荷都通过转轴传到机身上，转轴上承受的力很大。全动平尾有转轴式和定轴式两种。转轴式平尾的轴与尾翼连接在一起，用固定在转轴上的摇臂操纵转轴，平尾与转轴一起偏转，这种形式可以避免在机身上开一大口，如图 1－23(a)所示。定轴式的轴不动，固定在机体上；尾翼套在轴上绕轴转动；操纵接头则布置在尾冀根部的加强肋上，如图 1－23(b)所示。与转轴式相比，这种形式的抗扭刚度比转轴式大，但机身必须开一扇形的大口，以便让平尾转动。目前转轴式全动平尾应用较广。

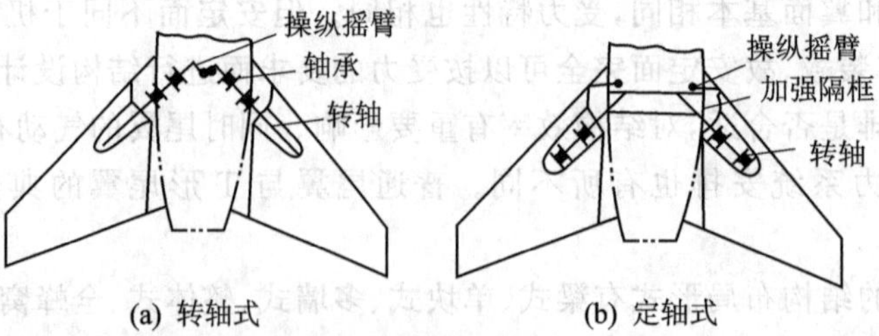

(a) 转轴式 (b) 定轴式

图 1－23 转轴式和定轴式全动平尾示意图

根据转轴的安排形式，全动平尾常采用的转轴形式主要有直轴式和斜轴式。直轴式是指转轴垂直于飞机的对称轴线，构造比较简单，适用于小展弦比的梯形和三角形平尾。其缺点是空气动力载荷对转轴的扭矩较大。直轴式如图 1 - 24(a)所示。斜轴式是指转轴具有一定的后掠角，优点是便于将转轴安排在平尾翼型最大厚度线附近，有利于减小空气动力载荷对转轴的扭矩；缺点是转轴在机身内的安排比较复杂，而且，如果要在左右转轴连接处用一个摇臂推动两边的平尾同时偏转，则接头的构造相当复杂。斜轴式如图 1 - 24(b)所示。

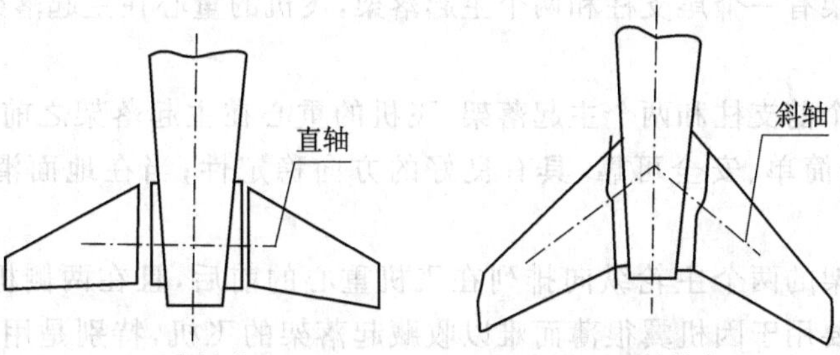

图 1 - 24　直轴式和斜轴式全动平尾示意图

全动平尾的结构形式直接与转轴形式有关，常见的结构形式主要有单梁式、单块式、双梁单块式或多梁单块式等。随着新材料和新结构的应用，全动平尾出现单梁、双梁和多梁复合材料结构等新的结构形式。如多梁复合材料结构用复合材料做蒙皮，前缘和后缘由全高度的蜂窝结构组合成整体件，如图 1 - 25 所示。F—14、F—15 和 F—16 全动平尾的蒙皮均采用了复合材料。

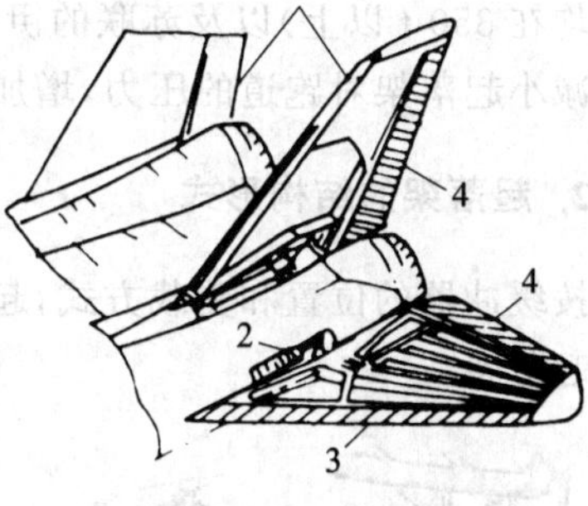

1—垂直尾翼；2—助力器；
3—蜂窝结构；4—全高度蜂窝结构

图 1 - 25　F—14 全动平尾

尾翼是一个整体的可操纵面。对尾翼的主要要求也是保证它所承担的空气动力任务的完成，能在飞机所有允许的飞行状态中均起到足够的平衡、稳定和操纵作用；具有足够的强度、刚度、损伤容限、寿命，而质量尽可能轻，以及在飞机允许的飞行速度范围内不发生各种形式的振动。

1.3.4　起落架

起落架是飞机在地面停放、滑行、起飞着陆滑跑时用于支撑飞机重力、承受相应载荷的装置。起落架能够消耗和吸收飞机在着陆时的撞击能量，保证飞机灵活稳定地完成在地面上的各种操纵动作。现代飞机的起落架通常由缓冲系统、承力结构、带充气轮胎的机轮、减振器、刹车装置及转弯操纵机构、减摆器、收放机构等组成。

1. 起落架的布置形式

起落架的布置形式是指飞机起落架支柱的数目和其相对于飞机重心的布置位置。目前，飞机上通常采用后三点式、前三点式、自行车式和多支柱式四种起落架形式。

后三点式起落架有一个尾支柱和两个主起落架，飞机的重心在主起落架之后，多用于低速飞机上。

前三点式有一个前支柱和两个主起落架，飞机的重心在主起落架之前。其目前广泛应用于高速飞机上，着陆简单、安全可靠，具有良好的方向稳定性；当在地面滑行时，操纵转弯较灵活。

自行车式起落架的两个主轮纵向排列在飞机重心的前后，且在两侧机翼下设置辅助轮。自行车式起落架主要用于因机翼很薄而难以收藏起落架的飞机，特别是用于采用上单翼的大型飞机上，如美国B—52轰炸机和“海鸥”AV—8垂直起降战斗机等。

多支柱式起落架的布置形式与前三点式起落架类似，飞机的重心在主起落架之前，但其有多个主起落架支柱，一般用于大型飞机上。如美国的B747旅客机、C—5A军用运输机(起飞质量均在350 t以上)以及苏联的伊尔86客机(起飞质量为206 t)。显然，采用多支柱、多机轮可以减小起落架对跑道的压力，增加起飞着陆的安全性。

2. 起落架的结构形式

按缓冲器的位置和受载方式，起落架的结构形式可分为：构架式起落架、支柱式起落架、摇臂式起落架。

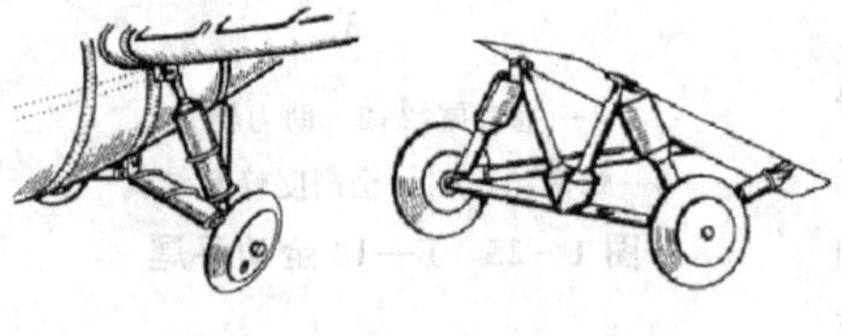

图1-26 构架式起落架

构架式起落架(见图1-26)通过承力构架将机轮与机翼或机身相连。承力构架中的杆件及减振支柱都是相互铰接的。它们只承受轴向力(沿各自的轴线方向)而不承受弯矩。因此，这种结构的起落架构造简单，质量也较轻，在过去的轻型低速飞机上用得很广泛。但由于其难以收放，因此现代高速飞机基本上不采用。

支柱式起落架(见图1-27)的减振器与承力支柱合二为一，机轮直接固定在减振器的活塞杆上。减振支柱上端与机翼的连接形式取决于收放要求，分为悬臂式和撑杆式两类。对收放式起落架，撑杆可兼作收放作动筒。扭矩通过扭力臂传递，亦可以通过活塞杆与减振支柱的圆筒内壁采用花键连接来传递。这种形式的起落架构造简单紧凑，易于放收，而且质量较轻，常用于起落架较长、跑道路面较好、受前方撞击较小的飞机上。其缺点是：活塞杆不但承受轴向力，而且承受弯矩，容易磨损及出现卡滞现象，使减振器的密封性能变差，缓冲器行程较大，支柱变长，质量增加。

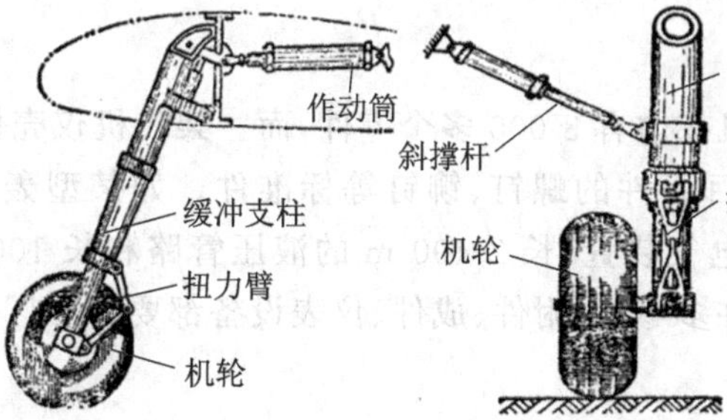

图 1－27 支柱式起落架

摇臂式起落架(见图 1－28)的机轮不与缓冲支柱直接相连,通过可转动的摇臂与减振器的活塞杆相连。减振器亦可以兼作承力支柱。这种形式的起落架对垂直撞击、前方撞击以及刹车等均有不同的缓冲能力。缓冲器只承受轴向力,不承受弯矩,因而密封性能好,可增大减振器的内部充气压力,以减小减振器的尺寸,克服了支柱式的缺点,在现代飞机上得到了广泛的应用。其缺点是构造和制造工艺较复杂,接头多且受力较大,在使用过程中的磨损较大。

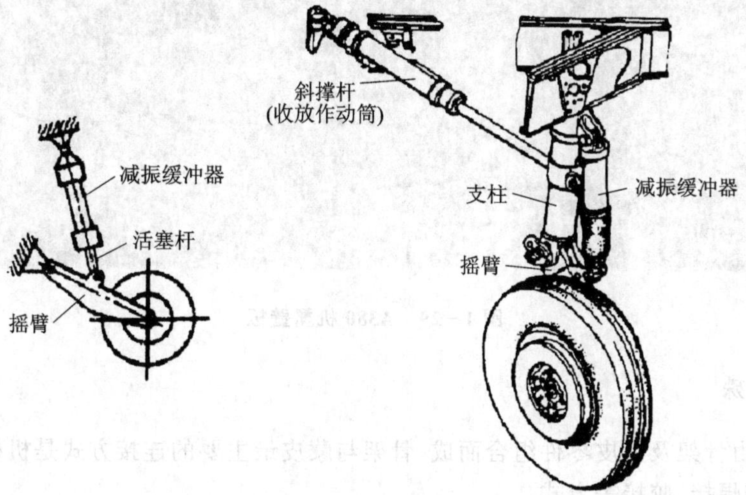

图 1－28 摇臂式起落架

1.4 飞机结构的特点

飞机结构的基本特点是外形与构造复杂、零件数目多,尺寸大、刚性小,归纳起来主要有如下几点。

1. 构造复杂，零件多

一辆载重汽车包括发动机在内有 3 000 多个零件，而一架飞机仅壳体上的零件就有 10^4 ～ 10^5 件不等，其中还不包括几百万件的螺钉、铆钉等标准件。如某型轰炸机仅重要附件就有 8 100 种，以及 320 多台电子电气装置、长 2 400 m 的液压管路和长 100 km 左右的导线。因此，要求有广泛的协作体系，许多零件、附件、成件、仪表设备都要有专厂供应。

2. 外形复杂，尺寸大

飞机的骨架和蒙皮大多具有不规则的曲面形状，在尺寸上，大型运输机 C—5A 翼展长达 68 m，机身全长 75 m，因此决定了零件、组合件、部件的尺寸也较大。如 B747 机翼上一块整体壁板长达 34 m，A380 超临界外翼下翼面整体壁板的长度亦达 33 m，如图 1－29 所示。

图 1－29 A380 机翼壁板

3. 结构特殊

飞机主要由骨架及蒙皮零件组合而成，骨架与蒙皮最主要的连接方式是机械连接，包括铆接和螺接，还有焊接、胶接等方式。

4. 精度要求高，刚度小

由于气动力性能的要求，大部分机体构件的外形准确度一般都在 10 级精度范围内。如 L—1011 飞机的复杂曲面蒙皮壁板，最大尺寸为 2.5 m×12 m，成形误差要求小于 0.3 mm。在满足性能要求的前提下，飞机的质量越轻越好，多采用刚度小的薄壁结构，一些零件在自重状态都会引起变形。

1.5 飞机制造工艺及其特点

从飞机结构特点分析中可以看出，总体上飞机主要是由结构件和蒙皮两大部分组成的。飞机的结构件如梁、框、肋、桁条等，其中结构件主要采用切削加工或型材的塑性成形——钣金成形来制造，蒙皮主要采用板材的钣金成形来完成。

1.5.1 飞机制造工艺方法

1. 飞机结构件切削加工

飞机的整体框、整体梁、整体肋、接头和整体壁板等都是典型的飞机结构零件，其主要加工方法为机械的切削加工。毛坯常用锻件和铸件，主要的加工方式有毛坯的切割，零件的车削、铣削、磨削、钻削、刨削等。涉及的加工设备及工装主要有车床、铣床、磨床、钻床、刨床，以及相应的车刀、铣刀、磨削砂轮、钻头、刨刀及相配套的夹具等。毛坯切割包括锯切、氧气切割，以及先进的数控高压水刀切割、数控铣切、等离子切割及数控激光切割等。机械切削加工视实际的零件加工要求，可以采用普通机械切削加工及数控切削加工。在飞机制造中，越来越多地采用大型数控加工。

2. 飞机钣金件成形制造

飞机的框、肋、桁条、蒙皮等都是典型的飞机钣金类零件。飞机钣金类零件是用板料或型材通过塑性成形工艺制造出来的。主要的成形加工工序有：毛坯下料、弯曲成形（拉弯、滚弯、弯管成形）、拉深（拉延）成形、闸压成形、旋压成形等。钣金成形工艺装备有毛坯下料设备和成形设备。前者如剪床、冲裁模具、数控下料机床、等离子切割、高压水刀切割及激光切割等，后者主要有普通/数控冲床、蒙皮拉形机床、型材拉弯机床、数控闸压机床及数控弯管机床等。此外，钣金成形需要的主要工具是模具，在模具设计时，结合成形所用板材的相关性能参数，进行成形工艺过程的数值模拟，实现工艺优化。

与机械切削加工相比，钣金成形件的尺寸精度较低，其表面质量主要考核其表面是否有损伤现象。钣金成形零件的最主要问题是拉裂与起皱、回弹等。此外，成形零件表面的晶粒粗化及橘皮现象也是影响零件质量的关键因素。飞机钣金成形零件与机械加工零件一样，其自身的互换与协调及与机械加工零部件的协调问题是十分重要的问题。

3. 其他制造方法

随着新材料、新技术在飞机制造中的广泛应用，飞机制造工艺也在不断发展与革新。近年来,飞机制造技术得到了很大发展,如电加工、蒙皮镜像铣、喷丸成形、热成形及超塑成形、时效成形(蠕变成形)、热应力成形、软介质成形等,都在飞机制造工艺中发挥着越来越重要的作用。

1.5.2 飞机制造工艺特点

一架完整的符合设计外形的飞机是由钣金零件与机械加工零件装配而成的。由于飞机产品的特殊性,飞机制造与一般的机械制造有着明显的不同。其中关键之一是如何保证通过各种工艺环节制造出来的飞机,其几何形状和尺寸是设计人员所需要的,不仅使飞机能顺利地装配出来,而且能满足使用和维护的需要。怎样使图纸上飞机的几何形状和尺寸能正确无误地传递到最后的产品上,且其零件、部件是互换协调的,这就是制造工程的任务。因此,需要技术人员采取一系列技术措施来保证这一任务的实现。

飞机的制造过程可以划分为毛坯制造、零件加工、装配和试验四个阶段。飞机制造所用的毛坯和半成品,如锻件、铸件、板料、型材等种类繁多,根据现代化生产的协作原则,主要由外厂供应。飞机装配、安装中所需要的大量标准件,以及发动机、特种设备、仪表等成品也是由专门工厂组织生产的。飞机的整个制造过程和国家的工业化体系有着密切的联系,飞机制造的水平、生产组织的基本形式反映了国家整个工业体系的发展水平。飞机制造工艺过程本身的特点归纳如下。

(1) 零件加工方法多样

飞机机体构件选用的材料种类繁多,具有多种钣金零件、骨架零件、整体结构件,相应的加工工艺也多种多样,如型材零件的压弯、滚弯、拉弯;回转体零件的旋压、胀形、拉深;框肋类零件的橡皮成形;整体壁板的切削加工、化学铣切和喷丸成形;骨架零件的数控加工等。另外,为适应飞机结构的发展,要求不断采用新技术、新材料和新工艺,如高能成形、应力松弛成形、高速加工、复合材料等。

(2) 装配劳动量比重大

由于飞机构件的刚度小,装配工作的劳动量占飞机制造总劳动量的 50 %~60 %。为保证结构众多的零部件在装配阶段的外形准确度,必须使用大量的夹具、装配型架;必须进行合理的设计和工艺分离面的划分,大量采用先进的数字化装配技术,如柔性装配工装、自动化装配单元、自动制孔、自动钻铆、数字检测与测量等。

(3) 生产准备工作量大

飞机制造过程中需要大量的模具、夹具、型架,以及必要的标准工艺装备,使飞机生产准备工作量很大。

(4) 要采用新的保证互换协调的方法

仅采用一般机器制造业的公差配合制度,不能保证各零件、部件间的相互协调与互换要求，而要采用飞机工业中特有的保证产品互换协调的方法——模拟量传递或数字量传递。其中，模拟量传递方法即为模线样板工作法或模线样板标准样件工作法；数字量传递即数字化协调方法。

部件结构的对接工艺性直接影响保证部件互换性和对接协调性的难易程度，它与部件对接接头的构造形式、对接时的技术条件、部件结构的特性以及所采取的补偿措施等有密切的关系。应根据不同的结构布局，采用合理的对接接头，主要有：围框式、叉耳式、带锥形的对接接头，球面对接接头，有球面补偿件的对接接头以及多交点对接接头等。在部件对接中，必须考虑交点孔的制造精度和加工同轴度，而且为了提高飞机结构连接的疲劳性能，减轻结构质量，提高连接强度，多采用长寿命的干涉配合连接技术和光洁制孔技术，实现精密制孔，并大量采用钛合金、新型铝合金紧固件及干涉连接件。

1.6　新结构、新材料在飞机上的应用

1.6.1　整体结构件在飞机上的应用

在现代飞机中，为了满足高性能的气动效率和结构强度(刚度)等要求，充分利用飞机结构内部空间，广泛采用整体结构件，如整体壁板、大梁、隔框和翼肋等，将原先多个钣金零件通过数量巨大的铆钉、螺栓(螺钉)和焊接、胶接等方式连接而成的组件，改为在整块毛坯材料上通过切除大量材料制造出的整体结构件，改善了飞机的结构传力状况和疲劳性能。由于飞机的零件和连接件数目大为减少，使得飞机的装配工作量大为减少，同时，构件的强度、刚度和可靠性得到显著提高，可大幅度提高飞机的性能。

在 F—15 中，由于采用了整体件，零件数目减少了 42％。其上的一个 3 m 长的结构件代替了原来由 500 个零件组装成的部件。而原来由 15～20 个零件通过上百个铆钉组装而成的重约 800 kg 的壁板，改为整体结构件后质量只有 160 kg。

大型结构件的应用是现代飞机的一个重要特征，充分体现了一个国家飞机制造业的水平和能力。各国飞机制造公司都非常重视这一技术的应用和发展。

飞机大型整体结构件具有以下特点：

① 飞机整体结构件种类多、应用广。现代飞机的主要受力构件几乎都是整体结构件，如机翼的梁和肋，机身的框、壁板与接头等，它们种类繁多，尺寸和形状各异，分布在机体的各个部位。

② 整体结构件的构造与外形复杂，一般需要用多坐标数控机床进行加工。

③ 整体结构件尺寸大，结构形状变化多。如 A380 客机的 1 号肋宽度约 3 m，长近 10 m，而它的外翼壁板宽度 2 m 多，长度更是超过 33 m。如此巨大的整体结构件，在加工中如何定

位、夹紧和防止变形，以及加工后的运输，都是要精心计划的。

④ 整体结构件切削量大，加工变形不易控制。它们普遍尺寸大、壁薄、刚性差、切削加工余量大，其工艺过程复杂，少则几十道工序，多则上百道，加工周期长，加工精度和质量很难控制。对此类航空整体结构件实现高精度、高效率和高可靠性的切削加工，一直是飞机制造业面临的一个重要课题。

1.6.2 新材料在飞机上的应用

航空工业领域从来就是先进材料展现风采、争奇斗艳的大舞台。100 多年来，材料与飞机相互推动，不断发展，经历了四个发展阶段。第一阶段是 1903—1919 年，机体采用木布结构；第二阶段是 1920—1949 年，机身使用了铝合金和钢；第三阶段是 1956—1969 年，飞机材料中加入了钛合金；第四阶段始于 1970 年，增加了复合材料。

钛合金具有比强度高、耐腐蚀性能好和耐高温等一系列优点，能够进行各种方式的零件成形、焊接和机械加工，因而在先进飞机及发动机上获得了广泛应用。钛合金用量占飞机结构质量的百分比已成为衡量飞机用材先进程度的重要标志之一。

碳纤维增强复合材料的突出优势是具有目前其他任何材料都无可比拟的高比强度及高比刚度，以及耐腐蚀和耐疲劳性能，因此，非常适于飞机结构。

复合材料构件与传统的金属材料零件相比，其设计制造具有独特性，主要体现在以下四个方面：

① 在成形复合材料构件的同时也完成了材料的制造，这种工艺特点决定了复合材料构件制造时必须同时考虑设计、材料、工艺的一体化，三者密不可分，在复合材料构件制造过程中必须统筹考虑。

② 复合材料是各向异性材料，其可设计性的特点使其可以按需要进行设计，从而使构件被设计出金属结构所不具有的特性。因此树脂含量、铺层厚度、铺设方向以及各个方向的铺层所占的比例等，都会影响到复合材料的力学性能。复合材料的设计还涉及到铺层比例、铺层方向和铺层排列等的优化，以使其充分发挥各向异性的特点。

③ 复合材料构件整体性好，与金属结构相比，可以整体成形，再加上复合材料的可设计性，因此复合材料构件的设计、制造比金属结构的更复杂。设计复合材料结构时，除了需定义其外形、结构尺寸之外，还需要对结构内的各铺层进行细致入微的定义。

④ 复合材料构件的制造质量与人员、设备、材料、方法、环境息息相关，受控环节多，每一个环节微小的变化都可能影响产品质量，一旦发生产品质量问题，原因很难确定，往往只能靠经验判断。

在保证结构具有足够的刚度、强度及抗疲劳特性的情况下，为了使结构质量最轻，大量采用各种合金材料、复合材料等新材料，应对材料、结构的制作和结构修理的工艺性予以重视。

如纤维铝合金复合层板，利用胶接技术将各向同性的铝合金(含铝锂合金)薄板与各向异性的纤维复合材料结合起来，其中基于芳纶纤维的复合层板称为 ARALL 结构，基于玻璃纤维的称为 GLARE 结构。金属复合层板结构具有疲劳性能较好、结构寿命长、维修费用少、制造成本低等诸多优点。空客公司研制的 A380 大型宽体客机采用了 GLARE 制造机身上壁板，包括整个客舱的上半部分，比采用铝合金板减重 800 kg；树脂基复合材料具有比强度高、比模量高、抗疲劳、耐腐蚀、成形工艺性好以及可设计性强等特点，国外的新一代军机(F—22)和民用运输机(如 A380)已普遍采用，第四代战机复合材料用量占飞机结构质量的 25 %～40 %，干线客机用量约占飞机结构质量的 15 %。

思考题与习题

1. 飞机主要由哪些部分组成？
2. 机翼的功用是什么？一般由哪些部分组成？
3. 机身的功用是什么？一般由哪些部分组成？
4. 翼面一般在什么部位需要布置加强肋？它们起什么作用？
5. 机翼结构中梁结构与樯结构的区别是什么？
6. 简述机身典型结构布局。
7. 比较桁梁式机身与桁条式机身，它们各自的适用范围是什么？
8. 说明超声速飞机采用全动平尾的必要性。转轴式和定轴式全动平尾各有什么优缺点？
9. 长桁、梁、隔框等飞机结构件的作用是什么？
10. 整体壁板结构的特点是什么？

第2章 飞机制造中的互换与协调

2.1 概 述

一般来说，为了满足批量生产及使用过程中的维修要求，制造的飞机零部件要满足公差与配合要求，具有互换性。另外，飞机的外形通常都是由复杂曲面组成的，飞机的零部件之间不仅存在简单的尺寸配合关系，而且还存在空间位置相配的关系。因此，在飞机制造过程中，对零部件不但有公差/配合及互换性要求，还有协调性要求。互换与协调是飞机制造中的重要问题，直接影响着飞机装配能否顺利进行。

互换与协调既是飞机制造技术的重要组成部分，也是飞机质量控制的重要内容，它贯穿于飞机产品和工艺装备制造的过程中，不仅涉及零件制造和结构装配技术，还与工艺装备的选定、设计、制造和使用维护密切相关。互换与协调技术的发展促进制造技术的改进，制造技术的提高又推动飞机互换与协调问题的解决。飞机制造中的互换与协调具体体现在制造过程及装配过程中。

飞机制造中的互换与协调包含着互换、协调两方面的内容。其中，互换性是批量生产的普遍要求，而协调性是飞机等复杂外形产品顺利装配的必要条件。

2.1.1 互换与协调的定义

互换性(interchangeability)是产品相互配合部分的结构属性，指同名零件、部(组)件，在分别制造后进行装配或安装时，除了设计规定的调整外，在几何尺寸、形位参数和物理、机械性能各方面不需要选配和补充加工就能相互取代而具有的一致性。互换性是由 Eli Whitney 在枪械制造过程中结合机器设备的发明而提出的一个重要制造理念，它要求在单个零件制造时严格一致，从而保证任意零件组合都可以很好地装配在一起，这就意味着即使是非熟练的工人也可以进行枪械的装配。互换性概念在制造业中一直沿用至今。

协调性(compatibility)则是指两个或多个相互配合或对接的飞机结构单元之间、飞机结构单元及其工艺装备之间、成套的工艺装备之间，其几何尺寸和形位参数都能兼容而具有的一致性程度。协调性既可通过互换性方法取得，也可通过非互换性方法(如修配)取得，即相互协调的零件、部(组)件不一定具有互换性。协调性是保证互换性的必要条件，只有在解决了结构单元之间协调性的基础上，才有条件全面深入地解决互换性问题，所以在飞机制造中通常把这两个不同概念的术语全称为互换协调。

2.1.2 飞机制造中的互换要求

飞机制造中的互换性(即完全互换性)是指,相互配合的飞机结构单元(部件、组件或零件)在分别制造后进行装配或安装时,除设计规定的调整外,不需选配和补充加工(如切割、锉铣、钻铰、敲修等),即能满足所有几何尺寸、形位参数和物理功能上的要求。飞机制造中的互换性包括几何形状互换性和物理功能互换性两个方面的内容,它是由飞机结构和生产上的特点所决定的。互换性只是对同一飞机结构单元而言的。协调性则是指两个或多个相互配合或对接的飞机结构单元之间、飞机结构单元与它们的工艺装备之间、成套的工艺装备之间,配合尺寸和形状的一致性程度。一致性程度越高,则其协调性越好,协调准确度越高。协调性仅指几何参数而言。具有互换性的零件(或组合件、段部件)其配合一定是协调的;反之,协调的零件(或组合件、段部件)不一定具有互换性。

飞机工业中的互换要求一般指以下方面。

① **使用互换**　飞机在使用中局部损坏,要求更换某部分,互换的部件(段件)应具有相同的(在公差范围之内)连接面尺寸和形状,相同的对接螺栓孔和管道孔的位置,一致的气动力特性、重量和重心。而敷设在其中的操纵系统应当具有相同的技术特性。例如,机翼、尾翼、舵面和直升机的旋翼等都要求具有使用互换性。

② **生产互换**　是指对飞机的零件、装配件、段件和部件在装配或对接时,不经挑选或修配就能满足要求而不影响产品质量的特性。在飞机的成批生产中应尽可能采用组织均衡、有节奏的生产方式,但实际工作中很难达到或是不具经济性。因此,并不一定要求完全互换,而是局部互换。互换性项目要求愈多,对生产部门要求也愈高。

③ **厂际互换**　当同一型号飞机或其部件由几个工厂同时制造时,各厂生产的某些部件也应该是能够互换的。这就需要采取必要的技术措施和相应的技术文件来保证。

2.1.3 飞机的制造准确度和协调准确度

① **制造准确度**　飞机零件、组合件或段部件的制造准确度是指实际工件与设计图纸上所确定的理想几何尺寸和形状相近似的程度,近似程度愈高,则制造准确度愈高。

② **协调准确度**　飞机零件、组合件或段部件的协调准确度是指两个相配合的零件、组合件或段部件之间配合的实际尺寸和形状相近似的程度。

例如,机身前段和机身后段相接处,图纸上规定为同一个名义直径 D。在机身前段及后段分别制造时,所得到的实际尺寸为 D^{+} 及 D^{-},则 $D-D^{-}$ 和 $D^{+}-D$ 的数值分别为机身前段及后段的制造误差,误差的统计特征数值分别说明各自的制造准确度。而 $D^{+}-D^{-}$ 为机身前后两段之间的协调准确度。

一般情况下，在飞机生产中对协调准确度的要求比对制造准确度的要求更高。制造准确度只与各个部分本身的制造过程有关，取决于飞机各部分单独制造过程中的生产误差。而飞机各个部分相配合的表面或尺寸的协调准确度，则取决于有关的两个部分单独制造过程中产生误差的综合数值，也就是说与两个相配合部分制造过程之中的相互联系有关。

2.1.4 飞机制造协调原理

在飞机制造中，当飞机的零件、组合件、段部件具有生产和使用互换性时，不但可以减少装配和对接时的工作量，节省大量工时，缩短生产周期，降低生产成本，有利于组织有节奏的批量生产，而且还可以避免出现由于强迫装配而产生的装配变形，以及飞机结构内产生的装配残余应力和局部应力的集中。同时，当飞机某个零件、组合件、段件或部件在使用中被损坏后，能用备件迅速更换，不会由于局部的损坏而影响飞机的正常使用，从而可以延长飞机的使用寿命，保证飞机的使用性能。因此，保证飞机零件、部件生产和使用的互换性，对飞机的制造和使用都具有重要意义。

但是，飞机机体的结构和形状都很复杂，并且零件的数量多、尺寸大、刚性小，容易产生变形；在飞机制造过程中工艺流程长，所用工艺装备的种类和数量繁多，产生误差的环节多，因此，影响互换、协调的因素很多。保证互换、协调是飞机制造中的难点。

从保证飞机产品几何准确度的角度来看，产品的制造过程就是将产品图样上的理论尺寸以最小的误差传递到产品中去的过程。在采用传统的飞机制造模式来制造薄壁结构的飞机时，由于飞机结构的特点，大部分的结构零件，特别是与外形有关的零件，多为尺寸大、刚性小、形状和配合关系复杂、容易变形的钣金零件和型材零件。这些零件不能用一般的机械加工方法来制造，而应利用大量标准和专用的工艺装备来制造。这些工艺装备能以实物模拟量体现产品的尺寸和形状。在将这些零件装配成组合件和部件时，其装配准确度和互换性的保证方法，也不能像一般机械产品那样靠零件的制造准确度本身来保证，而必须要以上述装配工艺装备来保证。因此，要保证飞机的制造准确度以及生产中的协调性和互换性，首先必须保证各类生产工艺装备的制造准确度和协调准确度。工艺装备不仅是制造产品的手段，而且是保证产品装配协调和互换的依据。在飞机制造中，将产品理论尺寸传递到工艺装备中去，往往要经过很多传递环节和多次反复的移形过程，因此，保证各类成套工艺装备间的协调性，就成为飞机制造中的突出问题。在制定产品的装配和协调方案时，要十分注意选择合理的、能保证各类工艺装备协调的尺寸传递体系（通常称之为协调路线）。

工艺装备的协调路线是，根据所采用的尺寸传递体系说明，由产品图纸通过实物模拟量（模线、样板、标准工艺装备）或数字信息（产品几何数学模型等），将机体上某一配合或对接部位中一个或一组协调的尺寸和形状，传递到有关工艺装备中去的传递环节、传递关系和传递流程图（见图 2－1）。

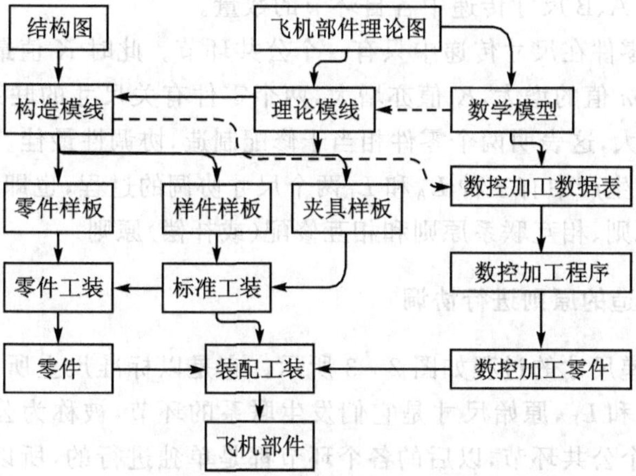

图 2-1　飞机制造协调路线图

2.1.5　典型协调原则及应用

无论是采用一般机器制造中的公差配合制度，还是采用模线样板方法作为飞机制造中保证互换性的方法，产品互换性的目的都是保证生产准确度、制造准确度和协调准确度。

我们知道，制造任何一种零件，其几何形状和尺寸的形成一般都是根据图纸所确定的理论形状和尺寸，在生产中通过一定的量具、工艺装备（夹具、模具等）或机床而获得的。在这一过程中，首先需要根据标准的尺度和量具，制造出生产过程中使用的各种测量工具或仪器；然后用它们制造各种工艺装备；最后通过工艺装备或机床来加工出工件的形状和尺寸。

由此可见，整个生产过程是尺寸的传递过程。显然，要使两个相互配合零件的同名尺寸相互协调，它们的尺寸传递过程之间就必然存在一定的联系。如图 2-2 所示，零件 A 和 B 是要相互协调的。假定 L_A 和 L_B 是协调尺寸，则它们的形成经过许多次尺寸传递，其中有的是两个尺寸公共的环节，有的是两个尺寸各自的环节。后者将产生两个尺寸协调误差 Δ_{AB}。

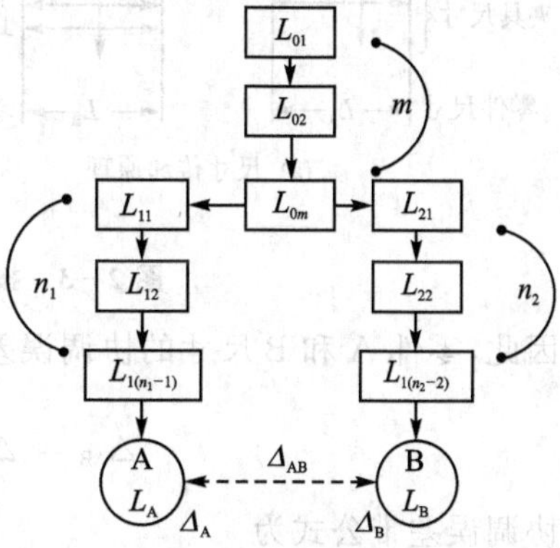

图 2-2　尺寸 L 的制造与协调路线

可以用一个联系因数 K 来表示两个零件在尺寸传递过程中联系的紧密程度，即

$$K = \frac{2m}{n_1 + n_2}$$

式中　m——尺寸传递中公共环节的数量；

n_1、n_2——零件A、B尺寸传递中各自环节的数量。

若$m=1$,则两个零件在尺寸传递中只有一个公共环节。此时K值最小,相当于两个零件各自独立制造。随着m值的增大,K值亦增大,两个零件有关尺寸的联系愈加密切。若$n_1=n_2=1$,则此时K值最大,这表明两个零件相当于修配制造,协调性最佳。

基于这一原理,在生产中有三种L_A和L_B两个尺寸协调的过程,也即有三种尺寸传递的过程,应遵循独立制造原则、相互联系原则和相互修配(或补偿)原则。

1. 零件按独立制造的原则进行协调

这种协调原则传递尺寸的过程如图2-3所示。它是以标准尺上所定的原始尺寸来开始尺寸传递的。对于L_A和L_B,原始尺寸是它们发生联系的环节,被称为公共环节。在这里,尺寸传递过程中只有一个公共环节,以后的各个环节都是单独进行的,所以,称它为独立制造原则。此时,制造误差的方程式可以写成下列形式:

$$\Delta_A=\Delta_0+\sum_{i=1}^{n_1}\Delta_i,\qquad \Delta_B=\Delta_0+\sum_{j=1}^{n_2}\Delta_j$$

式中 Δ_0——原始尺寸的误差;

Δ_i——零件A尺寸传递中的第i个环节的误差;

Δ_j——零件B尺寸传递中的第j个环节的误差;

n_1、n_2——零件A、B尺寸链的环节总数量。

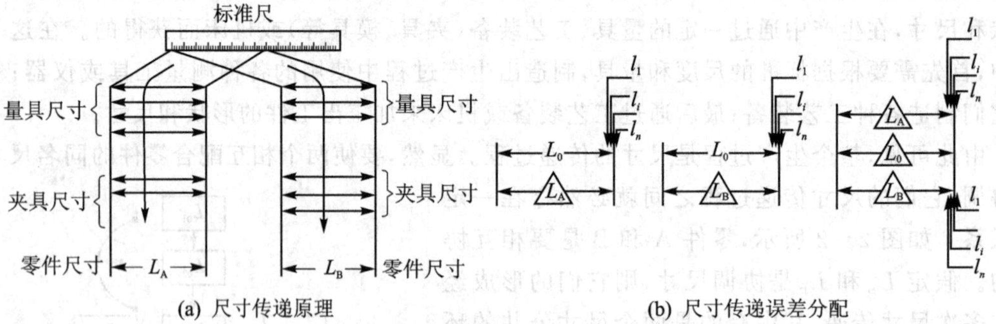

图2-3 按独立制造原则传递尺寸的过程

因此,零件A和B尺寸的协调误差Δ_{AB}可表示为

$$\Delta_{AB}=\Delta_A-\Delta_B=\sum_{i=1}^{n_1}\Delta_i-\sum_{j=1}^{n_2}\Delta_j$$

协调误差带公式为

$$\omega_{AB} = \sum_{i=1}^{n_1} \omega_i + \sum_{j=1}^{n_2} \omega_j$$

式中　ω_i、ω_j——制造环节 i、j 的公差带。

由此得出一个重要结论：对于相互配合的零件，当按独立制造原则对其进行协调时，协调准确度实际上要低于各个零件本身的制造准确度。

现以图 2-4 所示的口盖与蒙皮的协调为例，讨论这种协调原则的应用。对口盖与蒙皮开口之间的间隙，要求比较小，而且要均匀。然而，口盖直径的偏差即使是几毫米，在使用上并不会造成任何困难，也不会对飞机性能有任何影响。由此可见，对两个零件协调准确度的要求比每个零件制造准确度的要求要高。但是，按照独立制造原则，应分别制造口盖和蒙皮，如图 2-5 所示。

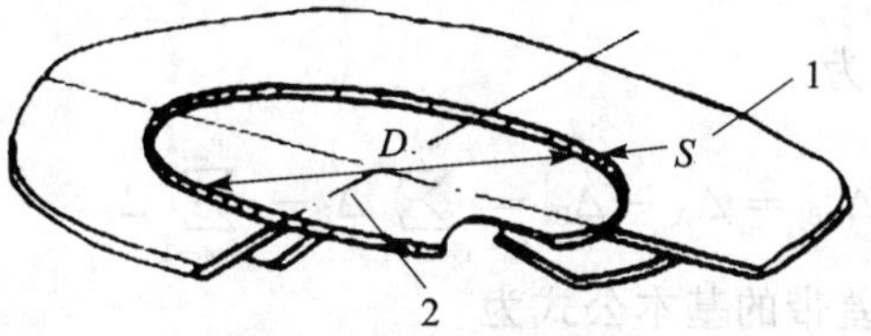

1—蒙皮；2—口盖

图 2-4　蒙皮与口盖协调

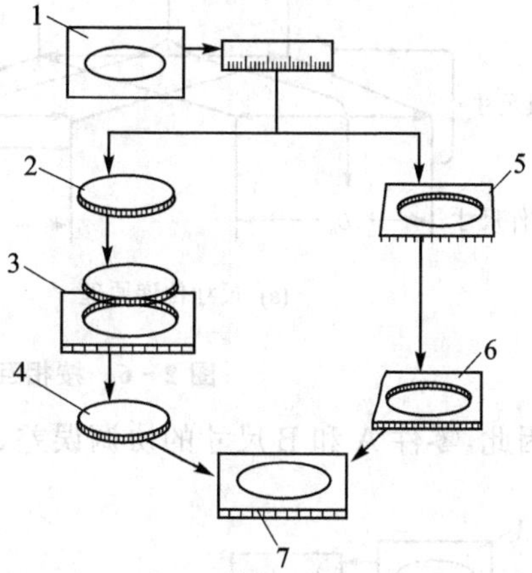

1—设计图纸与尺寸；2—口盖样板；3—口盖冲模；4—口盖；5—蒙皮开口样板；6—蒙皮；7—口盖与蒙皮

图 2-5　按独立制造原则制造口盖与蒙皮

其过程是：根据口盖和蒙皮开口的设计尺寸，通过测量工具分别制造口盖和蒙皮开口的样板；然后按照口盖的样板制造口盖的冲模，用冲模冲制口盖零件；同时，根据蒙皮开口的样板在蒙皮上开口。当采用这种方法时，为了保证两个零件有比较高的协调准确度，要求各个样板和模具等具有更高的制造准确度。

2. 零件按相互联系制造的原则进行协调

按相互联系制造原则传递尺寸的过程如图 2-6 所示。当零件按相互联系制造原则进行协调时，零件之间的协调准确度只取决于各零件尺寸单独传递的那些环节，而尺寸传递过程中公共环节的准确度，并不影响零件之间的协调准确度。此时，制造误差的方程式可写成下列形式：

$$\Delta_A = \Delta_0 + \sum_{k=1}^{m} \Delta_k + \sum_{i=m+1}^{n_1} \Delta_i, \quad \Delta_B = \Delta_0 + \sum_{k=1}^{m} \Delta_k + \sum_{j=m+1}^{n_2} \Delta_j$$

式中 Δ_k——m 个公共环节中第 k 个环节的误差；

Δ_i——零件A尺寸传递过程中单独有的第 i 个环节的误差；

Δ_j——零件B尺寸传递过程中单独有的第 j 个环节的误差。

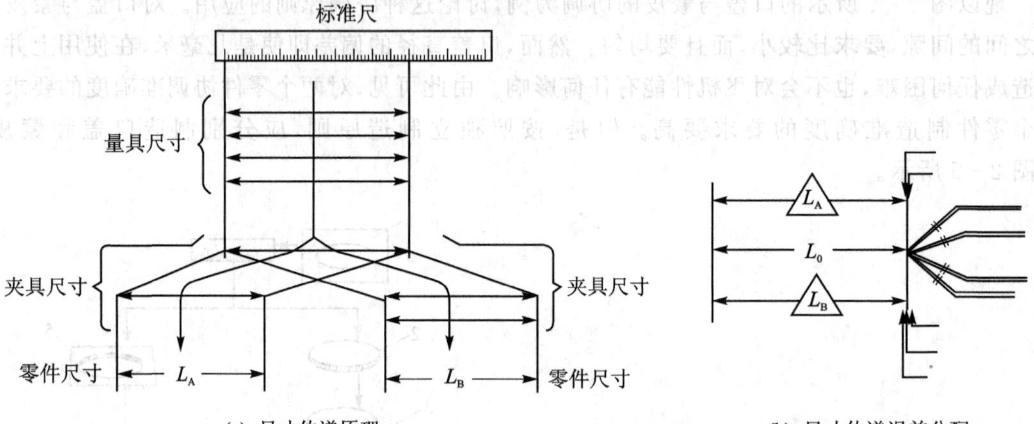

(a) 尺寸传递原理　　(b) 尺寸传递误差分配

图 2-6　按相互联系制造原则传递尺寸的过程

因此，零件A和B尺寸的协调误差 Δ_{AB} 可表示为

$$\Delta_{AB} = \Delta_A - \Delta_B = \sum_{i=m+1}^{n_1} \Delta_i - \sum_{j=m+1}^{n_2} \Delta_j$$

协调误差带的基本公式为

$$\omega_{AB} = \sum_{i=m+1}^{n_1} \omega_i + \sum_{j=m+1}^{n_2} \omega_j$$

从这里又得出一个重要结论：如果其他条件相同，那么当采用独立制造和相互联系制造两种不同的协调原则时，即使零件制造的准确度相同，得到的协调准确度也不同。按相互联系制造原则能得到更高的协调准确度，而且在尺寸传递过程中，公共环节数量愈多，协调准确度也就愈高。

现仍以前面列举的口盖与蒙皮协调为例来说明这种协调过程，如图 2-7 所示。首先通过测量工具按图纸上的设计尺寸加工出口盖样板。这块样板就作为加工口盖和蒙皮的共同标准，即按样板

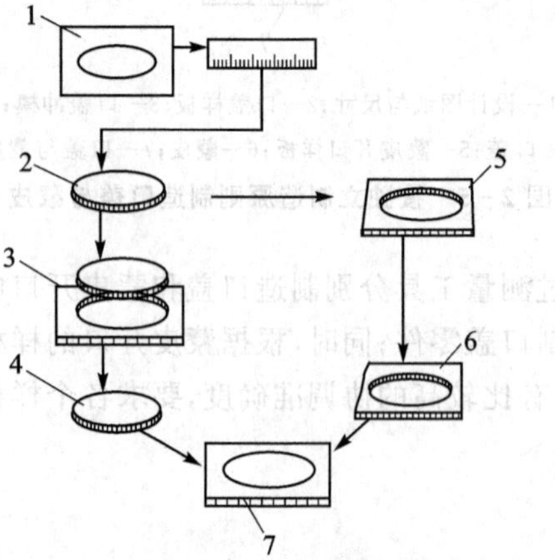

1—设计图纸与尺寸；2—口盖样板；3—口盖冲模；4—口盖；5—蒙皮开口样板；6—蒙皮；7—口盖与蒙皮

图 2-7　按相互联系原则制造口盖与蒙皮

加工口盖,按样板在蒙皮上制出孔。此时,口盖样板加工的准确度只影响零件的制造准确度,而不影响零件之间的协调准确度。

3. 零件按相互修配原则进行协调

按相互修配原则传递尺寸的过程如图 2-8 所示,它的联系系数 K 最大。在一般情况下,按这种协调原则比按相互联系制造原则能够达到更高的协调准确度。此时,制造误差的方程式也可写成下列形式:

$$\Delta_A = \Delta_0 + \sum_{k=1}^{m} \Delta_k, \qquad \Delta_B = \Delta_0 + \sum_{k=1}^{m} \Delta_k + \Delta_{m+1} = \Delta_A + \Delta_{m+1}$$

式中　Δ_{m+1}——零件 A 尺寸传递给零件 B 的环节误差。

因此,零件 A 和 B 的协调误差 Δ_{AB} 可表示为

$$\Delta_{AB} = \Delta_A - \Delta_B = \Delta_{m+1}$$

协调误差带基本公式为

$$\omega_{AB} = \omega_{m+1}$$

由此可以得出另一个结论:当采用相互修配原则进行协调时,协调准确度仅取决于将零件 A 的尺寸传递给零件 B 这一环节的准确度。

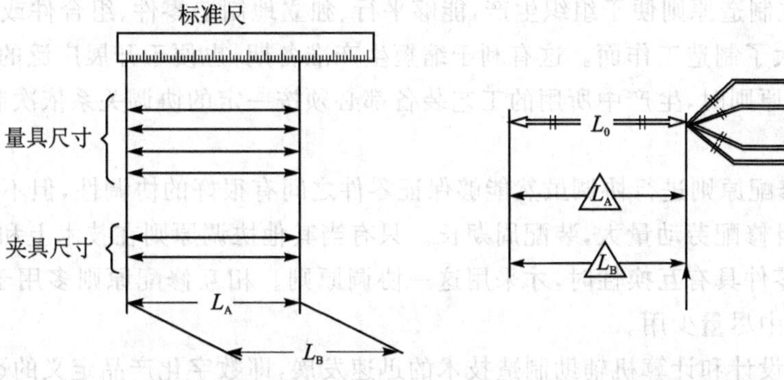

(a) 尺寸传递原理　　(b) 尺寸传递误差分配

图 2-8　按相互修配原则传递尺寸的过程

再以前面所举的口盖和蒙皮为例,说明相互修配原则的应用。如图 2-9 所示,根据口盖的设计尺寸制造口盖样板,按样板加工冲模,由冲模制造口盖;然后,按口盖零件加工蒙皮上的开口。或者先按口盖样板加工蒙皮上的开口,再按开口的实际形状加工口盖。采用这种方法可以保证较高的协调准确度。但是应当指出,相互修配的零件不能互换。

4. 三种协调原则的应用

上面讨论了三种不同的协调原则(或尺寸传递体系)的基本原理和特点,下面介绍它们在

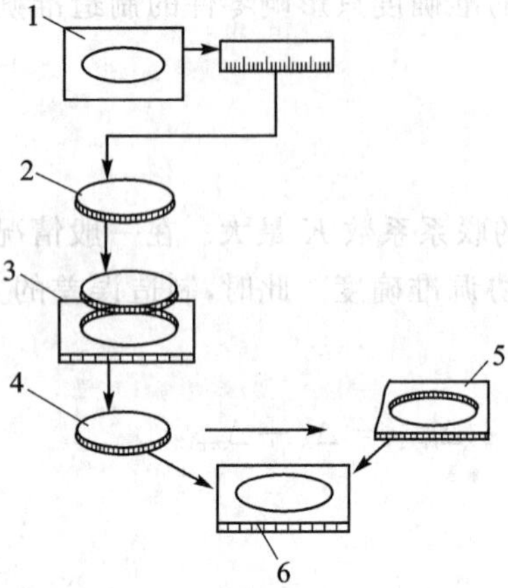

1—设计图纸尺寸;2—口盖样板;3—口盖冲模;
4—口盖;5—蒙皮;6—口盖与蒙皮

图 2-9 按相互修配原则制造口盖与蒙皮

飞机制造中的应用。

① 根据飞机构造和制造的特点,对于与气动外形有关的零件,要达到较高的制造准确度比较困难,或者在经济上不合理。但是,为了保证互换,首先必须保证协调准确度。实际上,在飞机生产中出现的大量问题是协调方面的问题。若采用独立制造原则,为了达到协调准确度的要求,就必须对零件的制造准确度提出更高的要求。

② 对形状复杂的零件采用相互联系制造原则。在制造过程中,将那些技术难度大、制造准确度不可能达到很高的环节,作为尺寸传递的公共环节,这样就能显著提高零件之间的协调准确度。由于飞机构造上的特点,采用这种原则来保证协调具有特别重要的现实意义。而独立制造原则仅适用于那些形状比较简单的零件,例如起落架、操纵系统等机加类零件。

③ 采用独立制造原则便于组织生产,能够平行、独立地制造零件、组合件或部件以及各种工艺装备,故扩大了制造工作面。这有利于缩短生产准备期,也便于开展广泛的协作。而当采用相互联系制造原则时,生产中所用的工艺装备都必须按一定的协调关系依次制造,显然使生产准备期延长。

④ 按相互修配原则进行协调虽然能够保证零件之间有很好的协调性,但不能满足零件互换性的要求,而且修配劳动量大,装配周期长。只有当其他协调原则在技术上和经济上都不合理,而且不要求零件具有互换性时,才采用这一协调原则。相互修配原则多用于飞机试制,而在飞机成批生产中尽量少用。

计算机辅助设计和计算机辅助制造技术的迅速发展,即数字化产品定义的逐步推广,为在飞机制造中广泛采用独立制造原则创造了条件。飞机的外形可以通过建立相应的数学模型来准确地加以描述,飞机结构件的几何形状和尺寸也可以准确地存储在计算机内。在此基础上,产品的几何信息就直接传递给计算机绘图设备和数控加工设备,以输出图形和进行加工。这样,机械加工零件、成形模具以及与外形有关的工艺定位件等工艺装备,可以达到很高的制造准确度。这不但保证了协调要求,还可能提高协调准确度。因此,随着计算机辅助设计和计算机辅助制造技术应用的深入,飞机产品的全数字化定义有利于在飞机制造中实现独立制造原则以及实施并行工程,这是飞机制造技术的发展方向。

2.2　基于模拟量传递的互换协调方法

飞机机体由大量薄壁零件装配而成，它们的刚度小、尺寸大、形状复杂。同时，飞机外形精度要求高，且要求互相协调，不便用通用量具来度量其外形尺寸，用一般机械制造中的公差制度无法保证零件互换和协调装配。因此，在飞机制造中，引用了传统造船业中的“放样技术”作为生产中传递几何形状和尺寸的原始依据，据此形成了飞机制造中保证互换性的方法——模线样板工作法，以保证制造出的各种工艺装备和零件互相协调，并能顺利地进行装配，制造出符合设计要求的飞机。

2.2.1　模　线

模线是采用 1∶1 的比例，将飞机复杂的曲面外形和各零件之间的装配关系描述出来的一系列平面图线(外形线、结构轴线、结构图形等)。模线通常分为理论模线和构造模线。

1. 理论模线

控制飞机各个部件理论外形的模线称为理论模线，它按 1∶1 的比例画在金属平板或聚酯薄膜上，模线绘制的内容有飞机部件的设计基准(飞机的各种轴线、基准线)和飞机各个部件切面的理论外形线。

理论模线的作用是：协调飞机部件各个切面及纵向外形，保证部件纵、横向外形都是光滑流线；为制造外形检验样板(简称“外检”)提供制造依据；为制造装配夹具用的夹具样板提供制造依据。

由于飞机的理论外形是设计要求的气动力外形，而内部结构形状和尺寸都是以理论外形为基准的，因此，飞机的几何形状和尺寸的确定首先应从理论外形开始，即首先绘制理论模线。理论模线绘制完毕才能绘制构造模线，构造模线是制造生产样板的依据。因此，只有绘制构造模线才能制造生产样板。生产样板是制造各类零件(与外形有关的零件)和装配用工艺装备的制造依据和检验依据。最后生产出飞机的各个部件及整架飞机。由此可见，飞机的制造环节很多，每个环节均会带来制造误差，为了保证飞机理论外形的准确度要求，必须严格控制各个环节的误差，减小累积误差。

理论模线一般按部件分别绘制。图 2－10 所示为直母线部件(机翼)的综合切面模线和平面模线的示意图。这类部件外形的共同点是：各翼肋切面在同一百分比弦长上的外形点连线呈一条直线，故根据基准切面翼型及对应的百分模线可求取中间切面翼型，亦可用解析法、几何作图法求取中间切面翼型，如图 2－11 所示。

理论模线又可分为综合切面模线与平面模线。综合切面模线是将部件横切面外形按同一

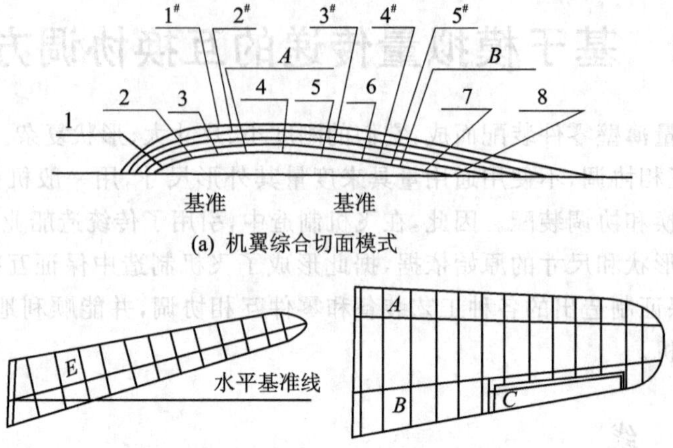

(b) 机翼梁切面模线　　(c) 机翼平面模线

图 2－10　机翼理论模线示意图

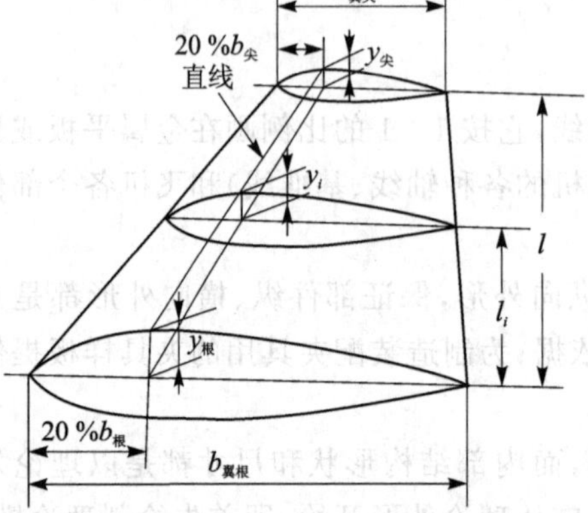

l—翼展全长；l_i—某中间肋到翼根距离

图 2－11　求中间翼肋剖面数据的解析法

基准绘制在同一个平面上；而平面模线则是主要绘制部件的纵向外形曲线。

综合切面模线与平面模线的作用是控制部件的理论外形，对部件的纵横切面进行交点协调，保证部件外形都是光滑流线，同时为绘制构造模线提供外形依据。

理论模线绘制是一个复杂的、反复协调的过程。它要完整、精确地控制部件的理论外形，保证部件理论外形的纵、横向的交点协调、流线光滑，直到部件的纵、横向外形都是光滑流线，相应的交点尺寸控制在严格公差之内。由此可见，理论模线绘制是一个劳动量很大、质量要求很高和反复协调的过程。

由于对飞机外形准确度要求的日益提高，用手工绘制理论模线的方法已不能满足生产发展的需要。随着计算机的广泛采用，相应出现描述飞机外形曲线和曲面的“三次样条”、“B 样条”、“孔斯（Coons）曲面”、“NURBS”等数学方法。借助计算机来处理数据和数值运算，大大简化了飞机外形的协调工作。数控绘图机提高了模线绘制精度和绘制速度，使同一条曲线不能重复绘制的规定失去了意义，因绘图机有较高的重复精度，故借助数控绘图机对相同曲线可以任意重复绘制。

2. 构造模线

构造模线是飞机部件某个切面 1∶1 的结构装配图。构造模线绘制在带有部件某个切面的外形检验样板(简称外检)上,如图 2－12 所示。构造模线也可绘制在不加工出部件切面外形的金属图板上,称为检验图板。通常沿框、肋切面的结构,均绘制“外检”,非结构切面上的一些结构,均绘制在检验图板上。构造模线绘制内容有:设计基准线及该切面上全部零件的位置和几何形状。

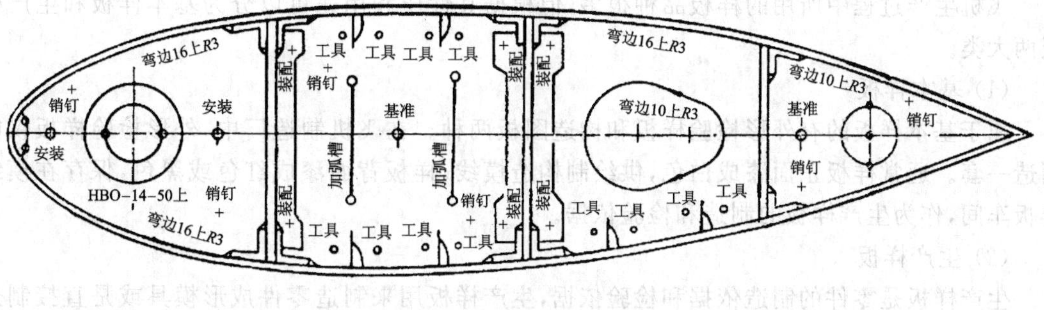

图 2－12　外形检验样板示例

构造模线的作用是:协调绘制切面上全部零件的尺寸和形状,为该切面零件的生产样板提供制造依据,以保证有关该切面成套工艺装备之间的协调,其协调原理和路线如图 2－13 所示。

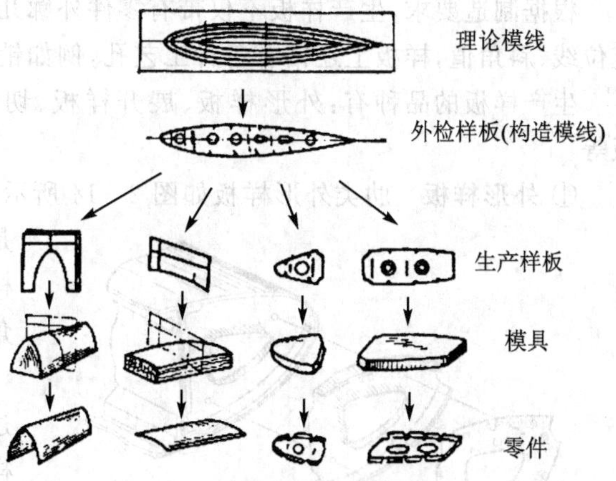

图 2－13　飞机零件之间的协调原理和协调路线

飞机部件的构造模线与一般设计员所画的结构图纸不同,构造模线是按 1∶1 的尺寸准确画出的,因此构造模线上面不标注任何尺寸,并且零件的形状均不取剖面图,而是通过各种标记、符号来表示,如翼肋的弯边高度及弯边圆角、弯边斜角、减轻孔和加强埂的形状等。为了协调切面内部结构,同一个切面内的结构零件不允许分别绘制,这样便于发现在结构设计中出现的不协调现象。

2.2.2　互换协调的生产用基本工艺装备

在飞机制造过程中,互换协调的实现需要一些基本的工艺装备,包括样板、标准样件和装配型架。

1. 样　板

在飞机制造过程中，样板是零件、组合件的制造依据和检验依据，它起着图纸和量具的双重作用。因此，样板是飞机制造中的特种图纸，是无刻度的专用量具。由于飞机零件数量多、几何形状复杂，当采用模线样板工作法成批生产飞机时，所需各类样板总数多达数万块，例如生产歼击机所用的样板一般约有 3 万块，重型飞机可达 4 万～6 万块。

飞机生产过程中所用的样板品种很多，但根据其性质和用途可以分为基本样板和生产样板两大类。

(1) 基本样板

属于基本样板的有外形检验样板和构造图板两种。在飞机制造厂中，外形检验样板仅能制造一套。通常样板正面漆成白色，供绘制构造模线；样板背面漆成红色或黑色，保存在模线样板车间，作为生产样板的制造和检验依据。

(2) 生产样板

生产样板是零件的制造依据和检验依据，生产样板用来制造零件成形模具或是直接制造零件和检验零件。

根据制造要求，生产样板不仅带有零件外廓几何形状，样板还刻有必要的标记线、基准线、定位线、斜角值，样板上还钻有各种工艺孔，例如销钉孔、导孔、装配孔、基准孔、安装孔等。

生产样板的品种有：外形样板、展开样板、切面样板、切割钻孔样板、毛料样板、夹具样板等。

① **外形样板**　肋类外形样板如图 2－14 所示，常用于制造框肋类零件。这类零件的特点是，基本为平面带有简单弯边的零件。外形样板带有零件外形，样板上刻有弯边标记、斜角值、工艺孔等组成零件的立体形状。

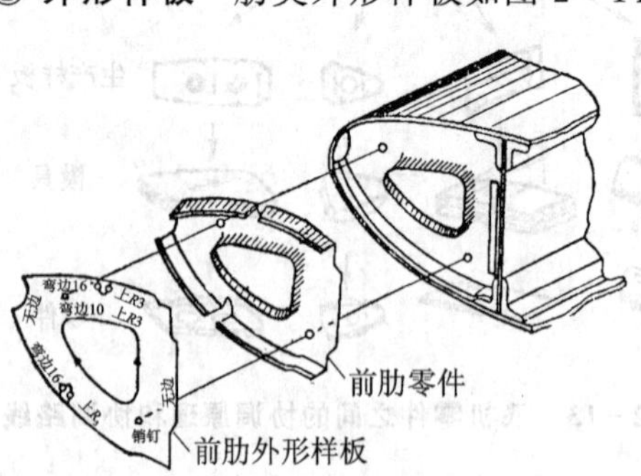

图 2－14　肋类外形样板

图 2－15 所示为框肋类零件成形的协调过程。它包括：外形样板、展开样板（或毛料样板），由此可见，按照外检或构造图板制造外形样板，再按照外形样板制造展开样板和零件成形模具，依照展开样板加工零件成形用毛料，零件毛料在成形模具上即成形为符合要求的零件。

② **展开样板**　它是依照外形样板和弯边展开尺寸制造的。展开样板用来加工零件成形毛料。通常按照展开样板下料成形的零件，成形后不再经过锉修就可以直接参加装配。

③ **切面样板**　立体曲面零件常用成套切面样板制造模胎，然后再按模胎成形立体曲面零

件。每个切面位置的切面样板共有四个品种，即切面外形（简称切外）、切面内形（简称切内）、反切面外形（简称反切外）和反切面内形（简称反切内）。其中反切内及切外样板用来制造零件成形模具，反切外及切内样板用来检验零件。

④ **切割钻孔样板**　图 2－16 所示为立体曲面零件成形后修边、钻孔和开缺口用的切割钻孔样板。与一般样板不同，它是按零件实样制造的，恰好可以覆盖在零件表面上方。图 2－16 中，图(a)为切割钻孔样板，图(b)为零件。通常立体曲面零件成形后均留有余量，因此，零件成形后将切割钻孔样板覆盖在零件上部，划出零件边缘线，进行修剪并按样板钻孔、开缺口。

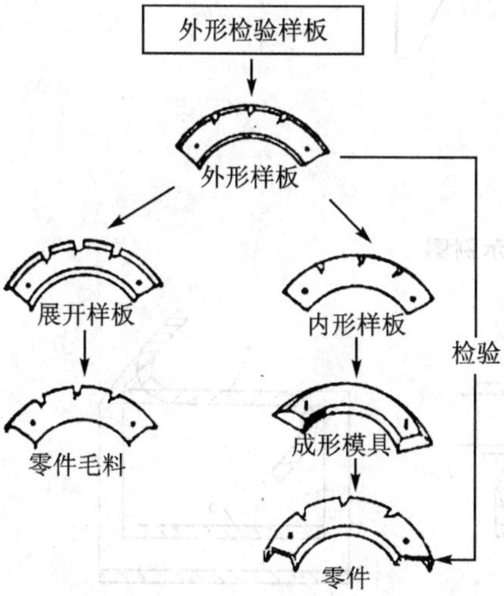

图 2－15　框肋类零件成形的协调过程

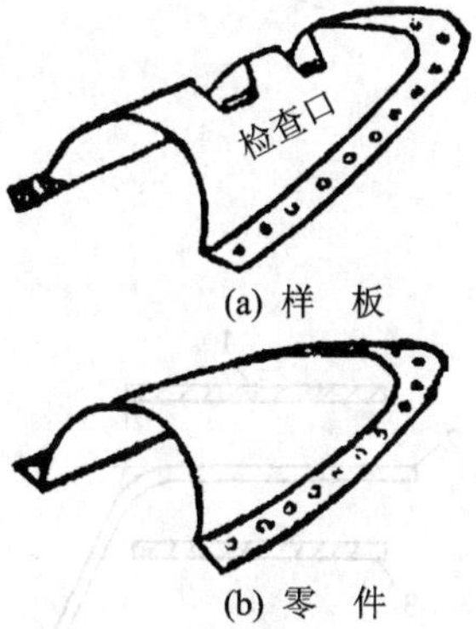

图 2－16　切割钻孔样板

图 2－17 所示为组合样板，它由成套切面样板构成样板构架，成为一个整体，常用来制造成形用模胎。

除上述样板外，还有毛料样板、夹具样板、机械加工样板。毛料样板的作用与展开样板相同，不同之处在于展开样板是按外形样板及弯边展开数据制造的，而毛料样板是根据成形零件展平，经过反复试验，最后选定一个展开料作为零件成形下料用的毛料样板。夹具样板是用来制造装配夹具的。

样板通常选用 1.5 mm 厚的冷轧普通碳素钢板制造。样板的外形是指零件外形交叉线处的外形，而不是零件的投影外形。如图 2－18 所示，图(a)为开斜角零件，图(b)为闭斜角零件，图(c)为 Z 形零件，这类零件需用两块样板组成。

样板在制造与使用过程中必须严格检验，这对样板之间的协调有很重要的意义，只有在保证样板本身协调的基础上，才能保证工艺装备之间的协调。

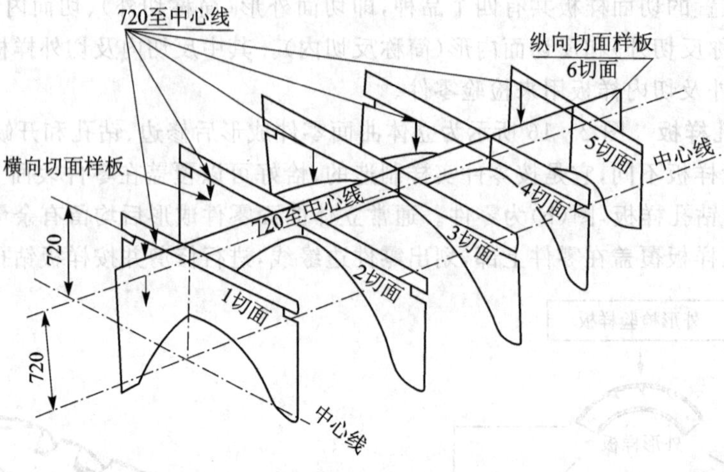

图 2－17　组合样板示例图

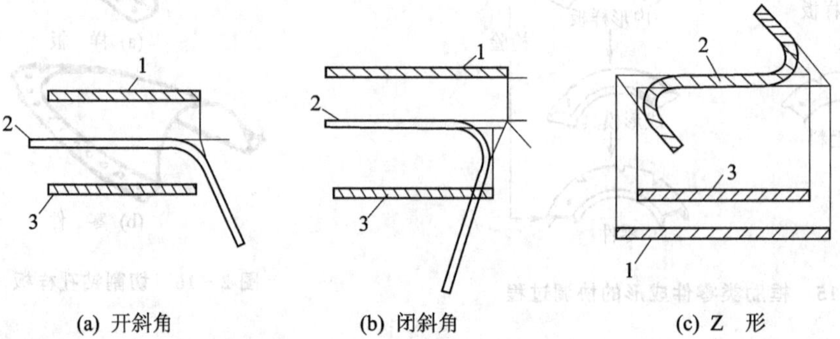

1—外形样板；2—零件；3—内形样板

图 2－18　零件与样板外形的确定

2. 标准样件

飞机的标准样件是以实体形式体现飞机产品某一部分外形、对接接头和孔系之间相对位置准确度在产品图纸规定的公差范围之内的刚性模拟量，如图 2－19 所示。它确定了产品部件、组合件或零件各表面（或外形）、接头、孔系之间的相互正确位置，是制造生产工装的重要依据。标准样件作为生产过程中的一种标准尺度，用于制造、协调、检验和复制用其他方法难以制造出的且能达到协调准确度要求的有关工装，确定有关工装之间重要接头、外形、孔系定

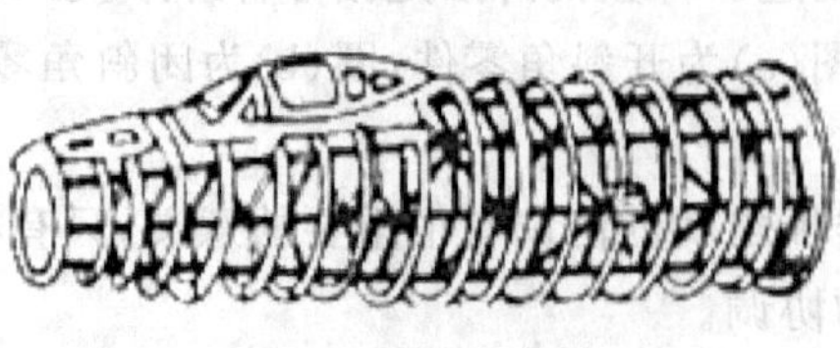

图 2－19　标准样件

位件的相对位置。其中的标准量规和标准平板有时还用于协调综合标准样件上各对接接头或孔系的相对位置，以达到机体部件、组合件、零件和附件的协调和互换性要求。

3. 装配型架

装配型架（见图 2-20）的主要功用是保证产品的准确度及互换性，即保证进入装配的零件、组合件或段件在装配时定位准确，保证其正确形状和一定的工艺刚度，以便进行连接。在装配过程中，应既保证工件具有准确形状，又有必需的工艺刚度。型架的特点是成套性与协调性，这就要求它们彼此之间，以及零件的工艺装备之间要相互协调。

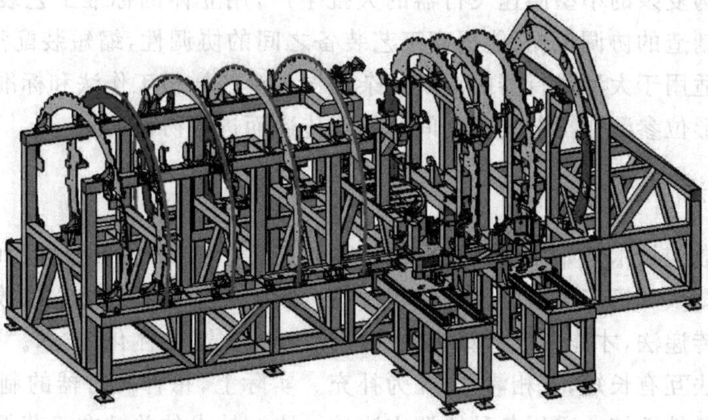

图 2-20　装配型架

型架的另一功用是在装配过程中达到夹具定位迅速、可靠的效果，将工件放在适当的位置，操作方便，可提高工作效率。

型架是由骨架、定位件、夹紧件及辅助设备等部分组成的，对于装配型架的一般要求包括：有较高的位置准确度，能提高装配的工件效率，构造要简单，元件应标准化。

型架设计的主要内容有：型架设计基准的选择；装配对象在型架中的放置状态；工件定位基准的选择；确定主要定位件的形式及其布置；尺寸公差的选择；工件的出架方式；型架的安装方法；骨架的设计与刚度的验算；型架基础的设计；考虑温度对型架准确度的影响。

2.2.3　常用的互换协调工作方法

1. 模线样板工作法

飞机及飞行器发展到全金属薄壁结构，出现了保证互换协调的模线样板工作法。如上所述，模线是按 1∶1 比例尺精确画在金属板（或尺寸稳定的明胶板）上的产品外形线、基准线和主要结构元件的轴线，是制造样板的依据。样板是平面型的刚性量具。样板有好多种，有的是制造和检验零件的依据，有的是制造和检验其他样板或其他工艺装备的依据。各种样板需要成套，相互间需要协调。在按样板制造立体工艺装备（如飞行器部件装配型架）时，要有一定的措施保持各个样板的相对位置准确。在20世纪40年代发展了精密的坐标孔定位系统，其中主要有划线钻孔台、型架装配机、光学-机械坐标系以及成套样板和工艺装备上的基准孔系。

2. 标准样件工作法

为了适应结构复杂的小型高速飞行器的大批生产，用立体的标准工艺装备——标准样件作为飞行器部件制造的协调依据，能提高工艺装备之间的协调性，缩短装配型架的安装周期。这种协调方法也适用于大型飞行器的局部复杂结构。模线样板工作法和标准样件工作法都是利用几何尺寸和形位参数在工艺装备之间的相互传递而进行协调的。

3. 独立制造法

自计算机和数控技术开始用于飞行器设计和制造后，飞行器各部分外形已建立数学模型，发展了仅用产品图纸和机床设备分别制造零件而后装配的独立制造法。以数字量的传递法取代传统的模拟量传递法，才能形成计算机辅助设计与制造的“一体化”技术。

各种协调方法互有长短，互相渗透，互为补充。实际上，每种飞行器的制造都是按经济效益和工厂的技术条件而综合采用各种协调方法的。协调技术的关键在于获得必要的协调准确度和互换性，使协调误差不超出允许的范围，以避免强迫装配，从而减小装配应力和变形。两个需要协调的对象（产品部件和工艺装备）之间的协调准确度是以其协调尺寸之间的特征参数来衡量的。这些特征参数应保证装配协调的要求。为达到这些要求，必须妥善地设计协调路线和合理地分配工艺容差。

2.2.4 模线样板-标准样件协调方法

根据前述，飞机理论外形由复杂曲面构成，内部结构紧凑，各个部件协调要求高，因此应采用与一般机械制造不同的保证互换、协调的方法。

模线样板-标准样件工作法的原理是按相互联系制造的原则确立的。其原理是：首先根据飞机设计图纸将飞机部件及组合件的外形、内部结构按1∶1的比例绘出模线，作为飞机外形及内部结构形状的原始依据，将其作为协调过程的公共环节。然后，根据模线做出代表工件真实形状的不带刻度的平面型刚性量具——样板，作为在生产中各种零件和工艺装备的制造依据和检验依据。

在实际生产准备工作中，模线和样板设计制造的工作量很大。例如某型歼击机模线图板面积为 663 m^2，其中模线绘制周期约 9 个月。样板约 20 000 块，制造周期为 7 个月，仅模线绘制与样板制造总周期就长达 16 个月。

模线样板-标准样件协调系统是一种适于成批生产小型飞机的协调系统。它的原始依据是模线样板。根据样板来制造安装标准样件，通过安装标准样件来制造装配型架。也可以直接用样板安装一些平面组合件的装配夹具。安装标准样件可以做成组合式的，分别用于制造各有关工件的装配夹具。也可以单独制造组合件标准样件，但须经过部件反标准样件协调。

零件生产工艺装备的制造依据因零件形状的类型而异。对于平面弯曲零件或单曲度的零件和板件，其形状和尺寸通过取自理论模线和结构模线成套生产的样板来协调，并用这些样板来制造与检验零件和工艺装备（如成形模或型胎）。

如果用平面形状样板来确定空间表面形状，则其特点是不能连续地确定整个表面。切面样板的外形是连续的，而用其构成的空间表面则是不连续的。因此，无论是平面样板的位置误差，还是在给定切面之间用手工方法进行的光滑过渡加工，都将导致产生空间表面形状的附加误差。如果采用空间立体的协调依据，则其协调过程的特点是可连续地确定空间形状。这种协调依据保证了具有复杂曲面外形的飞机零件之间的协调准确度。因此，对于双曲度零件，则通过切面样板制造的外形标准样件来协调。这类零件的成形模具（例如制造蒙皮的拉伸模）是经过由外形样件制造的过渡模而翻制成的。由于引用了外形标准样件，从而解决了用平面样板无法解决的复杂空间表面外形的协调问题。这不仅保证了零件工艺装备之间的协调，还保证了零件工艺装备与装配工艺装备之间的协调。

2.2.5　模线样板-局部标准样件协调方法

模线样板-局部标准样件协调系统是当前飞机生产中常用的一种协调系统。它采用型架装配机、划线钻孔台和光学仪器等通用工具，并附加平面样板和局部标准样件作为协调全部工艺装备的依据。在装配型架的安装中，使用光学仪器及激光准直仪，大大提高了装配型架安装的准确度。因此，这个协调系统虽然不用大尺寸的安装标准样件，但在装配工艺装备之间仍然可以获得较好的协调性。

图 2-21 所示为模线样板-局部标准样件协调系统原理图。

这个协调系统的特点如下：

① 省去了全机安装标准样件，只制造局部的标准样件。为了保证复杂型面的协调，也只制造局部外形标准样件。

② 使用通用的工具（例如型架装配机、划线钻孔台和光学仪器）制造装配型架以及其他工艺装备。这不仅提高了制造精度，还减少了安装型架的时间。据估计，用激光准直仪安装型架比用普通光学仪器可节约 50 %～60 %的调试时间。尤其在安装大尺寸的装配型架时，其优

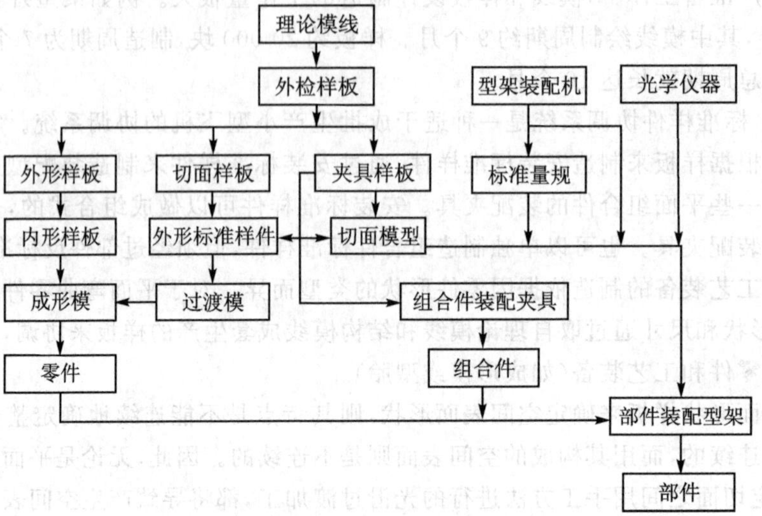

图 2-21 模线样板-局部标准样件协调系统原理图

越性更为突出。

由此可见,这种协调系统克服了模线样板-标准样件协调系统的缺点,因而在国内飞机制造厂中被广泛采用。

2.2.6 飞机制造中的典型协调路线

飞机制造过程中广泛采用了实物标准工装协调法,即相互联系的模拟量传递方法,通过实体的模线、样板、标准样件等在飞机制造过程中传递产品的形状和尺寸,来达到生产工艺装备之间的协调性和零件、装配件及部件的互换性。这种传统的协调方法是用模拟量传递,按相互联系制造原则进行协调的,其典型的协调路线如图 2-22 所示。

从协调路线图可以看出,这种传统协调路线的特点如下:

① 其形状与尺寸以模拟量方式传递,所以必须首先绘制理论模线,依次绘制结构模线、制造样板、制造工艺装备。对形状和尺寸复杂的部位,还需要量规-反量规、模型-反模型、标准样件-反标准样件即立体的正-反-正的传递过程。显然在传统的协调路线中,为保证工艺装备间的协调,除模线样板外,还要制造众多的标准工艺装备。因为形状和尺寸是以模拟量方式传递的,所以一定是以相互联系的制造原则进行协调的,这显然延长了生产准备周期。

② 在传统的协调路线中,从绘制模线到制造工艺装备,手工劳动量大、传递环节多。

③ 从理论模线到标准工艺装备,均是专用工具设备,一旦改变机型,须从头做起。

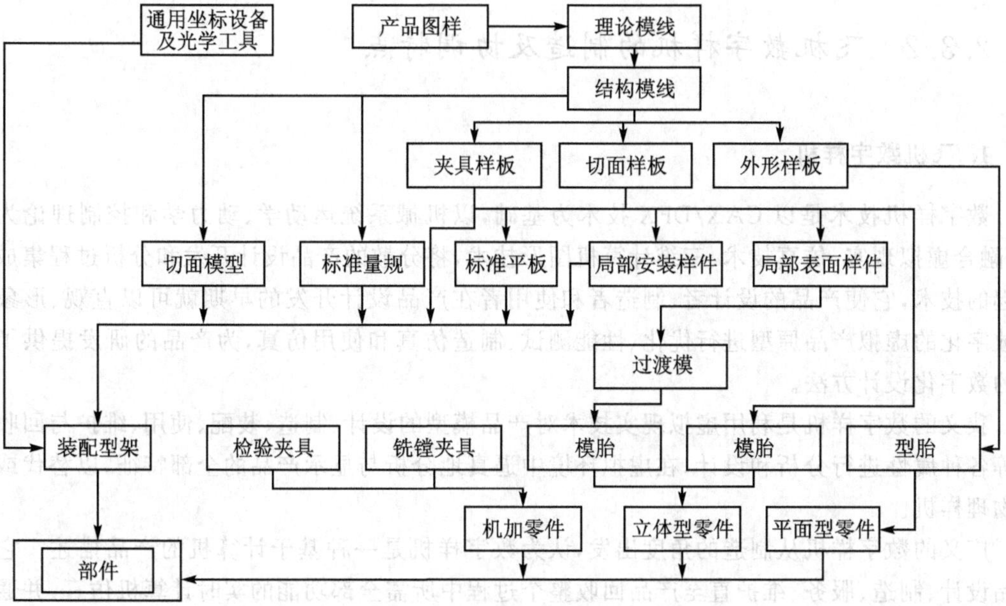

图 2-22　典型的实物标准工装协调路线

2.3　基于数字量传递的互换协调方法

2.3.1　数字量传递的协调方法

飞机设计制造长期采用模拟量传递的协调方法，即利用模线样板、表面标准样件、带外形或局部外形和交点的标准样件及量规来作为外形、交点和孔位等空间结构的移形工具，用来协调制造有关零件、组合件和部件的工艺装备。这种方法的传递路线长，误差大，生产准备周期长，更改费时费工，生产成本高。

采用数字量传递的协调方法可使上述局面得以改善，它采用三维数字化定义，把飞机的结构和零件用三维实体准确地描述出来，并且把各种技术要求、设计说明、材料、尺寸公差等非几何信息以及各结构之间的相对位置表示清楚。在此基础上进行数字化预装配，检查零部件之间是否会发生干涉。在进行产品设计的同时，可进行 CAE 分析计算、工装设计、工艺设计、可制造性分析，并进行数字化传递，为并行工程创造了条件。产品定义完成后形成的数字样机作为制造依据，大大减少了工程更改，节省了大量工装模具和生产准备时间。数字化设计制造技术是体系性和全局性的技术，使传统的飞机设计制造技术发生了革命性的变化。

2.3.2 飞机数字样机的制造及协调特点

1. 飞机数字样机

数字样机技术是以 CAX/DFX 技术为基础，以机械系统运动学、动力学和控制理论为核心，融合虚拟现实、仿真技术、三维计算机图形技术，将分散的产品设计开发和分析过程集成在一起的技术，它使产品的设计者、制造者和使用者在产品设计开发的早期就可以直观、形象地对数字化的虚拟产品原型进行优化、性能测试、制造仿真和使用仿真，为产品的研发提供了全新的数字化设计方法。

狭义的数字样机是利用虚拟现实技术对产品模型的设计、制造、装配、使用、维护与回收利用等各种属性进行分析和设计，在虚拟环境中逼真地分析与显示产品的全部特征，以替代或精简物理样机。

广义的数字样机从制造的角度出发，认为数字样机是一种基于计算机的产品描述。它是产品设计、制造、服务、维护直至产品回收整个过程中所需全部功能的实时计算机仿真，并通过计算机技术对产品的各种属性进行设计、分析与仿真，以取代或精简物理样机。

以往，航空制造业主要依靠物理样机来分析、协调研制过程中出现的问题，而物理样机已成为缩短产品研发周期的瓶颈。基于数字样机的数字化设计/制造技术的应用，协作者共享模型数据，并同时进行工装设计和工艺设计等各项工作，从而大大减少了工程更改和返工，实现了飞机研发的低成本、高效率。B777 是世界上首架 100 %数字化定义的飞机，采用了数字样机等新技术，使开发费用和时间缩减了 50 %，设计更改、返工率减少了 93 %以上，比传统制造、装配时出现的问题减少了 50 %～80 %；美国第四代战斗机 F—22 和 JSF 也是由于实现了三维数字化设计制造一体化与异地设计制造，才使研制周期缩短了 50 %。我国研制的飞豹改进型飞机，由于在全机设计中应用了数字样机技术而获得了成功。

飞机数字样机的界定可根据样机的研制进程、功能及用途来划分。通常按照数字样机研制的进程分为三级，即一级样机（含概念样机、方案样机）、二级样机、三级样机；基于功能的数字样机一般分为四类，即结构样机、系统样机、分区样机、全机样机。

2. 数字化互换协调方法

如前所述，协调准确度是指两个飞机零件、组合件或部件之间相配合部位的实际几何形状和尺寸相符合的程度，此种相符合的程度越高，则协调准确度越高。

在飞机制造中，过去传统方式采用的是模线样板-局部标准样件协调系统。它采用相互联系的制造方法，在制造过程中通过实物的模拟量（模线、样板、标准样件）来传递产品的形状和尺寸，以达到生产工艺装备之间的协调性以及零件、装配件和部件的互换性。这种协调系统存在的主要问题是：工艺装备的制造须严格按协调路线规定的先后次序进行，平行作业受到很大限制；在模线、样板、标准样件和生产工艺装备制造中，手工劳动量占很大比重，生产准备周期很长，制造费用很高；尺寸传递过程的环节多、路线长，每个环节的移形误差大，难以提高产品的制造准确度。

产品的互换协调是飞机制造中最突出的问题，由于不满足互换协调要求而引起大量的返工，成为影响产品制造周期的主要原因。飞机装配过程中，要提高零件、组合件或部件之间相配合部位的协调准确度，首先应确定哪些配合部位需要较高的协调准确度，怎样决定这些配合部位，这涉及到关键特性的概念。

关键特性是材料、零部件或过程的特征变化对产品互换协调影响最大的特性。关键特性必须是计量或计数数据，是可测量的。根据关键特性概念制定飞机关键特性分解树，是飞机制造过程中互换协调的依据。例如，飞机的总装配和最后安装中的对接质量（即飞机的关键特性）应保证符合产品的设计要求，如机翼的后掠角、上反角和安装角等。全机的装配关键特性还要进一步分解到零部件上。

全机理论模线和结构模线体现着飞机的理论外形及全机的协调关系，西方国家称之为“主几何”。各种以实物形式出现的标准样板（外形样板、切面样板和夹具样板等）和标准样件（标准样件、标准量规和标准平板）等标准工装称为“主工装”，意即用来制造生产工装的工装。在先进的数字化制造系统中，这些以实物形式出现的各种模线、标准样板和标准样件逐步被数字化主几何和数字化主工装定义所替代。数字化主几何和主工装是包含并通过统一基准系统（坐标系、主尺寸表面、几何基准）和实体几何（几何形状、尺寸公差）反映飞机产品结构之间、工艺装备之间、飞机产品与工艺装备之间协调关系，并以数字量形式存在的三维数字化飞机产品或工艺装备几何定义模型。它作为设计、制造、检验所有飞机产品零件加工工装、装配工装、检验工装的数字量标准，规定了飞机部件、组件、零件及工艺装备等所有要素在虚拟空间环境中的相对位置关系，并采用一致的几何形状与尺寸和合理的公差分配，达到各要素间的准确协调，是保证生产工艺装备之间、飞机产品零部件与生产工艺装备之间、飞机产品零部件之间形状与尺寸互换协调的唯一依据。

数字化协调方法需通过数字化工装设计、数字化制造和测量系统来实现，利用数控加工、成形，制造出零件外形和所有的定位元素。在工装制造时，通过数字测量系统（如激光跟踪仪、电子经纬仪和室内 GPS 等设备）实时监控、测量工装或产品上相关控制点（关键特性）的位置，建立起产品零部件基准坐标系统，并在此坐标系统中将工装或产品上关键特征点的测量数据和 3D 模型定义数据直接进行比较，分析出空间测量数值与理论数据的偏差情况，作为检验产品是否合格及进一步调整的依据。

2.3.3　数字量尺寸传递体系

当前，数字化设计制造技术已在飞机制造中得到广泛深入的应用，并取得了显著的技术、经济效果，传统的模拟量尺寸传递体系已在很大程度上被数字量尺寸传递体系所替代。

在飞机制造中采用了 CAD/CAM 技术以后，就出现了以飞机外形的数学模型为基础的协调系统。这种新协调系统的特点是，可以应用独立制造原则，通过建立统一的精确飞机几何数据库，将飞机外形和内部结构的几何信息直接传递给数控设备，进行飞机零件和工艺装备的数控加工。因此，在新的协调系统中，可以省掉许多样板和标准工艺装备。

以飞机外形的数学模型为基础的协调系统原理框图如图 2－23 所示。其协调系统示意图如图 2－24 所示。

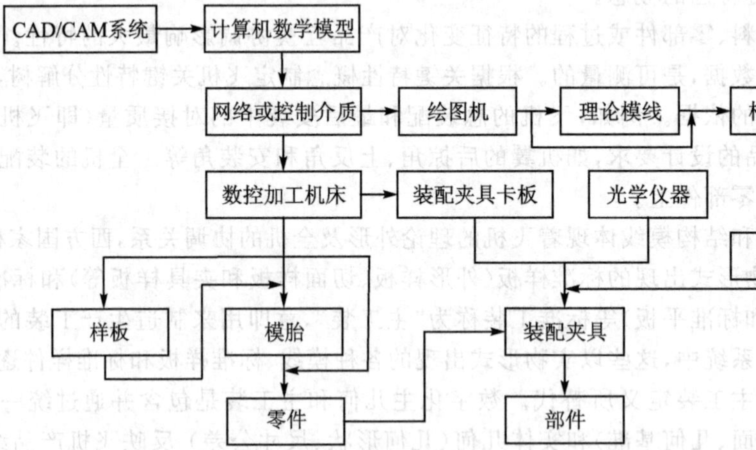

图 2－23　以飞机外形的数学模型为基础的协调系统原理框图

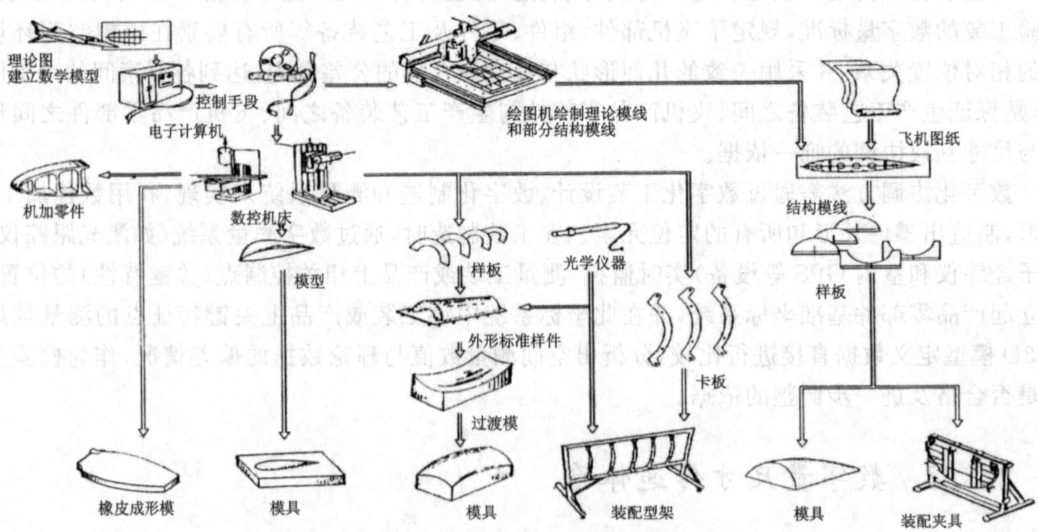

图 2－24　以飞机外形的数学模型为基础的协调系统示意图

20 世纪 90 年代后，以美国波音公司为代表的飞机制造厂家，在全面采用数字化技术的基础上，改进飞机设计技术，实现了真正的飞机“无纸”设计、虚拟制造技术，使飞机制造过程中的互换协调问题大为简化，并得到了较好的解决。

2.3.4　数字量传递的工艺协调技术

数字量传递的协调方法，是在统一的基准下，把产品协调部位的尺寸与形状信息通过数字量方式直接传递到产品或生产工艺装备的过程，保证生产工艺装备之间、生产工艺装备与产品之间、产品部件和组件之间形状及尺寸的协调互换。这种协调方法使数据集成为制造和检验产品结构单元的唯一协调依据，并通过计算机辅助工装设计、制造和数字化测量系统来实现。

在飞机主几何模型等统一基准的基础上，通过飞机部件、段件结构空间分配，以及对基准系统的继承和扩充，在虚拟环境中用三维数学模型精确描述各飞机零部件正确的空间位置以及协调一致的几何形状和尺寸关系，形成工程数据集。

在工艺设计过程中，工艺人员根据装配和加工工艺的需要，在飞机零部件模型基础上增加定位用的结构特征与工艺基准，形成制造数据集。工装设计人员根据制造工艺与零部件的交付状态要求，结合零部件模型中的基准系统与几何形状，在虚拟环境中精确设计出能完全定位飞机零部件并具有正确协调关系的三维工装数学模型。

对于装配工装，还要在工装零件模型的恰当位置设计出光学测量安装用的工具球孔特征，并在工装坐标系中给出正确的孔位数据，形成工装数据集。同时，检验人员根据产品检测原则，形成零部件和工装的检验数据集；然后，根据独立制造原则，利用数字化加工设备和测量设备，对飞机产品和生产工艺装备中具有精确协调关系的零件外形及其定位元素进行数字化制造与检测，制造出满足设计要求的飞机产品零件和工装零件。

在数字量传递协调方法中，用数字化测量系统（如激光跟踪仪、室内 GPS 等）对装配工艺装备进行安装检验，通过测量工装骨架上的光学工具球孔位置，并与工装数模中的光学工具球孔理论坐标值拟合后，在测量软件系统中建立起工装的设计坐标系。所有其他工装定位器的安装都采用光学测量系统在此设计坐标系中进行，使得装配完成的工装符合设计时的定位功能与协调要求，并使最终装配完成的飞机产品满足设计时的互换协调要求。

采用全数字量传递，使得飞机制造协调系统产生了很大的变化，归纳为以下几个方面：

① 用计算机建立飞机外形和内部结构的数学模型，作为飞机制造过程中各个环节应用的统一数据集，此数据集是唯一的原始数据。飞机制造过程中的各个职能部门按其所需提取数据。产品设计时，直接建立数学模型，不必进行模线绘制和产品图样的绘制，并且达到了各类

人员共享同一数据集的目的，避免了传递过程中数据转换所造成的偏差。在计算机内存储的飞机外形和内部结构的数学模型成为飞机制造的原始数据。

② 利用计算机三维交互式软件系统可以模拟和检查飞机零部件模型间的装配协调及与工装的协调情况，即“电子预装配”。它可以取代传统工程协调的全尺寸模型，可提前发现装配的问题，减轻由于设计错误和重新加工引起的后期修改工作量。这种方法节约了模型的设计制造费用和时间，可以提前发现试制可能出现的问题，大大缩短了飞机的研制周期。

③ 工艺设计（工艺装备设计，工艺协调，制造、装配工艺）时，可通过计算机交互式图形显示终端将数据集中的几何元素转换成计算机内部的精确数据定义。这样，减少了中间反复转换数据的工作量和转换误差，也简化了工艺协调路线的设计。工艺设计直接调用产品数据进行工艺总方案设计、容差分配，以及工艺装备的方案论证、总体设计、详细设计等，并将这些工作结论形成数据集供工艺装备制造、检修、维护使用。生产车间直接调用产品数据集，绘制产品零件的数控加工程序，以及 AO（装配指令）、FO（制造指令）、TO（工装指令）等工艺文件。利用数控试切软件和检测软件校正加工程序，可以减少或取消试切加工，降低零件加工的废品率。

④ 在工艺装备制造方面，不需要制造任何与生产无关的标准和过渡工艺装备，同时减少了生产用工艺装备的数量，也给工装管理带来了很大的方便。工装制造可根据工装设计部门所建立的工装数据集编制工装数控加工程序，通过数控加工和数控测量，制造出合格的钣金零件成形模具和装配型架的零件，再通过计算机辅助测量系统安装装配型架。这样也提高了工艺装备的制造与协调准确度。

⑤ 在产品零件制造方面，由于 CAD/CAM 技术的发展和广泛应用，使得现代飞机采用整体结构件的比例越来越大。这些重要的飞机零件，包括整体框、整体梁和整体壁板，甚至所有的机加类零件，也都采用数控加工和数控测量；钣金零件可按产品数据集实现计算机展开、排样、数控下料，导管可将产品数据集计算机走向设计数据输入到数控弯管机，实现导管的数控成形；装配件的压铆可利用产品数据集中各紧固件的位置和间距，控制自动钻铆机进行转配件的定位、钻锪孔和紧固件的安装。由于制造过程中各个环节的产品制造精度高，使得部件装配实现无余量装配成为可能。这样大大提高了零部件的制造准确度和协调准确度，减少了许多模拟量传递的中间环节，同时还减轻了飞机质量。数字量传递过程中的协调方法如图 2－25 所示。

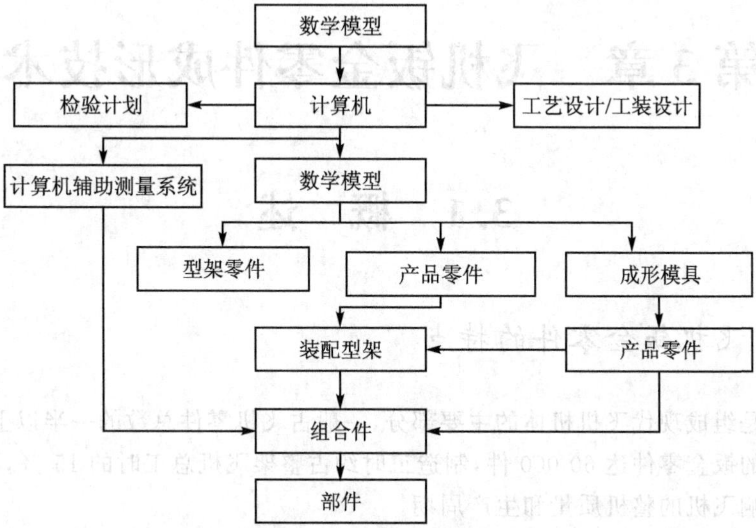

图 2-25　数字量传递过程协调方法

思考题与习题

1. 分析比较飞机制造与一般机器制造的工艺特点。
2. 通过查阅文献资料，谈谈现代飞机制造工艺发展的特征。
3. 给出飞机制造互换协调的概念。说明飞机制造中保证互换协调方法的特点。
4. 说明三种尺寸传递原则的特点及其应用。
5. 何谓飞机制造的互换协调？解决互换协调问题的基本原则是什么？
6. 说明模线样板工作法的原理。
7. 说明模线的概念。什么是理论模线？什么是构造模线？
8. 什么是样板？样板有哪些种类？
9. 什么是数字标准工装？数字标准工装在飞机制造中互换协调的作用是什么？
10. 模线样板在协调系统中起什么作用？
11. 现阶段我国飞机制造企业常用的协调系统是什么？试作一分析。
12. 由模拟量尺寸传递体系向数字量尺寸传递体系过渡中应解决哪些问题？
13. 试比较传统的模线样板互换协调方法与基于数字样机的互换协调方法的优劣。

第3章　飞机钣金零件成形技术

3.1　概　述

3.1.1　飞机钣金零件的特点

钣金零件是组成现代飞机机体的主要部分，一般占飞机零件总数的一半以上。据统计，一架中型飞机上的钣金零件达 60 000 件，制造工时约占整架飞机总工时的 15 %，飞机钣金零件的制造直接影响飞机的整机质量和生产周期。

典型的飞机钣金零件有蒙皮、隔框、壁板、翼肋、导管等，如图 3－1 所示。飞机钣金零件具有尺寸大、厚度薄、刚度小、形状复杂、精度要求高的特点。

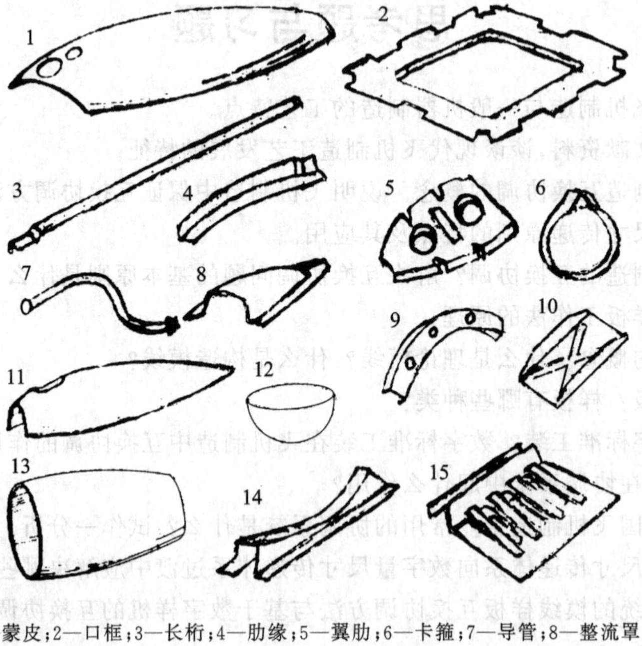

1—蒙皮；2—口框；3—长桁；4—肋缘；5—翼肋；6—卡箍；7—导管；8—整流罩；
9—框缘；10—隔板；11—翼尖；12—半球；13—副油箱壳体；14—支架；15—加强板

图 3－1　典型的飞机钣金零件

一架飞机的钣金零件总数虽然很多，但同种零件的数量却很少，而且材料的品种较多，因而飞机钣金零件的生产特点为品种多、批量小、制造方法多样化。

3.1.2　飞机钣金零件的分类及成形技术

1. 飞机钣金零件的分类

从结构功能上，飞机钣金零件可分为以下三类：

① 具有气动力外形的零件：包括飞机机身、机翼、尾翼和进气道的蒙皮等。

② 骨架零件：包括纵向、横向和斜向构件，如梁、桁条、隔框、翼肋等。

③ 内装零件：包括燃料、操纵、通信等系统以及生活服务设施中的各种钣金件，如油箱、各种导管、支架、座椅等。

对飞机钣金零件的基本要求是：具有气动力外形的零件有准确、光滑、流线的曲面形状；骨架零件能以最小的自重保有最高的结构效率；所有钣金零件在规定的使用和储存期限内具有要求的强度、刚度以及抗疲劳、抗腐蚀和耐热等物理、化学性能。飞机钣金零件不但形状复杂，而且需要使用多种比强度高和耐热、抗腐蚀的材料。其中，用量最大的是硬铝、超硬铝和防锈铝合金。铬-镍-钛不锈钢在火箭发动机中用量很大。钛合金不但比强度高，而且耐热、抗腐蚀性能好，在飞机钣金零件用料中所占的比例也在不断增大，主要用于制造蒙皮、隔框和气瓶等零件。

从成形方法上分，飞机钣金零件可分为挤压型材零件、板材零件和航空管材零件三大类，每类零件又可以进一步细分，如图 3-2 所示。

(1) 挤压型材零件

挤压型材零件分类如图 3-3 所示。这类型材零件通常是机体骨架零件，包括桁条、大梁以及一些框肋的缘条等，可分为以下几种。

① **压下陷型材**　型材零件的下陷分为直下陷、斜下陷、双面下陷、连续下陷和曲面零件下陷等。

② **压弯型材**　通常是用专用压弯模在冲床上压制而成的。在飞机的压弯型材中，具有代表性的是 V 形件的压弯、U 形件的压弯等。

③ **滚(绕)弯型材**　自由弯曲。飞机制造中一般用于制造机身、进气道隔框、加强缘条等骨架零件。滚弯设备有三轴滚弯机、四轴滚弯机，还有两轴滚弯机等。毛料经滚弯后所得的曲率半径取决于滚轴之间的相对位置、毛料厚度以及材料的机械性能。

④ **拉弯型材**　飞机上的各种骨架如长桁、框缘、肋条等具有较大的相对曲率半径，准确度要求高，这类零件用普通方法弯曲较难满足要求，故采用拉弯。拉弯就是在型材弯曲时施加轴向拉应力，以减小回跳误差。拉弯有先拉后弯和先弯后拉两种工艺方式。典型拉弯零件有 L

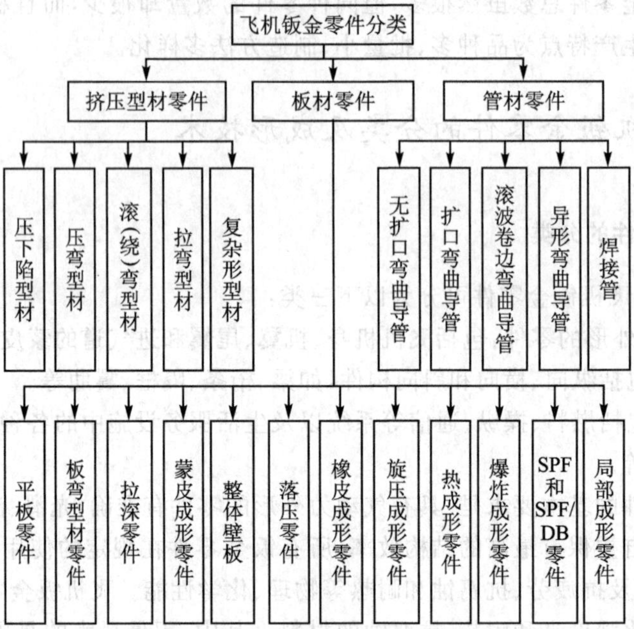

图 3-2 飞机钣金零件分类

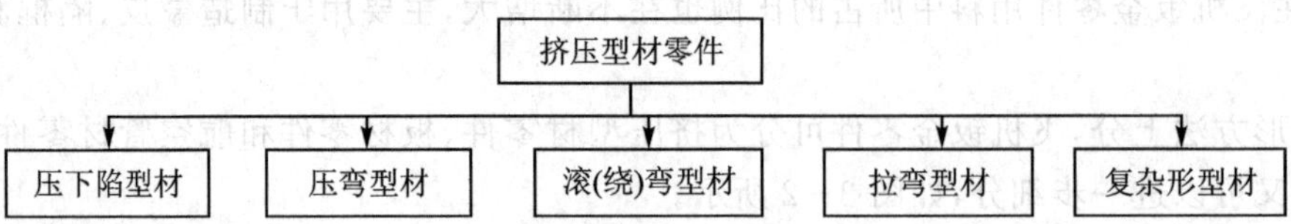

图 3-3 挤压型材零件分类

形收边角材、T 形收边角材、L 形放边角材、T 形放边角材。

⑤ **复杂形型材** 如一些变截面的挤压型材。

(2) 板材零件

板材零件分类如图 3-4 所示,可分为以下几种:

① 平板零件(见图 3-5)在飞机结构中所占比重不大,但是钣金成形零件中有 80 %以上都需要先经过剪裁成毛料,而后成形,所以平板零件在钣金零件中还是具有重大意义的。

② 板弯型材零件(见图 3-6)是指由板材弯制并具有型材特征的零件,飞机上的桁条多属于此类零件。板弯型材零件一般采用闸压床压弯等成形方法成形,最大的闸压床台面有 12 m。

③ 拉深零件分为旋转体零件和非旋转体零件,如图 3-7 所示,通过拉深将平板毛料或空心半成品模压成开口的空心零件。

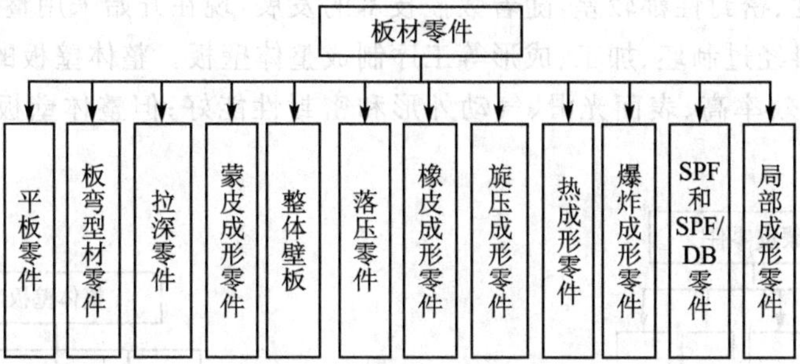

图 3-4　板材零件分类

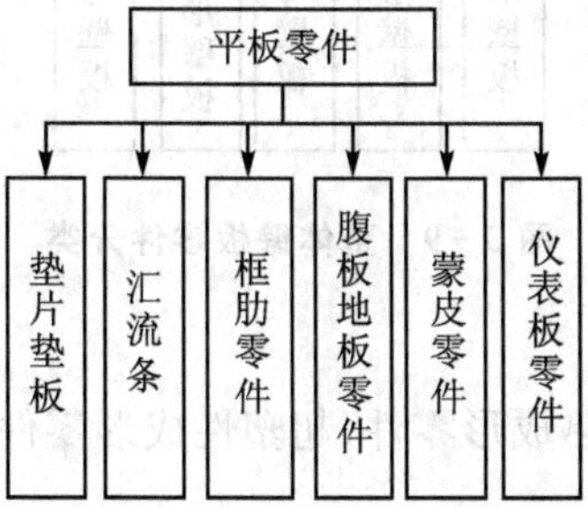

图 3-5　平板零件分类

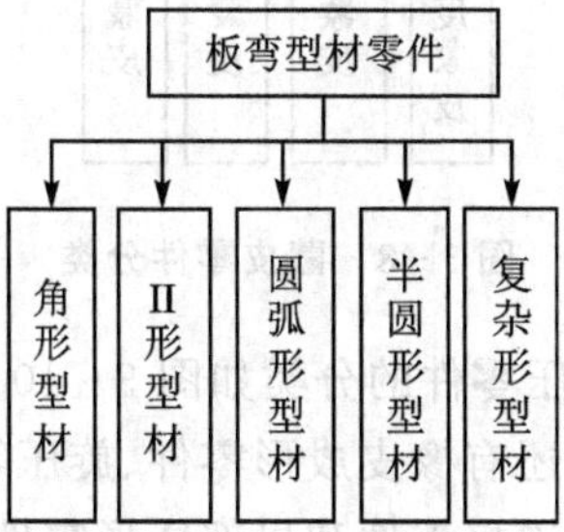

图 3-6　板弯型材零件分类图

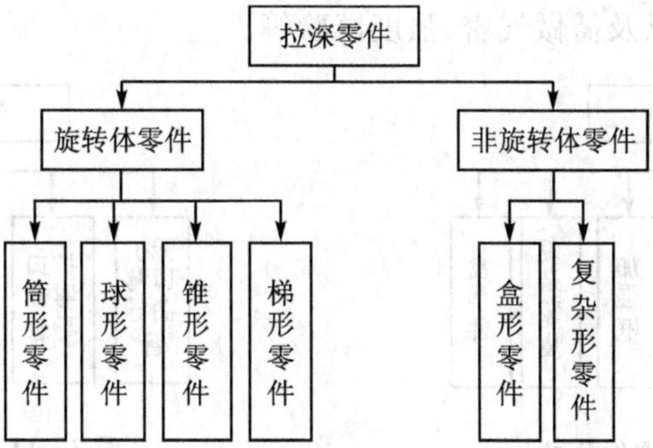

图 3-7　拉深零件分类

④ 蒙皮零件(见图 3-8)中的单曲度蒙皮一般采用滚弯或拉弯,双曲度蒙皮采用拉形。机身蒙皮是双曲度蒙皮或复杂蒙皮;机翼蒙皮是单曲度蒙皮,也有局部单曲度蒙皮。

⑤ 整体壁板零件的分类如图 3-9 所示。整体壁板的外形和内形比较复杂,品种繁多,前者取决于整体壁板在飞机上的使用部位,后者取决于整体壁板使用部位的结构强度要求。飞行器的壁板通常是用蒙皮和纵向、横向加强零件,靠铆接、胶接或点焊装配而成的。这种装配

式壁板的刚度、强度、密封性都较差，随着数控技术的发展，现在开始采用整体壁板代替装配壁板，即将金属原材料经过制坯、加工、成形等工序制成整体壁板。整体壁板的优点是：材料分配合理、自重轻、结构效率高、表面光滑、气动外形和密封性能好；但整体壁板的制造比较复杂、困难。

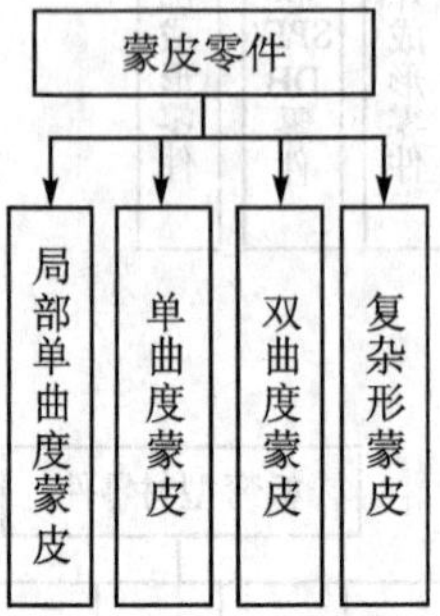

图 3-8 蒙皮零件分类

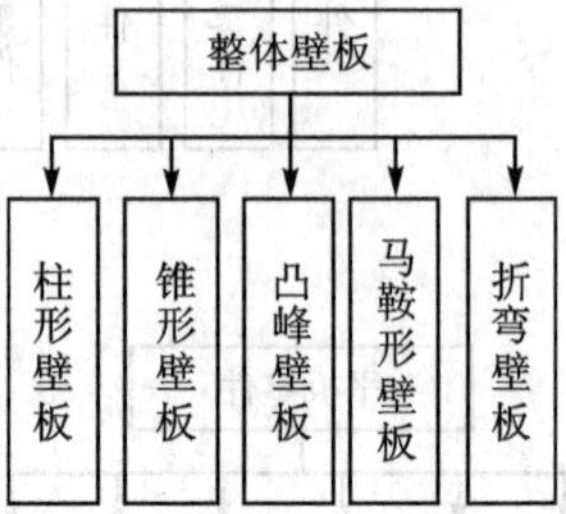

图 3-9 整体壁板零件分类

⑥ 落压零件的分类如图 3－10 所示。

此外，还有橡皮成形零件、旋压零件、爆炸成形零件、热成形零件、超塑性成形零件、超塑性成形/扩散连接零件和局部成形零件。

(3) 航空管材零件

航空管材零件分类如图 3－11 所示，其特点是外形复杂、质量要求高、弯曲方法多、端头加工复杂、表面处理方法多以及需做气密、强度试验等。

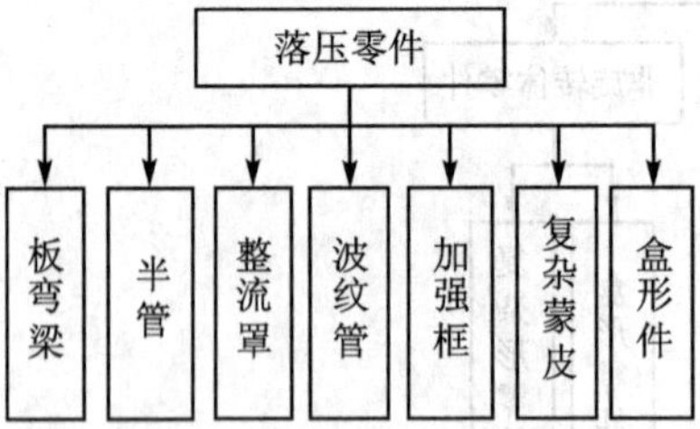

图 3-10 落压零件分类

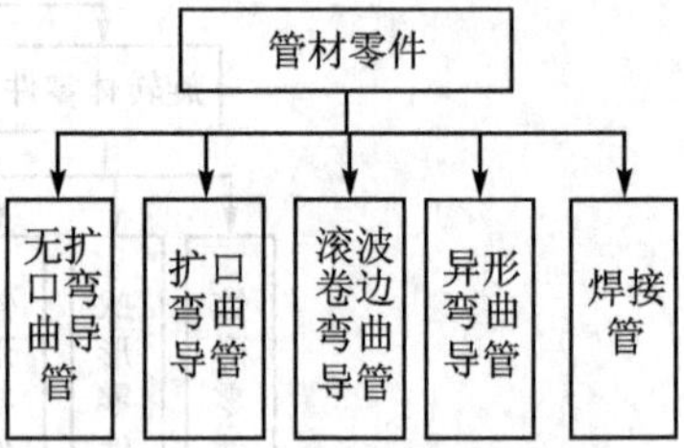

图 3-11 管材零件分类

2. 飞机钣金零件的成形技术

飞机钣金零件除采用机械制造中通用的各种冷冲压方法之外，还采取一些独特的成形方法。

(1) 橡皮液压成形

向装于容框中的橡皮胎内充高压液体，使之膨胀，从而推动毛料按照模胎的形状形成零件。这样形成的零件准确度高，表面无压痕。橡皮胎是一种通用的柔性凹模，所以在工作台上可以安放多个不同形状的模胎。液压机在一次循环中就能压出多个零件，因而效率高，成本低。这种方法主要用于成形翼肋、隔框等浅弯边零件，所用设备为橡皮囊液压机。

(2) 拉弯成形

先将型材毛料沿长度方向拉伸至屈服极限，然后保持拉力并使毛料按拉弯模的型面弯曲成形。预先的拉伸可以有效地改变弯曲时毛料内部的应力分布，从而提高零件的成形准确度。所用设备为转臂式拉弯机和转台式拉弯机。转臂式拉弯机用于成形单向弯曲件，如弯曲角不大于 180°的隔框、桁条等。转台式拉弯机不但可以成形单向弯曲件，而且可以成形双向弯曲件和弯曲角为 360°的环形框。

(3) 喷丸成形

利用压缩空气（或高速叶轮）使直径为 0.3～2.5 mm 的许多钢丸从喷嘴喷出。高速弹流打击毛料的一侧表面，使表面层金属因受挤而面积加大，产生压应力，使毛料向未受弹丸打击的一面弯曲，成为曲面形状。喷丸成形是大型整体壁板的主要成形方法。这种方法能提高零件的疲劳强度，使用的设备和工艺装备比较简单。

(4) 拉　形

成形前先用夹钳夹持毛料的纵向端头（纵拉）或横向端头（横拉），然后成形模顶升，与夹钳协调运动进行拉形，使毛料产生弯曲和非均匀的拉伸而逐渐与成形模贴合。这种方法主要用于生产飞机机身和机翼蒙皮、火箭壁板、贮箱的拼焊箱底等大尺寸零件。

(5) 变薄旋压

将毛坯用尾顶块压在芯模上，然后芯模带动毛坯旋转，同时使旋压轮沿零件外形母线作进给运动，使毛坯逐点变薄并贴靠于芯模上。变薄旋压可改善材料的机械性能，主要用于制造火箭的头锥、贮箱整体箱底、喷管、飞机的头部整流罩、发动机锥筒等。

(6) 落压成形

利用质量很大的锤头和上模从高处下落时产生的冲击力成形。模具简单，一般要经过多次落压，中间用手工修整。落压成形可用构造简单、便于加工的铅-锌模成形复杂形状零件（如飞机舱门、整流包皮和发动机排气管等），能缩短生产准备周期。

(7) 爆炸成形

把烈性炸药爆炸时产生的部分能量通过水或砂等介质传递到板料上，使之高速贴模成形。爆炸成形所用的设备简单，成形零件的精度较高，但生产效率低，模具寿命短，主要用于钣金件的胀形、校形和用于尺寸超过一般机床规格的大型零件的成形。

(8) 超塑性成形以及超塑成形/扩散连接

超塑性是某些金属材料在一定的温度和变形速率条件下呈现出来的一种状态，单向拉伸时，均匀延伸率可达 200 %～1 000 %。因此，用一道工序就能成形出形状非常复杂的零件。超塑成形/扩散连接是在特定的温度和压力条件下，使材料处于塑性变形温度范围内实现的一次成形和连接的组合工艺，已经广泛应用于飞机和发动机零件的制造中。

3.2 飞机蒙皮类零件的制造

3.2.1 蒙皮零件的特点及成形方法

现代飞机中,蒙皮零件的数量很多。蒙皮零件的制造劳动量约占钣金零件总劳动量的10 %。蒙皮构成飞机的气动力外形,要求外形准确、流线光滑和表面无划伤等。随着飞机性能的不断改进、品种的不断增加,蒙皮零件本身也有了很大的变化。

(1) 外廓尺寸不断加大

随着飞行载荷的增加,机翼面积加大,加上高速机翼的后掠要求,歼击机蒙皮零件的宽度尺寸已达 2～3 m,旅客机蒙皮零件的长度已达 32 m;在厚度尺寸上,也由低速飞机的薄蒙皮(0.6～1.2 mm)增加到高速飞机的厚蒙皮(20～30 mm)。

(2) 结构复杂化

初期飞机的蒙皮零件都是等厚度的。通过化学铣切的方法可以大面积地去除蒙皮上的废料,从而使广泛采用不等厚度的蒙皮成为可能。此外,为满足高速飞机的气动性能,翼型变得扁薄,机翼的结构空间相应减小,蒙皮与长桁合成为一个整体,即整体壁板、机翼蒙皮成为主承力构件。这种结构不仅用在机翼上,还用到了机身上。为防止疲劳裂纹的扩展,现代客机机翼壁板大量采用长桁与蒙皮的铆接结构,蒙皮仍是参与翼盒受力的主承力构件之一,但却已演变为一种展向和弦向均变厚度、有局部加强的整体厚蒙皮。综上所述,蒙皮内部结构尺寸的演变为:等厚蒙皮—化铣蒙皮—整体壁板—整体厚蒙皮。在实际应用上,依据不同部位的需要,上述四种形态的蒙皮在一架飞机上可能同时采用。

(3) 材料变化大

现代飞机采用最多的材料是 LY12 和 LC4 类铝合金(相当于 2024 和 7075)。在一些次承力部位,已开始广泛应用复合材料。随着飞行速度的提高,飞机表面温度升高,铝合金和一般的复合材料均不能适用,需采用钛合金和不锈钢等材料。此外,炮口和尾喷管等周围的蒙皮,也需要用耐高温的不锈钢材料制作。

蒙皮零件按其几何形状的不同可以分为三类,如图 3-12 所示。

① **单曲度蒙皮** 用于机翼、尾翼和机身的等剖面部分。单曲度蒙皮的数量占蒙皮总数的一半以上(50 %～55 %)。一般采用滚弯和连续压弯成形方法制作单曲度蒙皮,个别情况下采用拉形方法。

② **双曲度蒙皮** 一般用于机身前后段、进气道和发动机短舱,还有机翼上的折弯(向上或向下)部位和翼根弦长加长部位。一般采用拉形。

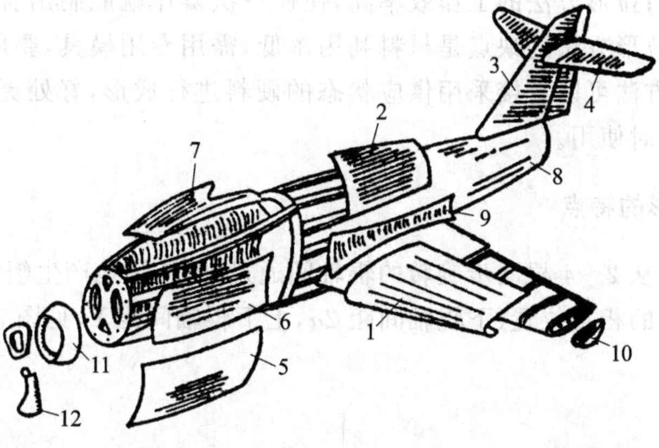

1、3、4—单曲度蒙皮；2、5、6、7、8—双曲度蒙皮；9、10、11、12—复杂形状蒙皮

图 3-12　飞机钣金蒙皮零件分类

③ **复杂形状蒙皮**　它属于双曲度蒙皮的一种特殊类型，其曲率变化较剧烈，如翼尖、整流片、机头罩和整流包皮等，一般采用落压成形。

3.2.2　单曲度蒙皮零件的制造

单曲度蒙皮零件的成形属于弯曲变形方式，但相对弯曲半径很大，变形程度很小，弹性变形区在板料的整个剖面上占很大的比重，可以认为中性层的位置仍处于板厚的中间位置。单曲度蒙皮在弯曲中的问题是回弹和表面质量。精确计算回弹是十分困难的，目前主要靠试验和经验。为保护蒙皮的外表面，一般采用贴牛皮纸或各种可剥性保护塑料的方法，与板料一起进行弯曲。

飞机单曲度蒙皮零件有等曲率的和变曲率的；有圆筒形的和圆锥形的（见图 3-13）。例如，机身中段蒙皮多属于等曲率的圆筒形零件，机翼中央翼蒙皮属于变曲率的筒形零件，尾翼外翼蒙皮属于变曲率的圆锥形零件。

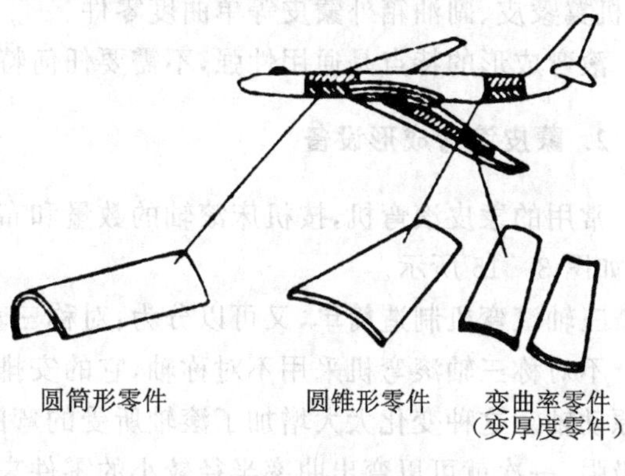

图 3-13　典型滚弯零件

现行生产中，单曲度蒙皮一般采用滚弯方法成形。压弯（闸压）较薄蒙皮时，易在表面形成棱子，加之劳动条件差和工作效率低，一般只在成形机翼前缘蒙皮中部小曲率半径区域（需使用专用刚性凹模或通用的聚氨酯凹模）时使用，或校正蒙皮边

缘部分的曲度时使用;拉形方法的工作效率高,往往一次操作就能制出所需精度的零件,零件的质量也好。但是,拉形方法的缺点是材料利用率低,需用专用模具,要用新淬火状态的毛料成形,而滚弯和压弯方法可以直接采用供应状态的硬料进行成形,好处更大。因此,拉形方法只是在成形前缘蒙皮时使用。

1. 蒙皮滚弯成形的特点

滚弯成形是板料从 2~4 根同步旋转的辊轴间通过,并连续地产生塑性弯曲的一种成形方法。通过改变辊轴间的相互位置(下辊轴间距 $2a$,上下辊轴间距 Y,见图 3-14)可获得零件所需的曲率。

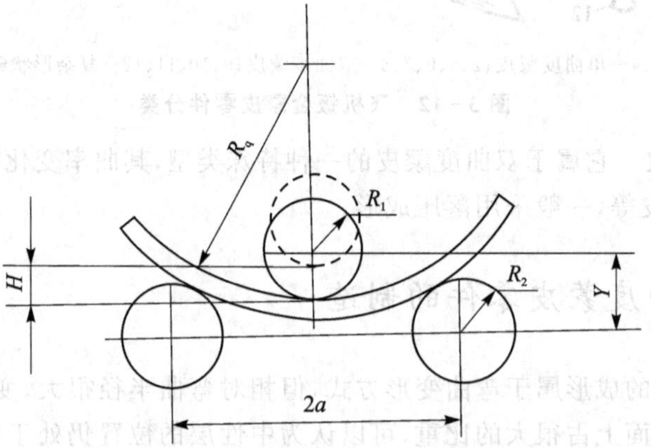

图 3-14 上辊轴压下的量关系

滚弯是历史悠久的弯曲工艺方法之一,最初用于制造各种圆筒和圆框等零件,以后进一步发展为制造变曲率的零件。就其变形来看,滚弯属于自由弯曲,在飞机制造中常用于制造机身、机翼蒙皮、副油箱外蒙皮等单曲度零件。

滚弯成形的特点是通用性强,不需要任何特种工艺装备。

2. 蒙皮滚弯成形设备

常用的蒙皮滚弯机,按机床滚轴的数量和布局可分为三轴滚弯机、四轴滚弯机和二轴滚弯机,如图 3-15 所示。

三轴滚弯机制造简单,又可以分为:对称三轴滚弯机和不对称三轴滚弯机。

不对称三轴滚弯机采用不对称轴,它的安排方式为:将水平中心距极小的一对上下滚轴作为原动轴。这种变化大大增加了滚轴所受的弯曲力,毛料在上下滚轮间得到可靠的夹持,送进力极强,一次就可以弯出曲率半径较小的零件来。

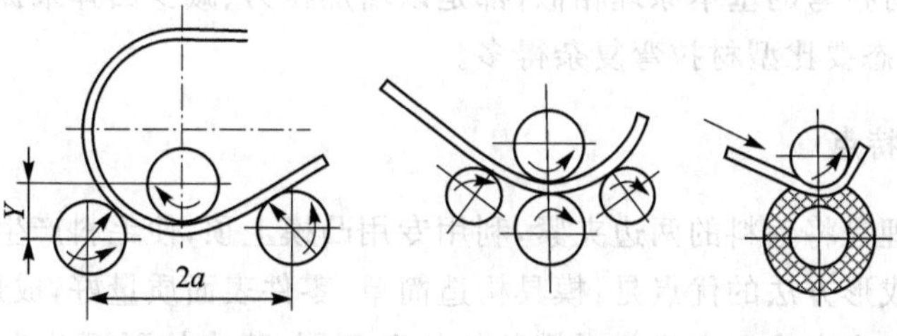

(a) 对称三轴滚　(b) 四轴滚　(c) 二轴滚

图 3-15　滚弯方式

三轴滚弯(见图 3-15(a)),通过改变辊轴间的相对位置得到所需零件的形状。这种方式通用性强,但零件两端留有直线段。

对称三轴滚弯机的特点如下:

① 细长的滚轴具有极可靠的支持,但同时会具有挠度;如果滚弯很宽的零件,会导致零件出现腰鼓形,所以需要加支撑以提高其刚度。

② 三根滚轴都有强制传动。三根滚轴都是主动轴,利用摩擦力将材料送进送出。

③ 滚轴的相对位置可以灵活变化。

可以调整上下辊轴间距 Y 值。

四轴滚弯(见图 3-15(b))基本原理与三轴滚弯相同,实质上是合并了以上两种对称与不对称的三轴滚弯机,因此机动性大,兼具对称与不对称三轴滚弯的优点,比对称三轴滚弯机更方便,两侧滚轴器起到顶弯作用,夹持可靠,送进力强,可消除滚弯端头的直线段。

二轴滚弯机是 20 世纪 60 年代开发的一种滚弯机(见图 3-15(c)),上滚轴仍为钢辊,下滚轴的表面则包裹一层具有一定硬度和高弹性的聚氨酯橡胶或硬橡皮(聚氨酯橡胶非常硬,可以在车床上车削)。当钢辊压入弹性滚轴时,弹性滚轴呈径向的凹陷变形,送入两辊之间的板材借助弹性材料变形的反力而被弯曲,驱动弹性滚轴,从而实现板材的连续弯曲。

飞机蒙皮零件的尺寸很大,大多数是变曲率的,母线的直线度要求也很高,这就要求滚弯机的滚轴必须具有足够的刚度,并能在滚弯过程中调节滚轴的相对位置,只有滚轴对称安排的三轴滚弯机才能满足这些要求。二轴滚、不对称的三轴滚和四轴滚弯机仅能成形等曲率的圆筒形零件,同时滚轴受到的弯曲力较大,限制了滚轴的长度,一般最多为 2 m。因此,单曲度蒙皮零件的生产中广泛采用对称三轴滚弯机。

3.2.3　双曲度蒙皮零件的制造

双曲度蒙皮零件的成形属于拉胀变形方式。最常用的成形方法是拉形,还有采用辗压和应力松弛等方法进行成形的。

蒙皮拉形与型材拉弯的基本原理相似，都是以增加拉力、减少回弹来提高蒙皮成形准确度的，但是材料变形状态要比型材拉弯复杂得多。

1. 蒙皮拉形的特点

拉形的基本原理是将毛料的两边夹紧，利用专用凸模上顶，使毛料产生不均匀的拉应变而与模具贴合。这种成形方法的优点是：模具构造简单，零件表面质量好，成形准确度高，适于生产大尺寸零件。按加力方式和夹钳相对模胎的位置不同，蒙皮拉形可分为横向拉形和纵向拉形两种方式：纵拉和横拉。

纵拉和横拉的基本原理相同，但在具体细节上和所用设备的结构上有所差异。为了成形蒙皮零件上的凹陷或鼓包，还可以在拉形时从上方向下施加一定的压力。

拉形主要用于制造曲率变化比较平缓的零件。横向拉形一般适用于制造马鞍形等蒙皮或横向弧度大和纵向弧度小的零件。如飞机的发动机舱、起落架舱和前后段机身的蒙皮（见图 3-16）。对于狭长蒙皮（见图 3-17），有时其纵向弧度比横向弧度小，但为节省材料，以采用纵向拉形较合理，如机身中段蒙皮。

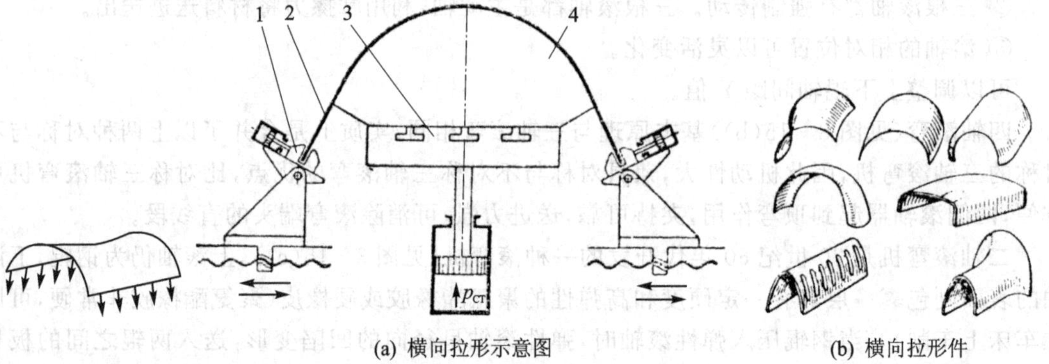

(a) 横向拉形示意图　　(b) 横向拉形件

1—夹钳；2—成形件；3—台面；4—模具

图 3-16　横向拉形及其典型成形件

2. 蒙皮拉形设备

飞机蒙皮拉形机是飞机蒙皮成形的关键设备。根据拉形过程的需要，常用的蒙皮拉形机有三类：横向拉形机、纵向拉形机以及纵横双向拉形机。我国航空工业传统的蒙皮拉形机多是20 世纪 50—60 年代从原苏联引进或自行设计制造的，这些设备自动化程度低、控制精度差、生产效率低。80 年代以来，我国陆续从美、法等国引进了一些蒙皮拉形机，使飞机蒙皮成形技术水平有了很大的提高，但传统的蒙皮拉形机仍在实际生产中发挥作用。

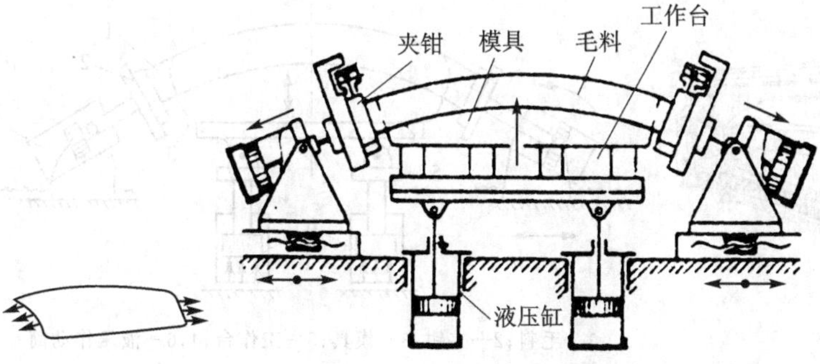

(a) 纵向拉形原理图

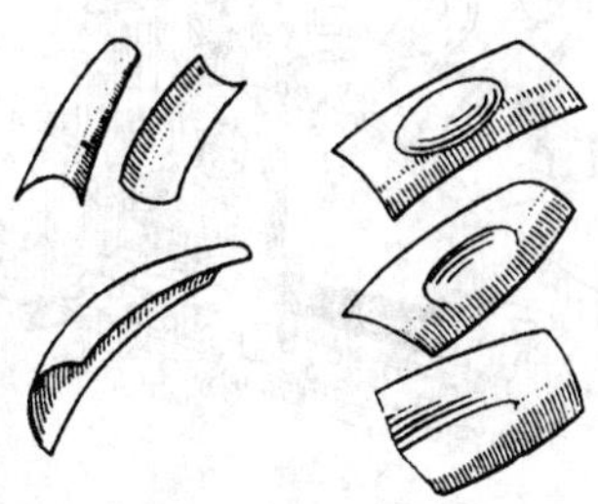
(b) 纵向拉形典型成形件

图 3－17　纵向拉形及其典型成形件

(1) 横向拉形机

横向拉形机又称台动式拉形机(见图 3－18)。在拉形机中,安放拉形模具 3 的工作台 5 由液压作动筒 4 推动,作上、下平行运动,也可作倾斜运动。两侧的夹钳 1 可以调整位置,但工作过程中固定不动。拉形时,根据蒙皮的顶部形状,将钳口调至适当位置并加以固定,务必使夹钳的拉力作用线与拉形模边缘相切。

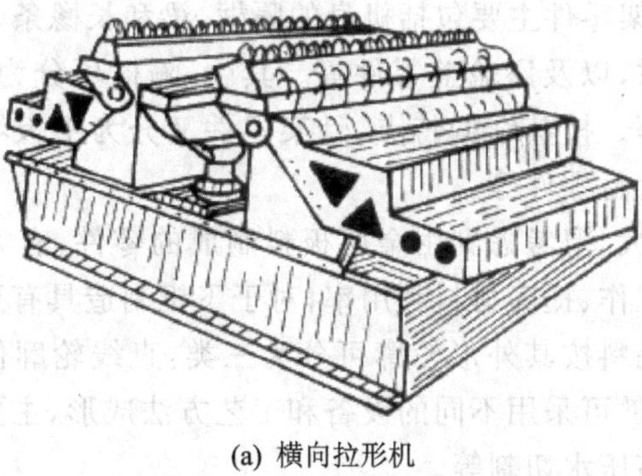
(a) 横向拉形机

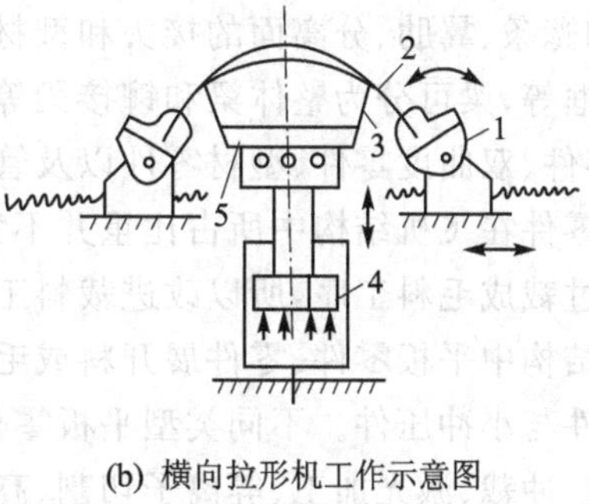

(b) 横向拉形机工作示意图

1—夹钳；2—毛料；3—模具；4—液压作动筒；5—工作台

图 3－18　横向拉形机

(2) 纵向拉形机

纵向拉形机(见图 3－19)以台、钳双动式的构造形式较多,故又称台钳双动式拉形机。如图 3－20 所示,拉形机台面可以升降,夹头也可以伸缩。在机床中,用做安放拉形模具 3 的工作台 5 是由液压作动筒 6 操作上、下运动或倾斜运动。位于工作台两侧的夹钳 2 钳台用丝杠调节可作水平方向移动。倾斜液压作动筒 4 用于调节钳口角度,拉伸液压作动筒 4 则用于对毛料施加拉力。

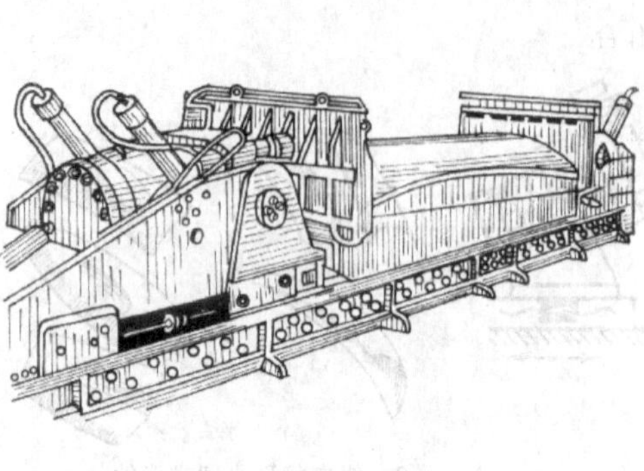

图 3-19 纵向拉形机

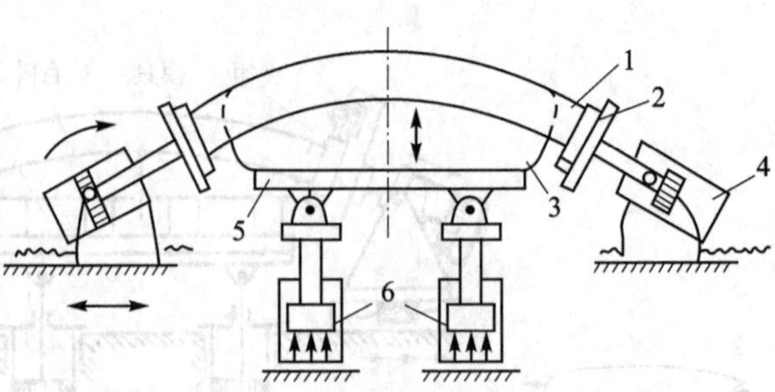

1—毛料;2—夹钳;3—模具;5—工作台;4,6—液压作动筒

图 3-20 纵向拉形机工作示意图

3.3 飞机骨架类零件的制造

3.3.1 骨架类零件的特点及成形方法

骨架零件示意图如图 3-21 所示。骨架零件主要包括机身的隔框、梁和长桁条,机翼的大梁、支板和椽条、翼肋、分离面的接头和型材,以及座舱盖零件等。其中,隔框可分为标准隔框和受力隔框等,梁可分为整体梁和铆接梁等。按其结构特点,骨架零件又分为平板零件、弯曲件、弯边零件、双曲度零件、型材零件以及管材零件等。

平板零件在飞机结构中所占比重并不大,但考虑到由金属板料制成的零件,有 80 %以上皆需先经过裁成毛料工序,所以改进裁料工作、提高材料利用率,对于飞机制造具有重大意义。

飞机结构中平板零件、零件展开料或毛料按其外形轮廓可分为三类:直线轮廓件、曲线或线型组合件与小冲压件。不同类型平板零件可采用不同的设备和工艺方法成形,主要方法有:剪裁、铣切、冲裁、激光加工、等离子切割、高压水切割等。

弯边零件是飞机机体骨架中的组件,通常我们称之为框肋零件。框肋零件担负着确定飞机外形和承受气动载荷的双重任务。通常采用橡皮成形方法制造框肋零件。

飞机上所用型材零件可以分为钣弯型材及挤压型材两类,它们属于机体骨架零件,这类零件包括桁条、大梁以及一些框肋的缘条等。

飞机结构上的型材零件除很少一部分直的挤压型材仅需下料、校直、制孔、压制下陷或改变凸缘间夹角等工序外,大部分零件均需经过弯曲成形。主要成形方法有:滚弯、压弯、拉弯等。

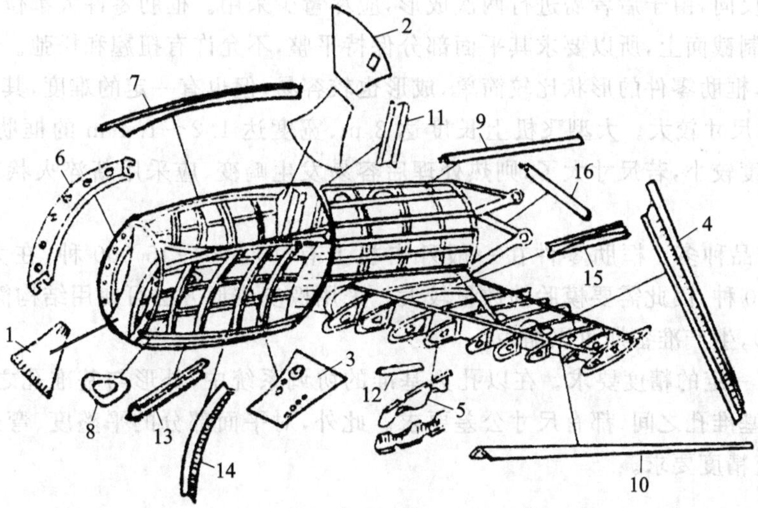

1、2、3—平板零件；4—弯曲件；5、6—弯边零件；7、8—双曲度零件；
9、10、11、12—直的挤压型材零件；14、15—弯的挤压型材零件；16—管材零件

图 3-21　飞机骨架零件分类图

3.3.2　框肋零件的制造

1. 框肋零件的特点

框肋零件是飞机机体骨架中的组件，担负着确定飞机外形和承受气动载荷的双重任务。通常，框肋零件属于平面零件类型，但四周具有弯边，如图 3-22 所示。弯边是成形中的主要工序，弯边按其与外蒙皮接触的情况，又可分为有气动外形要求与没有气动外形要求两类，前者有较严格的精度要求，后者的精度可适当放宽。通常框肋零件内还可能分布有：减重孔、管道通孔、长桁缺口、下陷、加强窝与加强埂，以及作为基准用的基准孔和定位孔等。

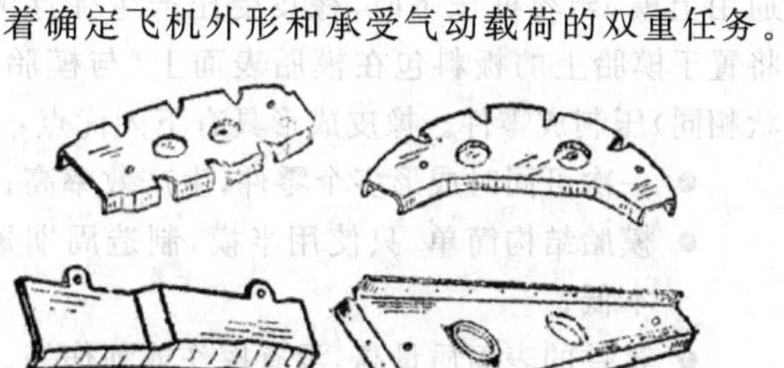

图 3-22　框肋零件

由于飞机外形为一光滑的流线体，所以，框肋件四周的弯边沿轮廓有不等的弯曲角和不同的高度。弯边的轮廓线有直线、凸弧线、凹弧线和三者的综合线。此外，在同一零件上弯边的

方向有同向或反向，由于后者需进行两次成形，应尽量少采用。框肋零件大都位于飞机机体尺寸和形状的控制截面上，所以要求其平面部分保持平整，不允许有扭翘和松弛。

总的来看，框肋零件的形状比较简单，成形也较容易，但也有一定的难度，其难度在于：

① 零件的尺寸较大。大型飞机上长度达 3 m、宽度达 1.2～1.4 m 的框肋件数量很多。框肋零件的刚度较小，若尺寸大了，则热处理后容易发生畸变，应采用新淬火状态的板料进行成形。

② 零件的品种多。框肋零件在一般歼击机上有 10 000～15 000 种，在大型飞机上有 20 000～35 000 种，因此需要模胎的数量较大。采用橡皮成形方法可使用结构简单的半模(工厂称之为模胎)，生产准备期可以缩短。

③ 外形有一定的精度要求。在以孔为基准的协调系统中，外形与基准孔之间、边缘下陷的长桁缺口与基准孔之间，都有尺寸公差要求。此外，对平面部分的平整度、弯边的弯角与弯曲半径等，也有精度要求。

2. 零件成形方法与设备

成形框肋零件的常用方法有下列四种，各有适用的加工对象，但以橡皮成形方法最为经济，故采用也最多。

① 刚性凸凹模冲压成形——仅适用于厚度较大和弯边较高的小尺寸零件。

② 旋压成形——仅适用于轮廓为圆形的整框件。

③ 滚弯成形——适用于剖面为 Ω 形的等半径大型机身框板件。

④ 橡皮成形——橡皮成形的工作原理如图 3-23所示。采用充满厚橡皮板的橡皮容框作为通用上模，当容框压下时，橡皮受压产生弹性流动，将置于模胎上的板料包在模胎表面上(与模胎的形状相同)压制成零件。橡皮成形具有下列优点：

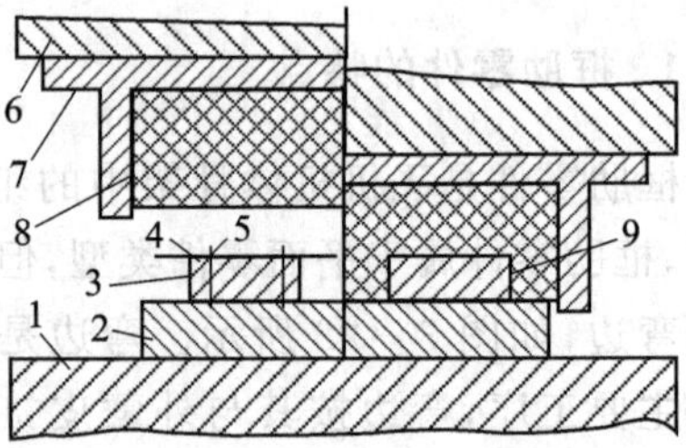

1—压床下台面；2—工作台；3—压型模；4—板料；5—销钉；6—压床上台面；7—容框；8—橡皮；9—零件

图 3-23 格林式橡皮压床的成形原理

- 一次可同时成形多个零件，生产效率高；
- 模胎结构简单，只使用半模，制造周期短，成本低；
- 零件的表面质量高，没有擦伤或划伤等。

但是，橡皮成形也存在不少缺点：

- 需用压力高的压床，容框面积愈大，生产效率愈高；单位成形压力愈大，零件的贴胎度愈好，成形后手工修整量也愈小。所以，橡皮成形专用压台的工作面积和单位压力不断增大，最大压床的压力现已超过 1 200 MN，压床价格十分昂贵。

- 成形后的零件还要修整，恰当地使用大的成形压力，可使手工修整量减到最少。
- 成形零件的高度有一定限制，用橡皮垫容框成形时，零件模胎的高度不许超过橡皮厚度的 1/4；用橡皮囊成形时，零件高度限定为 100～120 mm，个别件允许高达 250～300 mm，但不允许长久使用。

橡皮使用寿命有限，使用寿命除与橡皮质量有关外，还取决于工人的操作。

用于框肋零件成形的橡皮压床有两类，一是橡皮垫式压床，二是橡皮囊式压床。前者的工作原理在上节中已叙述过。

橡皮垫式压床还有一种是爆炸橡皮成形压床，用炸药爆炸产生的冲击力来代替液压机压力，如图 3－24 所示。爆炸橡皮成形压床是利用炸药的爆炸冲击波压力作为压力能源。成形峰压值可达 3 000 kg/cm^2，对于不锈钢和 30CrMnSi 钢零件的校形较为合适。这种压床结构简单，投资少，压力大，成形的零件精度高，特别适用于高强度材料；但是爆炸冲击力较大，需要钢质模具。

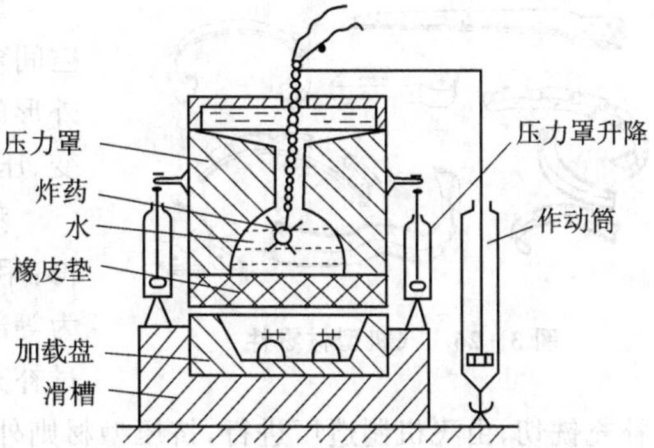

图 3－24　爆炸橡皮成形压床

橡皮囊式压床与橡皮垫式压床的差别只是用橡皮囊代替橡皮垫，工作时向囊中充油压成形，如图 3－25 所示。

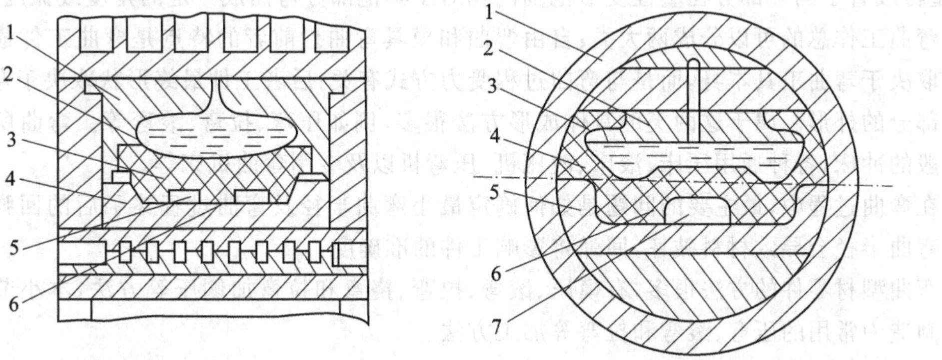

(a) 框架式

1—容框；2—内胎；3—胎；4—工作台；5—压型模；6—成形零件

(b) 圆筒式

1—圆筒；2—密封板；3—内胎；4—外胎；5—工作台；6—成形零件；7—压型模

图 3－25　橡皮囊式压床的成形原理

3.3.3 型材零件的制造

1. 零件的特点

型材类零件在现代飞机上所占的比重相当大，多用做机体的长桁、梁和框，以及加强件的凸缘等(见图 3-26)。

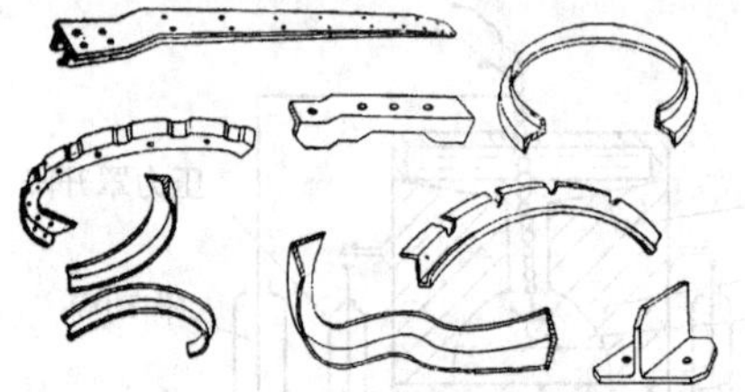

图 3-26 飞机型材零件

型材零件按外形可划分为直线形、平面弯曲和空间弯曲三类。作为成形的工作内容，除型材零件外形的成形之外，还有型材剖面形状和角度的改变、压制下陷和冲切缺口等。

型材零件的毛坯——型材，主要以两种方式获得：用板条弯制和挤压成形。它们的剖面沿长向均为等剖面，如需要变剖面和变厚度的型材，则需通过补充铣切获得。通常，板弯型材的制造和挤压型材的补充铣切，由飞机制造厂进行，挤压型材则外购。

飞机结构上的型材零件除很少一部分直的挤压型材仅需下料、校直、制孔、压制下陷或改变凸缘间夹角等工序外，大部分零件均需经过弯曲成形。

飞机制造中进行弯曲成形及与其他工艺方法复合成形的零件非常多，它是指将板料、条料、型材或管子的一部分在塑性变形范围内相对于其他部分弯曲成一定的角度或弧度。

弯曲工作总的可以分成两大类：自由弯曲和模具弯曲。前者的特点是弯曲工件最终形状并不取决于弯曲工具本身，而是与弯曲过程受力方式有关；后者工件最终形状取决于弯曲工具工作部分的外形。属于这两类的具体成形方法很多，例如压弯、拉弯、滚弯等。弯曲所用设备有一般的冲床，各种通用压床、滚床、液压机、压弯机以及专用弯曲机床等。

在弯曲过程中，最主要的问题是如何确定最小弯曲半径及弯曲过程终了后的回弹值。过小的弯曲半径会导致材料破坏，回弹将影响工件的准确度。

弯曲型材零件的方法很多，有模压、滚弯、拉弯、挠弯和拉弯加侧压等方法，本小节将讨论飞机制造中常用的压弯、滚弯和拉弯等加工方法。

2. 压弯成形及其设备

压弯通常用于制造板弯型材。小弯曲件尺寸较小，常用专用弯曲模在冲床上压制。细长型材所用弯曲模较长，需要安装在专用折弯机(闸压床)上成形。折弯机实质上是一种台面狭长的双曲柄冲床或液压床。飞机制造厂所用折弯机最长台面有 9 m，压力达 1 800 t。

折弯是最经济的成形方法之一，通常用于简单的等弯曲半径、相等或均变弯曲角的直线弯曲件；可制造槽形、角形和其他各种形状板弯型材。除钢和钛外，弯曲件应尽可能设计成能在最后热处理状态下折弯。实际上，只要弯曲半径适合，折弯退火料和淬火料同样方便。

图 3-27 为闸压（折弯）某些特殊截面型材所使用的可换式凹模。

压弯机是一种通用的压弯设备，飞机制造厂常用压弯机的压力为 0.4～2.5 MN，工件长度为 3～5 m。为了压弯成形整体壁板零件，国外还装备了压力达 18～20 MN、工件长达 16 m 的大型压弯机。

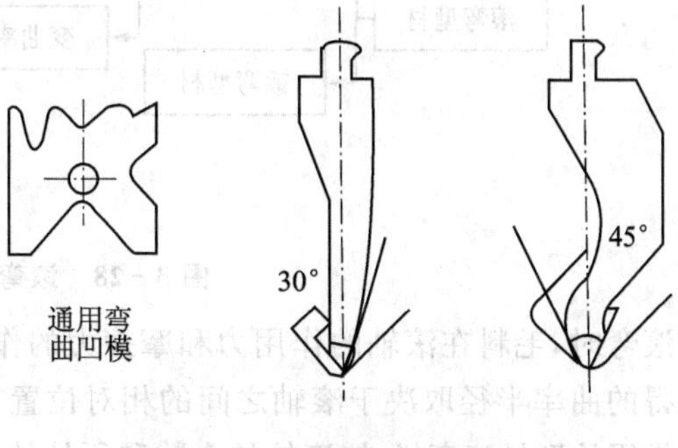

图 3-27 闸压模及闸压件示例

压弯机在钣金设备中，是较早实现 NC 和 CNC 控制的。为适应多品种零件的生产，它已发展为柔性制造单元，与龙门剪组合实现了柔性制造系统。为此，压弯机的功能有了许多改进：

① 增加了板料自动送进和自动限位的机构，以及工件自动卸料的装置。

② 增加了补偿回弹角的自适应系统。根据每块板材的厚度和机械性能，可自动调整冲头下死点的位置，以保证用不同来源和批次的板材制造出相同弯角的零件。

③ 具有自动更换不同半径 R 值凸模的机构。

④ 可分别调整滑板两端的油缸，以便压弯锥形或变弯角型材零件。

此外，也有将压弯机与龙门剪床合二为一的机床，滑板上行压弯，下行剪裁；或相反。其优点是节省车间面积和提高设备的利用率。

飞机上用的板弯型材多采用通用模经多次压弯而成，无论型材的截面多复杂，对每个弯角来说，都是典型的 V 形弯曲。

采用有聚氨酯的容框作为压弯中的通用凹模，也可以获得回弹角较小的 V 形压弯件。当刚性凸模将板料压入聚氨酯容框中时，由于聚氨酯是不可压缩的半流体，两侧橡胶将沿板材向上流动，聚氨酯与金属之间的高摩擦系数（$\mu=0.3\sim0.4$），将使板料获得较大的周向拉应力，这样，压弯过程兼有拉弯的效果。因此，设计橡皮容框和选择凸模下死点位置时，应尽量加大此拉应力，这就要求橡皮与板料间有更大的正压力和更大的相对位移。

聚氨酯凹模压弯法的缺点是，需用高刚度和大功率的压弯机。若回程压力较大，则容易过早损伤压弯机。

3. 滚弯成形及其设备

滚弯是历史悠久的弯曲工艺方法之一，最初用于制造各种圆筒和圆框等零件，以后进一步发展为制造变曲率的零件。就其变形方式来看，滚弯属于自由弯曲，在飞机制造中常用来制造机身、进气道隔框、加强缘条等骨架零件。

常见的型材滚弯零件分类如图 3-28 所示。

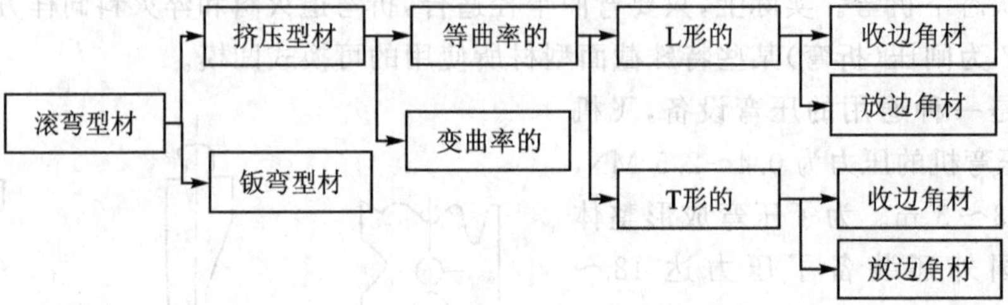

图 3-28 滚弯型材零件分类

滚弯时,毛料在滚轴的作用力和摩擦力的作用下,向前推进并产生塑性弯曲。毛料经滚弯后所得的曲率半径取决于滚轴之间的相对位置、毛料剖面尺寸及材料的机械性能。

常用的型材滚弯机,按滚轮的个数和所处的相对位置可为三轴滚弯机、四轴滚弯机、六轴滚弯机。图 3-29 所示为三轴和四轴滚弯机示意图,图 3-30 所示为液压靠模四轴滚床示意图。

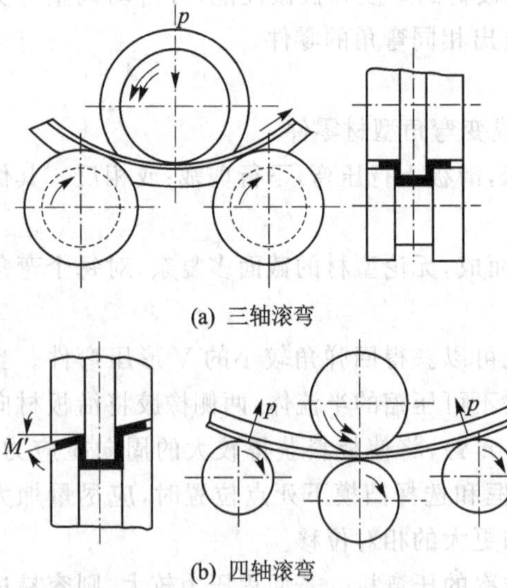

图 3-29 三轴、四轴滚弯示意图

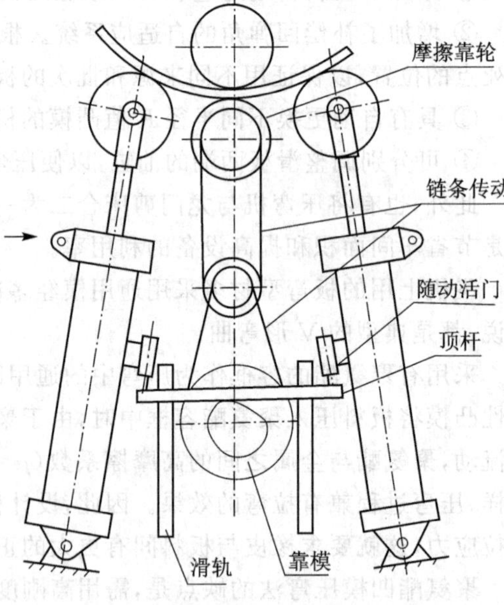

图 3-30 液压靠模四轴滚床示意图

三滚轴又可分为对称三轴滚、不对称三轴滚。不对称三轴滚采用不对称轴,其安排方式是:将水平中心距极小的一对上下滚轴作为原动轴。这种变化大大增加了滚轴所受的弯曲力,毛料在上下滚轮间得到可靠的夹持,送进力极强,一次就可以弯出曲率半径较小的零件来。

所谓四轴滚，实质上是合并了以上两种对称与不对称的三轴滚，因此机动性大，兼备了对称与不对称三轴滚的优点而比前者使用更方便。在型材滚弯中常用四轴滚，而板料滚弯常用对称三轴滚。

滚弯方法的最大优点是通用性强，不必专门制造模具，只需制作适合不同型材剖面形状、尺寸的滚轮，因此生产准备周期短，常用于小批量生产。

滚弯的缺点是生产效率低，需经反复辗试才能获得准确几何形状，同时需要熟练工人操作，对型材厚度、剖面形状均有限制。滚弯时，常出现型材剖面变形、腹板面失稳等故障。

4. 拉弯成形及其设备

压弯和滚弯后的零件都有很大的回弹。根本原因是弯曲应力中存在弹性分量，卸载后弹性变形自动消失，因而不能使零件保持弯曲过程所得到的形状。如果弯曲半径较大，材料内外层纤维的应力没有达到屈服点，卸载后零件将完全恢复原状。飞机上的各种骨架零件，如长桁、框缘、肋条等大多具有较大的相对曲率半径，而零件外形准确度要求又极高，这类零件如果用普通方法弯曲，较难以达到要求，需要采用新的弯曲方法，于是出现了拉弯成形方法。

拉弯成形原理是在毛料弯曲的同时，加以切向拉应力，改变毛料剖面内应力的分布状态。拉弯适合于成形尺寸和曲率半径都较大的型材零件，以单曲率者为宜。空间曲率不大者亦可用其成形，但需附加一些装置。拉弯在航空航天工业中应用最为广泛。

拉弯成形方法具有较多的优点：回弹小；防止型材内边起皱；提高零件的抗拉强度；用半模成形，模具承压小，无需用高强度和耐磨材料制作等。与其他成形方法一样，它也存在一些缺点，如：零件形状受限制；材料利用率低；生产效率较低；需用专用机床等。

飞机制造厂所用的型材拉弯机床，按其构造特点，主要可分为两类，即转台式和张臂式。下面说明几种常用拉弯机及其特点。

(1) 顶式拉弯机（见图3-31）

按 $M-p_b$（先弯后拉）拉弯方式工作，但又不完全相同，因为成形前期弯曲与拉伸几乎是同时施加的。新式的拉形与拉弯合用机床的工作原理与顶式拉弯机的一样。

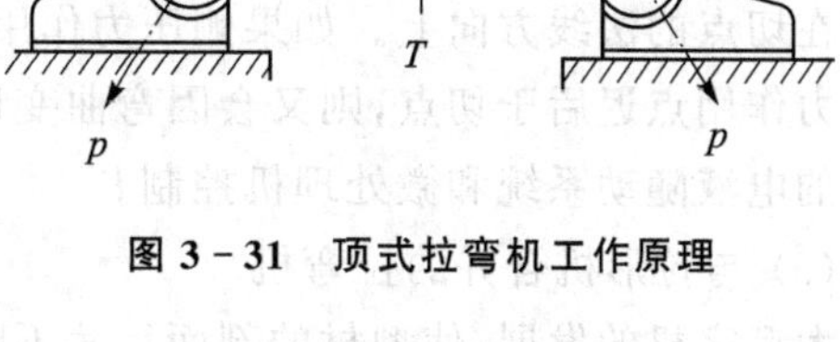

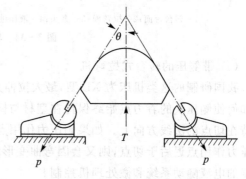

图3-31　顶式拉弯机工作原理

(2) 转臂式拉弯机

转臂式拉弯机可按 p_a-M（先拉后弯）、$M-p_b$ 和 p_a-M-p_b（先拉后弯再补拉）三种拉弯方式工作。拉弯机的双臂有的只能同时旋转（见图3-32），有的可以单独旋转（见图3-33）。

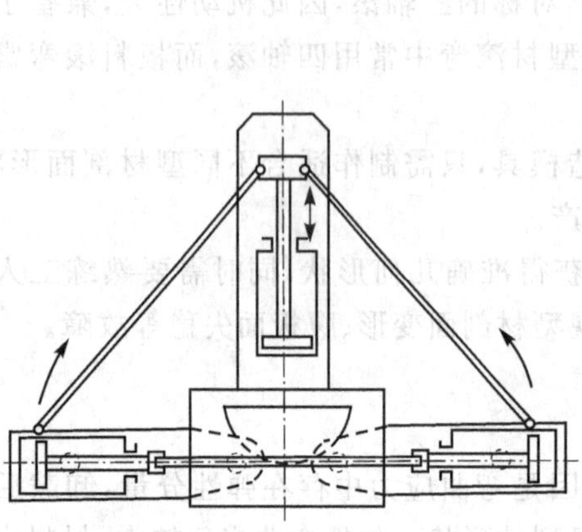

图 3-32 两支臂同时旋转的拉弯机

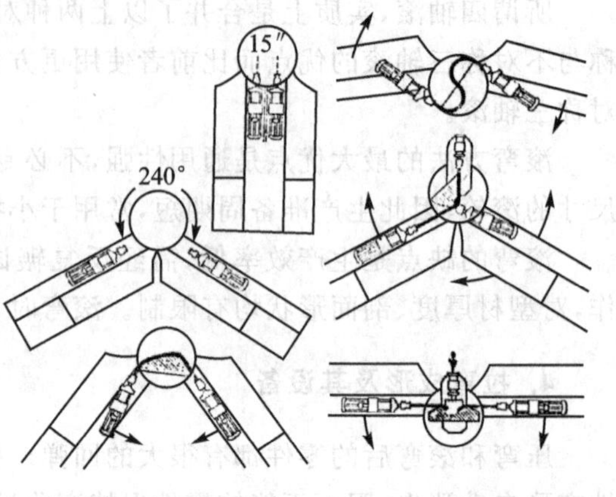

图 3-33 两支臂可单独旋转的拉弯机

(3) 转台式拉弯机

转台式的基本原理是台面连同模具旋转，而拉伸作动筒则固定在床身上(见图 3-34)。拉弯方式为 p_a-M-p_b。这种机床的优点是结构简单，能弯曲弯角大于 180°的零件和有正、反曲率的零件，如图 3-34(c)所示。但拉伸作动筒的长度大，又只能从一端施加拉力，降低了补拉的效果。

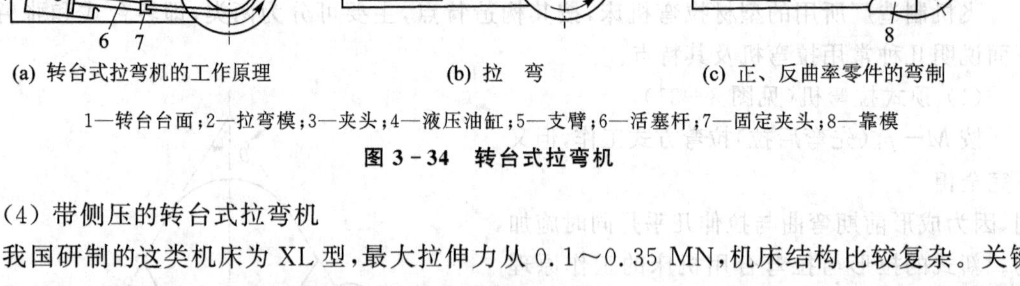

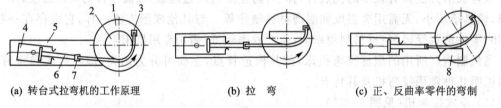

(a) 转台式拉弯机的工作原理 (b) 拉 弯 (c) 正、反曲率零件的弯制

1—转台台面；2—拉弯模；3—夹头；4—液压油缸；5—支臂；6—活塞杆；7—固定夹头；8—靠模

图 3-34 转台式拉弯机

(4) 带侧压的转台式拉弯机

我国研制的这类机床为 XL 型，最大拉伸力从 0.1～0.35 MN，机床结构比较复杂。关键是如何使侧压块的着力点始终保持在型材与模胎开始接触的切点处，同时加力方向也要始终保持在切点的法线方向上。如果侧压力作用点超前于切点，则成形后零件上将出现波纹度；如侧压力作用点迟后于切点，则又会因弯曲变形结束而不起作用。因此，机床设计中需采用高灵敏度的电液随动系统和微处理机控制。

(5) 与拉形机合并的拉弯机

大型客机的发展，使型材的剖面尺寸不断加大，需要 1 MN 以上拉力的拉弯机，但这种大型零件的数量又很少，配置专用拉弯机很不经济，故出现了既能拉形又能拉弯的机床。例如，

VTL400－160CJ－360 型数控拉伸成形机，最大拉伸力为 2 MN，最大顶力为 4 MN，既能拉形，又能拉弯。

(6) 组合式大吨位拉弯机

这种拉弯机类似于金属切削机床中的组合机床，它将拉弯机中的主要构件，如夹头、液压油缸等制成标准单元体，然后根据具体零件的需要进行组合，构成拉弯机。美国液压成形公司采用这一方法，满足了宇航飞行器上大型材零件的成形要求。

3.4　飞机复杂钣金零件的制造

3.4.1　零件的特点及成形方法

飞机构造中有许多形状复杂的钣金件，如发动机罩、各种整流蒙皮、排气管和油箱端盖等，一般尺寸都较大，零件数量占钣金零件总数的 8 %～10 %，而劳动量却占到钣金零件总劳动量的 20 %～25 %。

过去，多采用落压方法成形形状复杂的零件，但落压成形的噪声和振动大，普遍不受欢迎。基于新技术的发展，在国外，复杂形状零件大部分已由复合材料零件代替，小部分也转移到采用橡皮囊拉深、橡皮囊压制、拉形和双动冲床冲压等方法进行制造。现采用落压成形的复杂零件已很少了，有的飞机制造厂已取消落锤，少数零件通过外协解决。但是，国内目前还是普遍采用落锤(落压)成形，近期内也难以取消，故本节仍主要叙述复杂零件的落压成形。

按复杂零件的结构和工艺特点，大致可以分为以下几类：

① 蒙皮类零件。例如翼尖、机头罩、枪炮整流罩部件对接处的整流片等。这类零件的形状比较复杂，成形时表面皱折较多，但其外表面直接和气流接触，构成飞机的气动力外形，表面必须光滑平整，不准留有皱痕或铝锤印迹。因此，成形过程中应防止表面擦伤，并要将皱纹辗光。

② 波纹板类零件(见图 3－35)。例如，带有加强埂槽的内蒙皮，由于大多不参与机体的承力结构，所以板料厚度较薄(一些尺寸较小的不锈钢内蒙皮，板厚仅 0.3 mm)，往往在零件上制出稠密的埂槽以提高其散热能力与刚度。成形这类埂槽较多的波纹板类零件时，应防止模具跳动或模具间隙不均，以免啃伤工件。

③ 型材大梁类零件(见图 3－36)。例如机身的 W 形大梁。

④ 盒形类零件(见图 3－37)。例如座椅、高压油箱半壳、油箱端盖和设备舱隔板等。这类零件一般具有平整的凸缘或边缘，就其变形性质而言，属于拉深变形。

⑤ 加强板类零件(见图 3－38)。例如阻力板和各式舱门的加强板(整体骨架)等。这类零件的外形曲度较小，但凸起部分较多，成形时应防止拉裂。

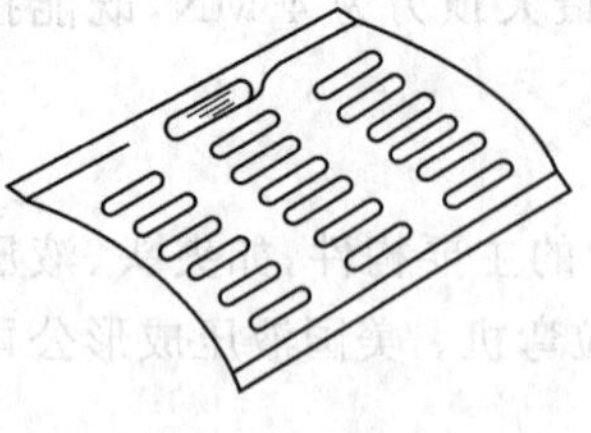

图 3-35 波纹板类零件

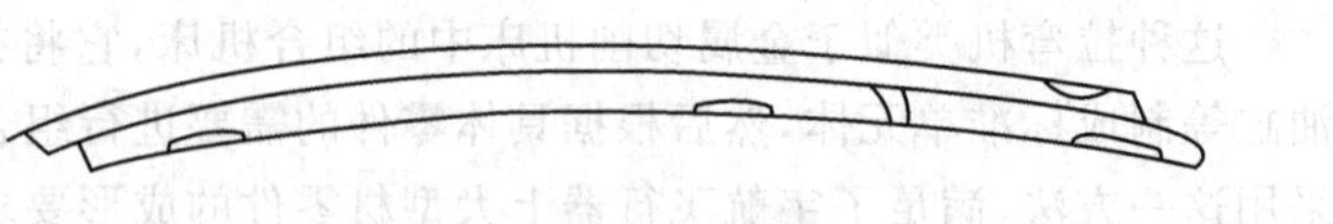

图 3-36 型材大梁类零件

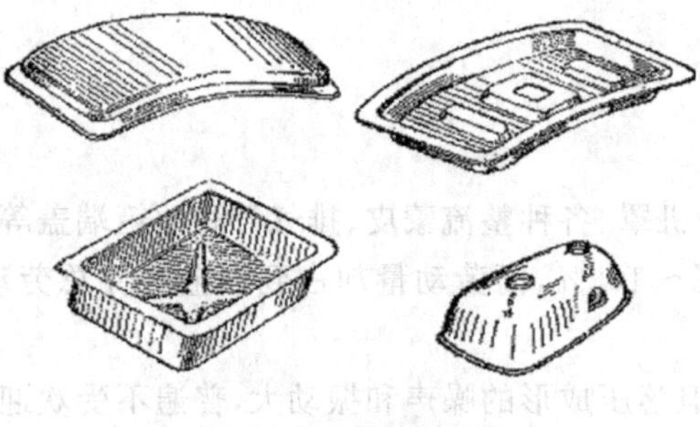

图 3-37 盒形类零件

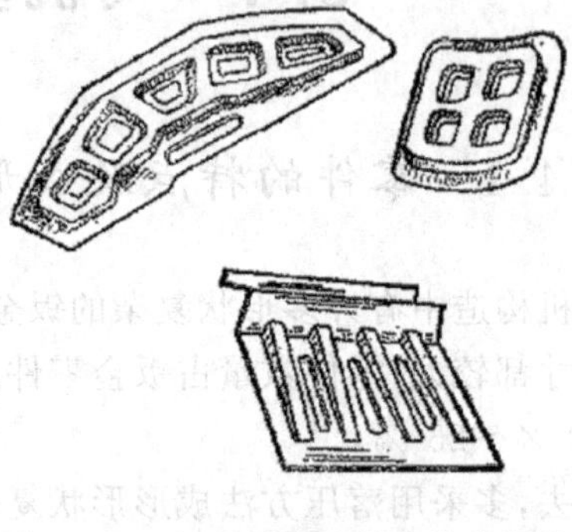

图 3-38 加强板和油箱壳体类零件

⑥ 管叉类零件(见图 3-39)。例如排气管、暖气管和通风管道等。管叉类零件因其折曲和分叉部分较多,变形极为复杂。因此,成形过程中,必须针对各部分的变形性质,分别采取措施控制材料的变形,以防零件开裂,并减少皱纹的形成。

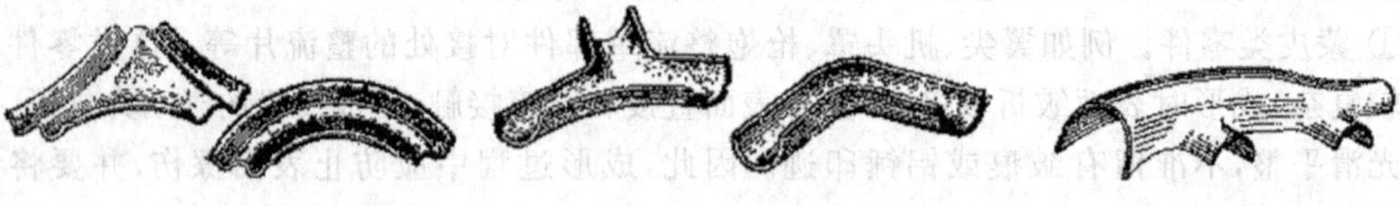

图 3-39 管叉类零件

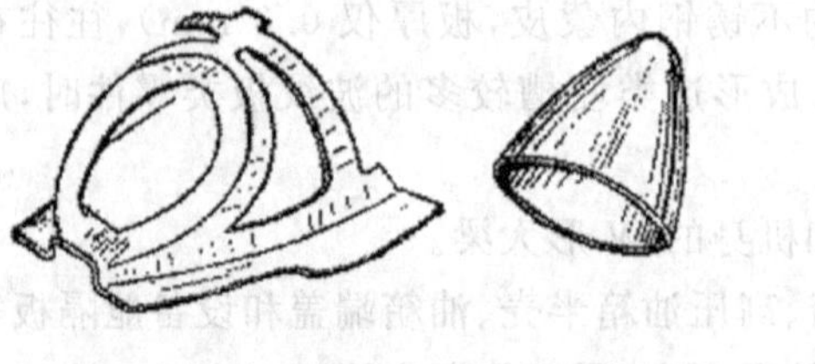

图 3-40 联合成形的复杂零件

⑦ 联合成形的复杂零件(见图 3-40)。例如风挡骨架、圆形机头罩和副油箱头罩等。生产中常按其外形特点,分别选用拉形-落压、落压-旋压等联合成形的方法,以提高劳动生产率和保证产品的质量。

3.4.2　回转体零件的制造

1. 回转体零件的特点及其制造方法

在飞机结构中,有许多开口空心零件。这类零件一般是用平板毛料或空心半成品,用金属模具通过一定的工艺方法制成的。在飞机制造厂里常用拉深(又称引伸、压延)、旋压、胀形等工艺方法。

依照工件的几何形状不同可分为两类:

① 空心旋转体:可用旋压、胀形、拉深等工艺方法成形。

② 盒形件:可用拉深、落锤等工艺方法成形。

飞机结构中,回转体零件不多,常见的有螺旋桨帽、喷气发动机进气道唇口、副油箱等。但在喷气发动机、火箭、导弹的结构中这类零件很多,在飞机制造厂,这类零件通常因产量不大而采用旋压成形或胀形成形。

2. 旋　压

(1) 成形特点

旋压是一种历史悠久的半机械化手工操作工艺,是一种成形金属空心回转体零件的工艺方法。在毛料(或旋压工具绕毛料)旋转中,旋压工具(或毛料)进给,使毛料受压并产生连续的局部变形。旋压可用以制造各种不同形状的回转体零件。

旋压具有机动性大的特点,成形过程中可随时灵活控制材料的流动,以最简单的设备和工艺装备制造出形状复杂、极不规则的零件来。某些用工具模拉深或其他机械化方法难以制造的零件,却能用旋压顺利制造出来。相形之下,生产准备期可以大大缩短,成本低,质量也较好。对于飞机制造厂,当零件的品种多、批量小、生产期短、试制任务重时,旋压有其他工艺难以代替的重要地位。

旋压过程为回转成形,工效较高;同时,又为局部成形,总压力较小。

除普通旋压成形方法外,还有一种旋压成形方法,称为变薄旋压(又称强力旋压)。变薄旋压是在旋压基础上发展起来的先进工艺方法。其基本原理如图3-41所示。

普通旋压的主要类别如图3-42、图3-43和图3-44所示。变薄旋压的主要类别如图3-45所示。

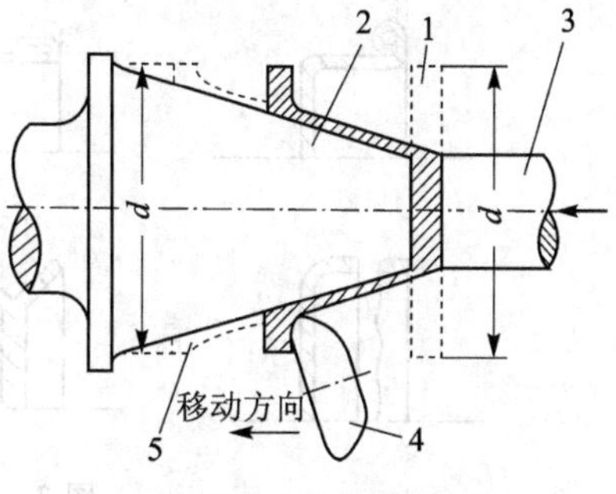

1—毛料;2—芯模;3—顶杆;4—滚轮;5—零件

图3-41　旋薄过程

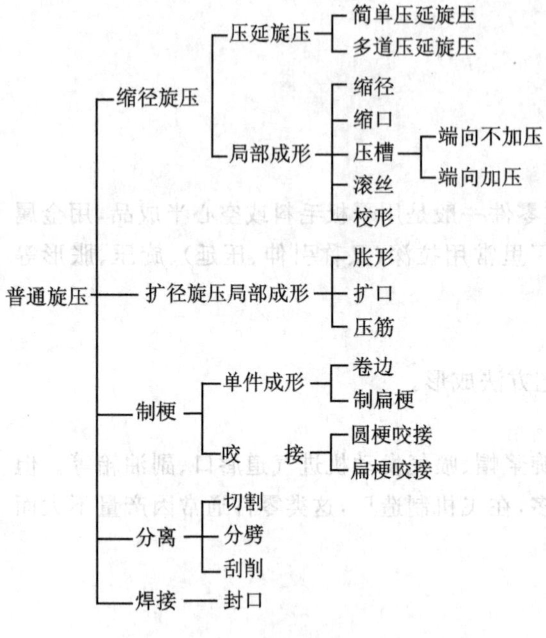

图 3-42 普通旋压分类

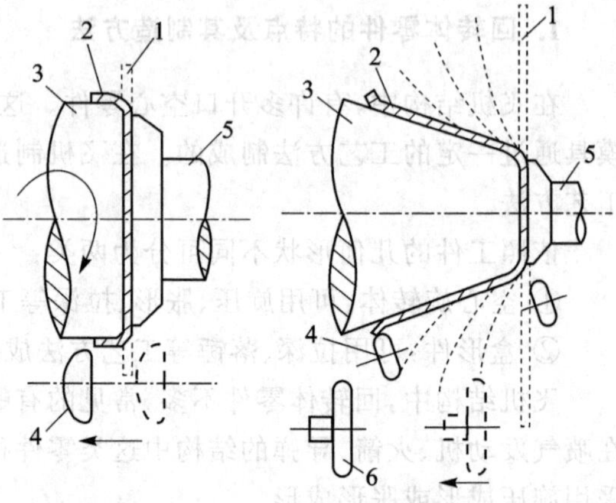

(a) 简单压延旋压　　(b) 多道压延旋压

1—毛料；2—工件；3—芯模；4—旋轮；5—尾顶；6—反推辊

图 3-43 压延旋压

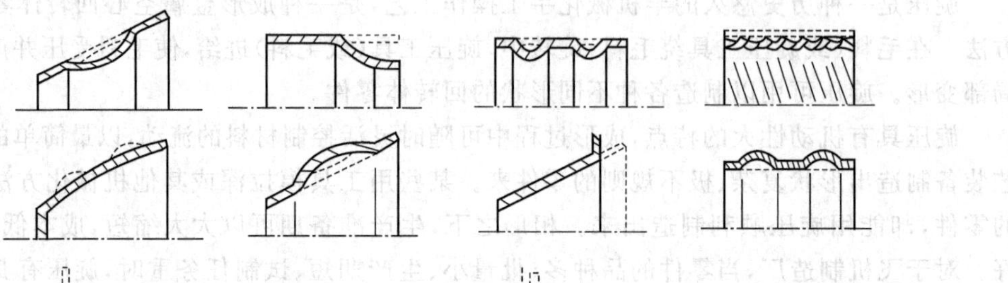

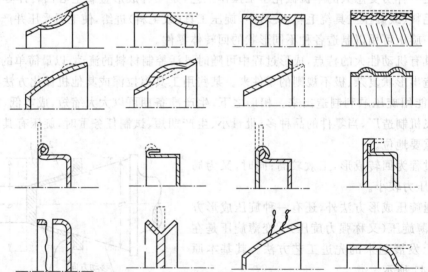

图 3-44 旋压零件的各种形状

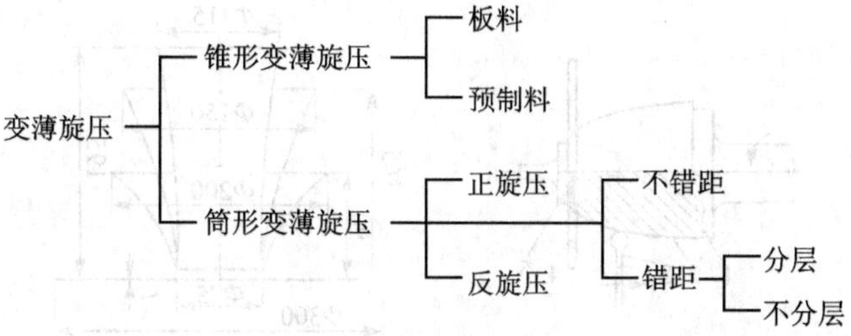

图 3-45　变薄旋压分类

旋薄是旋轮在机械动力作用下强力挤压材料，使其厚度发生预定的变薄量。工件的成形纯粹是依靠材料有计划地变薄来完成的，毛料的外径在成形过程中始终保持不变（即不发生切向收缩）。这种工艺方法用来生产锥形尾喷管、喷口、压气机外壳、锥形罩、变厚度的空心阶梯轴等。所用材料有铝合金、铜合金、不锈钢、耐热合金、钛合金等高强度合金。

由于旋轮对于材料产生的单位压力极大，可能达到 2.06～2.75 kN/mm^2，因此这种旋压方法有时亦称强力旋压。

变薄旋压具有很多独特的优点：

可以得到与机械加工相同的制造公差；零件表面粗糙度 *Ra* 可达 1.6 以上；在强力作用下材料强度与硬度提高；由于表层硬化，材料的疲劳强度增高；材料利用率高，与机械加工成形相比，可以节省大量材料；材料内部缺陷易于暴露至表面；模具费用少，生产准备周期短。对于某些难以成形或在常温下塑性较差的材料，可以采用加热强力旋压。

（2）成形设备

旋压分类如图 3-46 所示，旋压成形机床类似于车床，所用的工具及成形过程如图 3-47 所示。

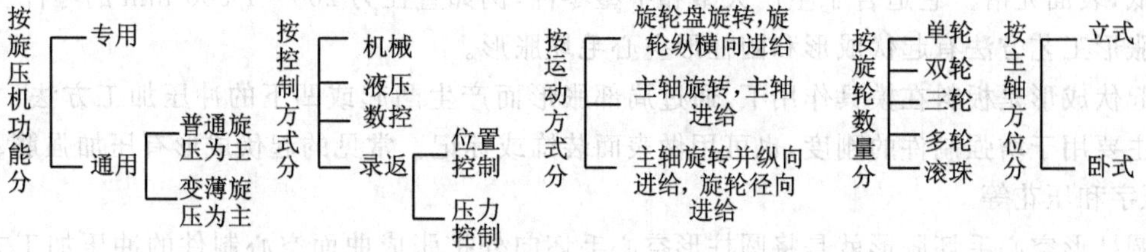

图 3-46　旋压分类

卧式旋压机最为常用，大型设备采用立式旋压机有利于模具的安装和平衡。常用的旋压机运动方式为主轴旋转，旋轮进给。录返旋压机具有示教、实录、反演等功能，尤其适于多品种、中小批量的普通旋压。专用旋压机包括用于大量生产带轮、轮辐、轮缘等产品和大型产品封头等的旋压设备。无模成形包括采用局部模和空气模。封头无模成形有一步法

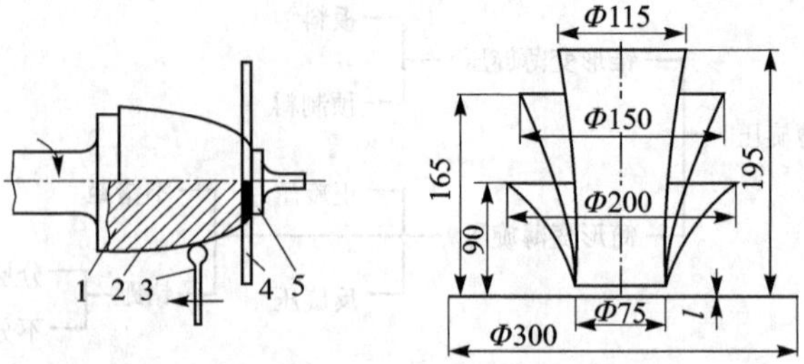

(a) 普通旋压所用工具　　(b) 旋压过程

1—芯模；2—零件；3—擀棒；4—毛料；5—顶杆

图 3－47　普通旋压所用工具及旋压过程

和两步法两种。一步法是用随动局部模，由平板毛料直接进行多道次普通旋压成形；两步法是先采用增量局部成形法，由操作机夹持平板毛料进行压鼓工序，然后用固定局部模进行旋压翻边工序。

3. 胀　形

胀形是将直径较小的筒形或锥形毛坯利用由内向外膨胀的方法成形为直径较大或有曲形母线的旋转体零件。不规则形状的非旋转体零件有时也用胀形方法制造。胀形用的毛坯主要由板料滚弯焊接而成，亦有用杯形拉深件。

胀形生产已有多年历史，鼓肚形的军用水壶就是利用胀形工艺生产的。飞机制造厂中常用于制造副油箱的外壳。

在胀形过程中，材料受到线性或平面拉应力，故不会产生失稳起皱现象，而且在胀形充分时工件表面很光滑，这是由于材料硬化作用的结果。因此，胀形成形的优点是工艺过程简单，成本低，表面光滑。它适合于生产大型和中型零件，例如直径为 200～1 500 mm 的零件。

胀形工艺方法有起伏成形和圆柱形空心毛坯胀形。

起伏成形是板料在模具作用下，通过局部胀形而产生凸起或凹下的冲压加工方法。起伏成形主要用于增强制件的刚度，也可用做表面装饰或标记。常见的起伏成形有压加强筋、压凸包、压字和压花等。

圆柱形空心毛坯胀形就是将圆柱形空心毛坯向外扩张成曲面空心制件的冲压加工方法。这种方法可以制造出多种形状复杂的制件。根据胀形模具的构造，该种胀形方法可以分为刚性凹模弹性凸模胀形与刚性凸模胀形。刚性凹模弹性凸模胀形根据凸模材质的不同有聚氨酯橡胶胀形、液压胀形。

根据胀形用的介质，又可以分为气体胀形与液压胀形。图 3－48(a)所示为刚性凸模胀形。其凸模由扇形块拼成，当其相对锥形中轴向下滑动时，各个模块向外涨开，扩张毛料而成形。图 3－48(b)所示为液压胀形。液压胀形在双动曲柄压力机上使用，其优点是传力均匀，生产成本低，制件表面质量好。

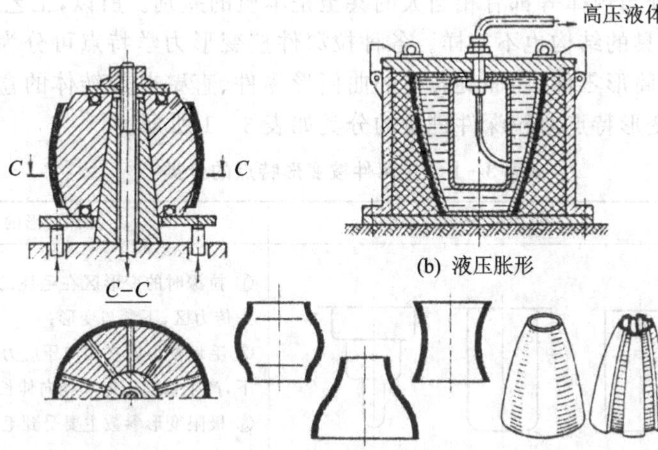

(a) 刚性凸模胀形　(b) 液压胀形　(c) 胀形件1　(d) 胀形件2

图 3－48　胀形图例

4. 拉　深

(1) 成形特点

拉深是利用专用模具将平板毛坯或空心半成品制成空心零件的一种冲压工艺方法，也是板料立体成形中最重要的方法，如图 3－49 所示。拉深又称拉延等。

不难看出：在凸模作用下，将直径为 D_0 的平板毛料压成了一个直径为 d、高度为 H 的筒形件。毛料中间直径为 d 的部分转变成筒形件的底部，毛料上 D_0-d 的圆环部分转变为零件的筒壁。

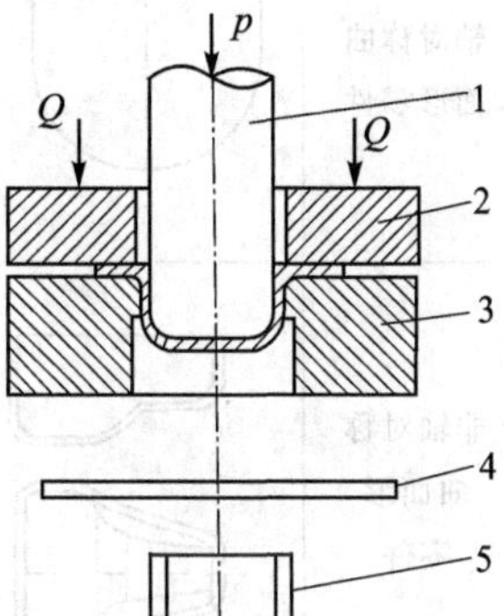

1—凸模；2—压边圈；3—凹模；4—毛坯；5—工件

图 3－49　拉深示意图

用拉深方法可以制成筒形、阶梯形、锥形、球形和其他不规则状的薄壁零件，如果和其他冲压成形工艺配合，还可以制造形状极为复杂的工件。用拉深方法来制造薄壁空心件，生产效率高，材料消耗小，零件的强度和刚度高，而且工件的精度也较高。拉深件的可加工范围非常广泛，从几毫米的小零件直至轮廓尺寸达 2～3 m、厚度为 200～300 mm 的大型零件。因此，除了在航空航天部门广泛使用拉深工艺，在汽车、拖拉机、国防、电器、仪表、电子等工业部门以及日常生活用品生产中，拉深工艺也占据相当重要的地位。

拉深件的种类很多。由于其几何形状的特点不同，所以虽然成形过程都称为拉深，但是不同形状零件在变形过程中变形区的位置、变形性质、毛坯各部位的应力状态和分布规律等都有相当大的甚至是本质的差别。所以，工艺参数、工序数目和顺序，以及所设计模具的结构也不一样。各种拉深件按变形力学特点可分为以下 4 种基本类型：直壁旋转体的圆筒形零件、曲面旋转体的曲面形零件、直壁非旋转体的盒形零件和非旋转体曲面形零件。按变形特点对拉深件进行的分类如表 3－1 所列。

表 3－1　拉深件按变形特点的分类

拉深件名称		拉深件图形	拉深变形的特点
直壁类拉深件	圆筒形零件	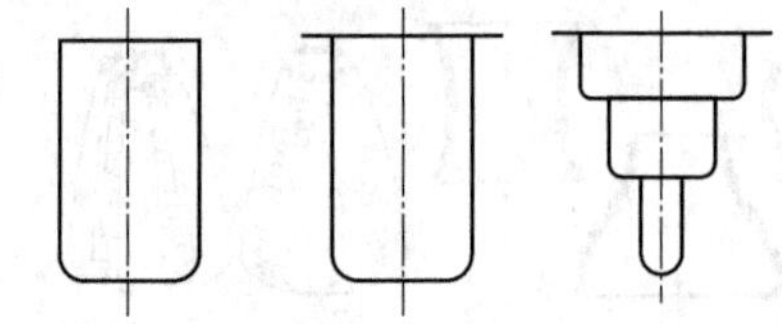	① 拉深时的变形区在毛坯的凸缘部分，其他部分为传力区，不参与变形； ② 毛坯变形区在切向压应力和径向拉应力的作用下，产生切向压缩和径向伸长变形； ③ 极限变形参数主要受到毛坯变形区承载能力的限制
	盒形零件	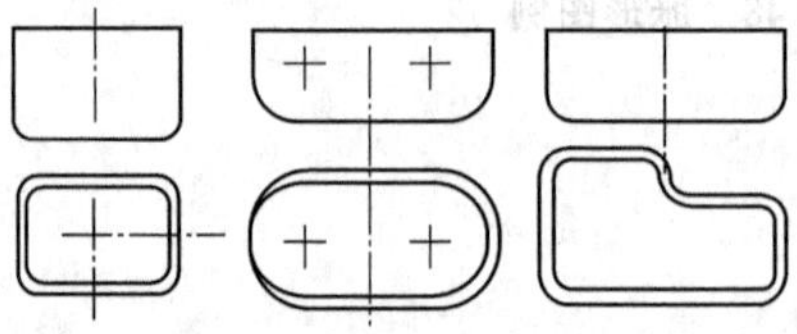	① 变形性质和圆筒形件相同，但是变形在毛坯周边上的分布是不均匀的，圆角部分变形大，直边部分变形小； ② 在毛坯周边上，由于变形不均匀，圆角部分和直边部分会产生相互影响
曲面类拉深件	轴对称曲面形零件	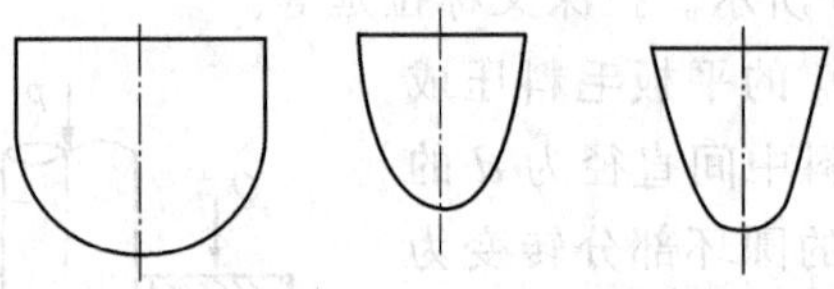	拉深时毛坯的变形区由两部分组成： ① 在毛坯凸缘部分的变形与圆筒形件相同，产生切向受压和径向受拉的变形； ② 毛坯的中间部分是两向受拉的胀形变形
	非轴对称曲面形零件	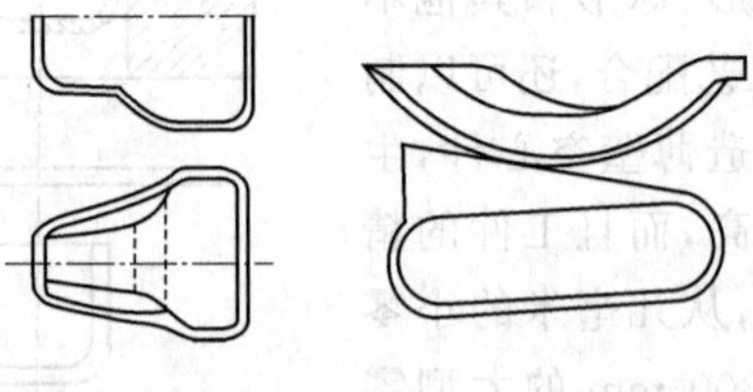	① 毛坯的变形区由外部的拉深变形区和内部的胀形变形区组成，而且在毛坯周边上的分布是不均匀的； ② 带凸缘的曲面形件拉深时，在毛坯外周变形区还有剪切变形存在

从拉深件的分类表中可以看出，每类零件都有自己的变形特点，在实际生产中对不同的零件应根据它们的变形特点归类区别对待。

此外，还有一些其他的拉深方法，如：

① **软模拉深**　用橡胶、液体或气体的压力代替刚性凸模或凹模，对板料进行拉深，具有模具结构简单、适合小批量生产的特点。

② **差温拉深**　圆筒形件拉深时，凸缘变形区的宽度受到筒壁承载能力的限制，如果将压边圈和凹模平面之间的凸缘毛坯加热到某一温度，使变形区材料的塑性提高，则可减小毛坯拉深时的径向拉应力，同时向凸模的心部通冷却水，使进入筒壁的毛坯温度降低，从而筒壁的承载能力不变。普通拉深需要 2～3 道工序完成的，采用差温拉深仅需 1 道工序即可。

③ **变薄拉深**　变薄拉深时毛坯的直径变化很小，主要的变形反映在工件厚度的变化上。变薄拉深适合于加工高度大、壁薄而底厚的零件，如弹壳的冲压成形方法应用较广。

应该注意的是拉深件由于模具套数多，成本高，一般不适于小批量生产。在飞机制造业中多用于标准件的制造或特殊需要的情况。

(2) 成形设备

拉深成形是冲压成形的一种，故其设备采用冲压设备。

在冲压生产中，为了适应不同的冲压工作需要，采用各种不同类型的压力机。压力机的类型很多，按传动方式的不同，主要分为机械压力机和液压机两大类。其中机械压力机在冷冲压生产中应用最广。冷冲压设备应根据冲压工序的性质、生产批量的大小、模具的外形尺寸以及现有设备等情况进行选择。

机械压力机又分为曲柄压力机和摩擦压力机。最常用的是曲柄压力机，习惯称之为冲床。

曲柄压力机按机身形式可分为开式(见图 3－50(a))和闭式(见图 3－50(b))两种。开式压力机床身的前面、左面和右面三个方向都是敞开的，操作和安装模具都很方便，也便于送料，但是机床刚度较差。当冲压力很大时，床身易变形，影响模具寿命和制件精度。闭式压力机床身两侧封闭，只能前后送料，操作不如开式压力机方便，但床身刚度大，能承受较大的冲压力，适用于精度要求高的轻型压力机和一般要求的大、中型压力机。

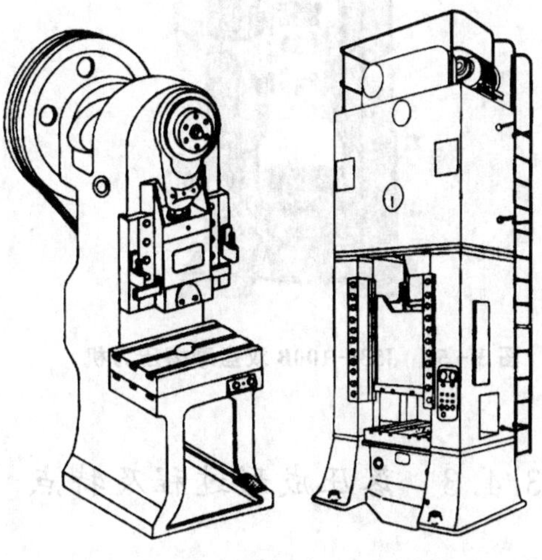

(a) 开式冲床　　(b) 闭式冲床

图 3－50　曲柄压力机

摩擦压力机的全称为摩擦螺旋压力机，如图 3－51 所示，是根据螺杆与螺母相对运动的原理而工作的。摩擦压力机可以单次打击，也可作连续打击。摩擦压力机的滑块行程是不固定的，即没有固定的下死点，因此特别适用于精整、精压、校正、校平等工序。除了工艺适应性好外，摩擦压力机还有设备制造和使用成本低、模具结构简单、安装调整方便、操作简单、维修简便、劳动条件好等优点。而其缺点则是生产效率不高、传动效率较低、抗偏载能力差。

液压机是利用水静压力传递原理(帕斯卡原理),以水或油作为工作介质,使工作横梁上下往复运动的成形机械。液压机的种类很多,公称压力的规格从几十 kN 到上几十万 kN 不等,但其基本结构均为三梁四柱。图 3-52 为油压机外形图。液压机靠静压使工件变形,与曲柄压力机和摩擦压力机相比,具有容易获得大压力、大工作行程、大工作空间的优点,而且调速和调节压力方便,因此广泛用于薄板拉深、翻边、挤压等工艺,也可用于塑料压制、粉末冶金压制等。液压机的主要缺点是采用高压液体作为工作介质,因此对液压元件的要求高,结构比较复杂,维修比较困难。另外,液体的泄漏对工作环境有污染,特别是在热加工工艺中,漏出的油有着火的危险。

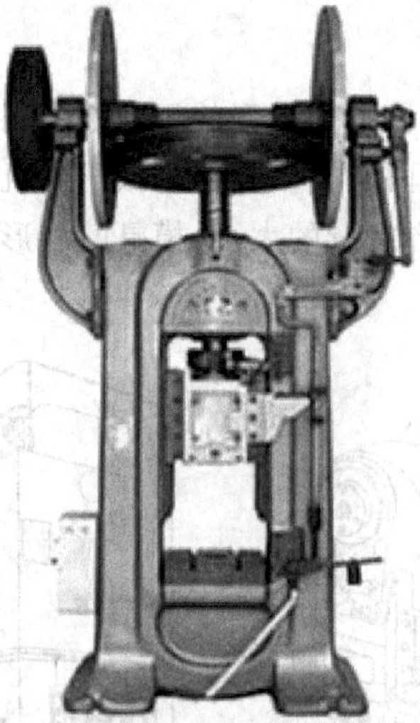

图 3-51 J53-100B 双盘摩擦压力机

图 3-52 某型油压机

3.4.3 落压成形过程及特点

1. 成形特点

落压成形是利用落锤的冲击力将金属板料压制成所需曲面零件的一种钣金成形工艺。

落锤是一种构造简单和能量较大的机床。它利用重的锤头和上模从高处落下所产生的冲击力进行成形。冲击力的大小和上模压下量的深度,可由工人进行灵活调节和控制。落压模的结构简单,除凸模和凹模外,无任何附属构件。由于模具是用熔点较低的铅、锌以及塑料等材料制成的，这些材质软又易于修配，因此不但生产准备期短，而且易于制出复杂形状的模具。

基于落锤和落压模的特点，落压成形可以采用逐渐加工的方式和简单的模具，制作出外形复杂的零件。但是，成形过程中毛料变形复杂，而模具对它的约束能力又很差，故工件容易起皱、破裂和位置错动，必须随时穿插手工工作，以控制材料的流动。因此，落压成形明显地具有半机械化手工操作的特征。

落压成形具有以下特点：

① 落锤冲击力的大小可根据成形的需要，在机床额定范围内灵活控制。在落压成形过程中，可以猛击，可以慢下轻压，也可以停留短时间保压。

② 在落压成形过程中，为防止毛料或工件产生死皱、破裂或错位，可视具体情况灵活地垫橡皮或层板，逐次、渐进地成形；也可根据实际需要，随时穿插平皱、消皱、“收”料、“放”料以及切边与开孔等辅助性加工。

③ 落压成形能够加工因外形复杂而用其他工艺方法不能成形或难以成形的飞机钣金零件。

④ 落锤构造简单，使用维护方便，开敞性好，开启高度及台面尺寸大，可成形零件的尺寸范围广。

⑤ 所用模具(落压模)结构简单，费用低，制模周期短；适合飞机“品种多、批量小、变化快”的生产特点。

⑥ 成形的零件准确度及表面质量较差，废品率较高。

⑦ 落锤开动时噪声大，安全性及工作条件较差，需要技术熟练的工人操作。

⑧ 落压成形是半机械半手工的成形方法，适用于中、小批量生产。

2. 成形设备

落压成形所用的主要设备是落锤。常用的辅助设备有辗滚机、蒙皮收缩机和点击锤等，对毛料进行预制或作消皱之用。落锤有绳索式和气动式两种，目前广泛使用气动式落锤。点击锤是落压工作常用的辅助设备，可用做消皱、辗光、校形和放料等工作。蒙皮收缩机可对拱曲零件的边缘预先收缩，以使板料初步成形。国内现有的 N1006 型收缩机适用于强度极限小于 450 MPa、延伸率大于 18 %的铝板。经在机床上几次操作后，工件边缘可增厚 15 %。

辗滚机用做对拱曲零件板料进行预成形或对零件表面辗光。辗滚机结构简单，多属工厂自制设备。

目前工厂落压成形的设备主要是气动落锤，机床外形及各部分组成如图 3－53 所示。图中气缸带动锤头向上运动，锤头用来安装成形模上模，工作台面用来安装成形模下模，挡块用来防止锤头因重力而下落，操作手柄用来进行操作。

落锤的吨位是指机床所能提起的最大上模质量，我国目前有 0.8 t、1.5 t、2.0 t、3 t 及 5 t

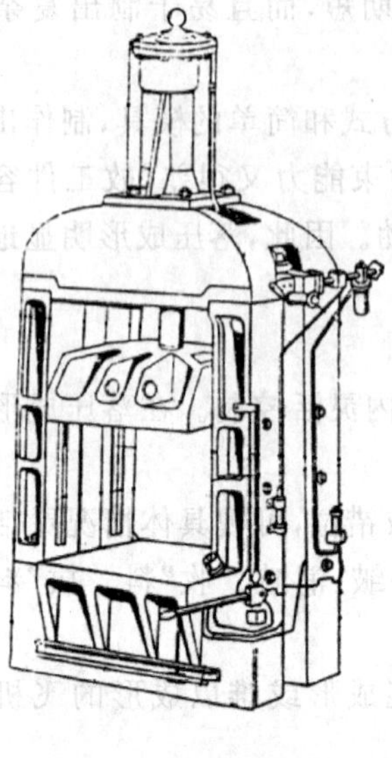

图 3－53　气动落锤

不等的吨位落锤。

落锤工作台面尺寸有 900 m×700 m、1 200 m×900 m、1 200 m×1 200 m、1 700 m×1 200 m、3 100 m×1 800 m 等。

落锤成形所用模具结构简单，只有凸凹模。制模材料选择加工容易、价格低，能重复熔化回收再利用的材料。以往常用铅、锌材料制作模具，故落锤模具又称铅锌模。其优点是熔点低，浇铸性能好，易于加工和回收。铅的比重大，一般用做上模，因熔点比锌低，所以可以在锌模内直接浇铸。其缺点是材料价格高，有毒性，模具使用寿命短。

目前有采用铸铁为模具基体、环氧树脂等塑料做面层的落锤模。飞机制造厂中对落锤模具做进一步简化，采用橡皮容框做成通用弹性上模，成形时仅需制作下模，试用效果很好。

3.5　飞机钣金零件制造的新技术

3.5.1　电磁成形

高能成形又称脉冲成形或高速成形。其特点是使较大的能量在极短的时间内释放出来。这些能量主要通过冲击波的形式作用到被成形的毛料上，使毛料在极短的时间内接受一个脉冲能量，故可称脉冲成形。冲量变成毛料的动量，使毛料以很高的速度向模腔运动而成形，故又叫高速成形。1 m 直径的半球形封头，用水压机制造时，成形时间为几十秒，而爆炸成形的时间约为(1/100)s。在这两种情况下用于使毛料变形的有效能量基本上是相等的，亦即爆炸成形的平均有效功率比水压机大几千倍。故高能成形实质上应称为高能率成形。

高能成形首先需要一个大功率的能量。现用的第一类能源是化学能，如炸药、火药、爆炸气体。第二类能源是电能，有电液效应和电磁效应两种方式。第三类能源是高压气体。目前最常用的是炸药、电液效应和电磁效应，相应的成形方法称为爆炸成形、电液成形和电磁成形。这里主要介绍电磁成形。

如图 3－54 所示，电磁成形装置与电液成形装置相比较，充电部分相同，而放电部分不同。它是利用电磁效应将电能变成机械能。电容器上储存有上万焦耳的电能，开关 4 闭合瞬间，一个强脉冲电流通入线圈 1，在它周围有一个迅速增强的磁场。如有一管状导体毛料 2 放在线圈内，线圈 1 变动磁场会在毛料 2 内引起感应电流，其方向与线圈电流方向相反。此两磁场方向相反，互相排斥，使线圈与毛料之间产生互相排斥力，利用此斥力可成形零件。可在毛料内放置模具 3，如图 3-55(b)所示，管壁被压紧在模具上而缩径成形。图 3-55(a)所示是将线圈放在毛料内部，外面放模具 3，在线圈脉冲磁场增长期间，毛料受到沿径向向外扩张的磁压力而胀形。电磁成形也能使平板毛料成形，如图 3-55(c)所示。用此法可完成拉深、冲孔、局部成形等工序。

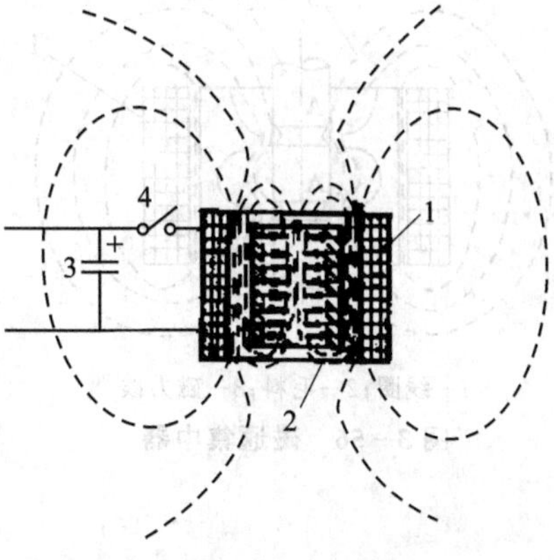

1—线圈；2—毛料；3—电容器；4—开关

图 3-54　电磁成形原理

电磁成形的加工能力取决于充电电压与电容器的电容量。常用的充电电压为 5～10 kV，而充电能量介于 5～20 kJ 之间。

线圈是电磁成形中最关键的元件，它的参数及结构直接影响成形效果。线圈的形状应根据零件的形状和变形特点来确定。线圈有一次使用和耐久使用两种。一次使用的线圈在成形过程中受到脉冲磁压力的作用而变形或破坏。耐久线圈适用于批生产，线圈有足够的刚度，在规定的放电电压下有足够的电绝缘性能，能反复承受冲击力的作用而不发生显著变形。常用的方法是把成形线圈用玻璃钢固定起来。为了解决耐久线圈发热的问题，可用强制空气冷却或循环水冷。线圈一般用铍表铜之类强度较大、电阻率小的粗导线绕制而成，浇注大量绝缘材料，以加大线圈的质量。

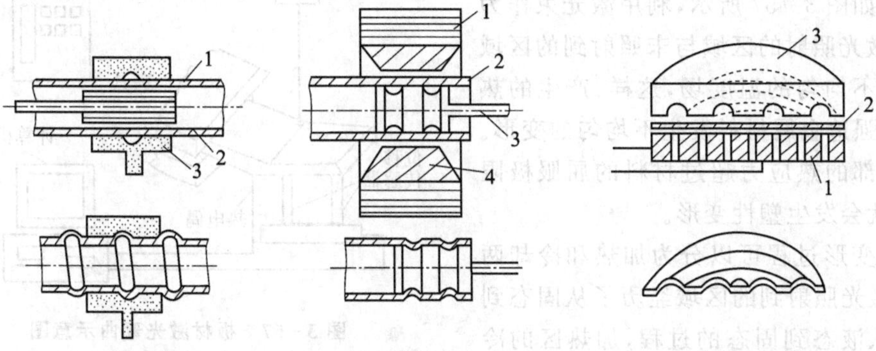

(a) 胀形管　(b) 缩颈管　(c) 带凸埂的盘件

1—线圈；2—毛料；3—模具；4—磁通集中器

图 3-55　电磁成形方法

在电磁成形中，改变磁压力载荷分布的办法是采用磁通集中器。如图 3-56 所示是磁通集中器的原理。改变磁通集中器的形状，就能改变磁通的分布，使某些部位的磁场大大加强，

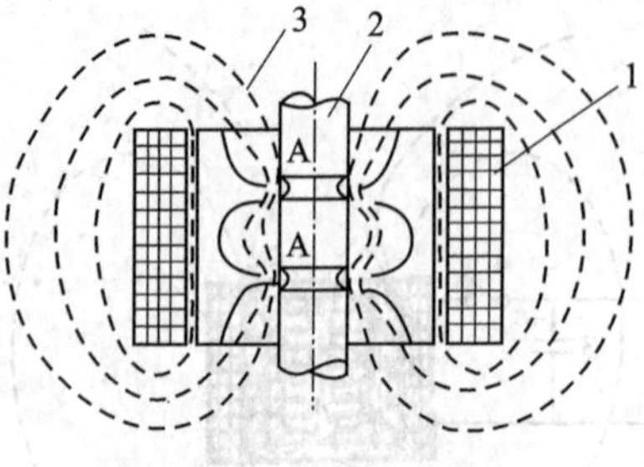

1—线圈；2—毛料；3—磁力线

图 3-56 磁通集中器

见图中A处；而另一些部位的磁场削弱，以满足毛料各部位成形力不同的需要。磁通集中器一般用电导率高、强度高的材料（如铍青铜、黄铜）制成。

电磁成形可用来完成冲孔、拉深、翻边、局部成形、压印、收边和扩口等工序。电磁成形除具有高能成形的一般特点外，还可在惰性气体或真空中对毛料进行加工，能量和磁压力能精确控制；其设备复杂，但操作简单，目前用于加工厚度不大的小型零件。

3.5.2 激光成形

激光成形技术是一种新型的柔性成形方法，它利用高能激光束扫描金属板，在热作用区内产生强烈的温度梯度而产生热应力，当变形区内的热应力超过材料的屈服强度时，使金属产生塑性变形。它是一种无模具、无外力的非接触式热态积累成形技术，具有生产周期短、柔性大、精度高、洁净无污染等特性，并能成形常温下难以变形的材料，也可实现与切割、焊接、刻蚀等激光加工工序的复合化，因此特别适合大型工件、小批量或单件产品的制造，已广泛应用于航空航天、微电子、船舶制造和汽车等多个领域。

金属板料的激光弯曲成形是通过激光束加热金属板料产生的热应力梯度来弯曲变形的。如图3-57所示，利用激光束作为热源，在激光照射的区域与未照射到的区域形成了极不均匀的温度场，这样，产生的热应力就会强迫金属材料发生不均匀的变形。当金属内部的热应力超过材料的屈服极限时，材料就会发生塑性变形。

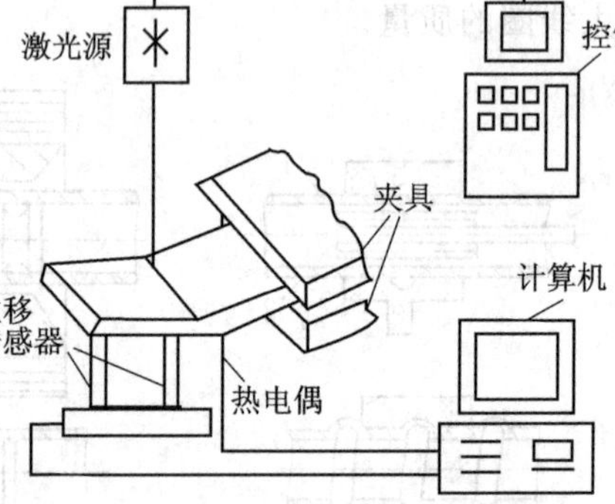

图 3-57 板材激光弯曲示意图

整个变形过程可以分为加热和冷却两个阶段，激光照射到的区域经历了从固态到液态，再从液态到固态的过程，加热区的冷却可以采用空冷，也可以采用液体或气体冷却，冷却的目的是为了控制金属的变形。

(1) 加热阶段

板材上表面受到能量密度很高的激光束照射，使得被照射部位的温度在极短的时间内急剧上升；而远离上表面处的材料由于没有受到照射，其温度在这一短暂的时间内没有明显的变化，被照射部位沿板厚方向和板材表面形成非均匀的温度场。

(2) 冷却阶段

激光束离开后,被照射部位自然散射,或者在滞后于光斑某距离处用水流或气流沿照射轨迹加快冷却速度。当激光束离开后,高温区的热量迅速向周围材料传递,以达到热平衡状态。此过程中,上表面附近的温度很快降低,而下表面处的温度逐渐升高。

事实上,板材激光弯曲成形是温度、应力、应变三方面相互作用的复杂过程。在成形过程中,板材的不同部位加热与冷却、应力增加和应力衰减同时存在,温度场与变形场随着时间与空间急剧变化。从这个方面来看,激光弯曲过程的数值分析,也即对成形过程中所形成的温度场和应力应变场的模拟显得十分重要。

激光成形技术的产生,源于上百年前的火工矫形。至今,钣金车间的下料工人依然通过氧乙炔焰有选择性地烘烤钢板来修整气割所产生的变形;现代造船业,也常依靠经验丰富的操作者用水火弯板技术制造船壳。然而,由于这种传统的成形技术不可克服的缺陷,曾一度使它处于研究与应用的停滞和困顿时期。

1986 年,日本学者 Y. Nambs 首次提出了利用激光成形技术,将空间站的卷状外壳展成圆筒仓体的设想,并在 1987 年进行了平板的 V 形弯曲。1988 年,波兰学者 H. Frackiewicz 介绍了这种弯曲金属的新技术。

激光成形技术热门期始于 20 世纪 90 年代。1994 年,Frackiewicz 通过运用专用机床,进行了杯形件、球形件、波纹管及金属管的扩口缩口和弯曲成形等。德国学者 M. Geiger 和美国麻省理工学院 K. Masubuchi 对激光成形的研究稍稍滞后于 Frackiewicz,但它涵盖了激光弯曲的变形机理、成形过程的数值模拟以及该技术的应用领域与前景分析等,同时将激光成形与其他激光加工工艺进行了复合化尝试。

Hennige 还对激光弯曲成形过程进行了计算机闭环控制,提高了成形精度(弯曲角精度达 $\pm 0.2^{\circ}$),同时介绍了三维激光成形的工艺策略等。1999 年,Geiger 组织召开了第六届国际塑性加工大会,板料激光成形首次在会议文集中以单独的论题出现,对激光成形的研究应用起到了巨大的推动作用。

2000 年,P. J. Cheng 与 An. K. Kyrsanidi 分别介绍了激光成形中温度场及变形量的分析模型,J. Cheng 还利用人工神经网络预测了板料弯曲角度等。美国的 Y. Lawrence Yao 则研究了板的反向弯曲以及激光成形时的应变率效应。有关激光弯曲成形三维复杂工件方面的尝试已经取得了实质性进展。据国际互联网上的最新消息,英国 Dundee 大学的 G. Thomson 和 M. Pridham 完成了汽车门的成形,并已用于工业生产。

1993 年我国首次发布了 Frackiewicz 利用激光弯曲金属板的消息,随后李纬民撰文对激光弯曲成形技术进行了简要介绍。1994 年起,季忠对激光弯曲成形的实施技术、理论模型、数值模拟等方面进行了系统的研究,并在其博士学位论文中,详细介绍了根据人工智能理论所建立的技术参数与板料弯曲角度之间关系的人工神经网络仿真系统,这比 P. J. Cheng 的工作早了 3 年多的时间。1998 年李纬民采用板壳元讨论了板料厚度对成形的影响规律,提出了最小弯曲半径的概念。王秀凤则通过实验方法，研究了工艺参数对不锈钢、Q235 以及钛合金板料的激光弯曲成形的影响规律。2000 年后，季忠进一步公布了包括材料性能参数对成形规律的影响、用隐式有限元和动态显式有限元进行成形过程仿真，以及基于遗传算法的板料激光成形工艺优化等研究结果。

值得注意的是，国际上还有一些学者已经或正在致力于所谓激光辅助成形（Laser Assisted Forming）的研究。其成形方式有两种：一是在传统成形方法的基础上，对难变形的材料进行激光加热，以降低其屈服强度，增加成形极限，如 W. Kongl 在 1993 年通过激光辅助加热使板料在充液拉深时的成形极限显著提高，Dipl. Ing 则正在进行难变形高强度钢板的激光辅助滚轧成形研究，已能获得钢板 180°的弯曲角；二是在激光成形时，加以外力增大变形量，如在激光弯曲时，施加板平面方向的横向力或板法向的纵向力，均可增加板料弯曲变形量。

根据激光成形过程中的工艺条件和所成形的温度场分布的不同，可以将成形机理分为温度梯度、屈曲、增厚和弹性膨胀，如图 3－58 所示。

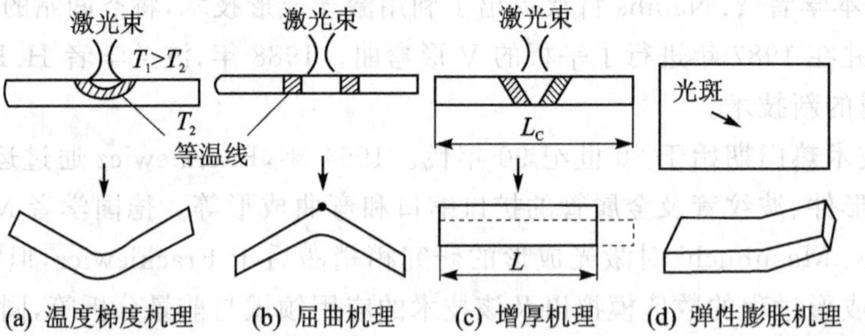

图 3－58　激光成形机理

温度梯度机理：当金属板料的一侧受到激光的照射时，在照射区域的厚度方向会产生很大的温度梯度。由于温度的不同，在靠近光源的区域，金属材料容易受热产生膨胀变形，使板料弯向反向区域，但弯曲量会很小；在背向光源的区域由于没有受到激光的照射，温度变化不大，而受热膨胀区域会受到周围区域的约束而产生压应变。在冷却时，热量流向周围的材料，变形区的材料收缩，它们会对压缩区的材料产生拉应力，但是变形区的材料难以恢复原来的形状，从而使板料弯向靠近光源的方向。

屈曲机理：如果加热区过大，材料的热传导率高且厚度过小，则在板料厚度方向上的温度梯度就会很小，由于周围材料的约束会使加热区板料产生压应力，当压应力超过材料的屈服应力时，加热区的材料产生局部失稳、弯曲，在进行冷却时，周围材料对变形区的约束力减小，从而使板料产生更大的弯曲变形。

增厚机理：加热区的材料受热膨胀后，由于受到周围材料的约束，所以在厚度方向上就会产生较高的内部压应力使材料堆积，这样就会使材料厚度增大而长度或宽度减小，在冷却过程中，加热区的材料不能恢复从而产生增厚。通过选择正确的加热路径，可以实现零件的加工。

弹性膨胀机理：当激光仅照射一个局部区域时，在板料加热区导致的热膨胀要比温度梯度机理大，同时热膨胀表现在局部，会使板料产生纯的弹性变形和小的弯曲，但是这种弯曲是有限的，因此，我们可以通过对邻近区域进行点或块的照射方式来增大变形。

激光弯曲成形方法具有以下常规成形方法所无法比拟的优点，奠定了它在航空航天、造船、汽车等众多工业领域的广阔应用前景。

① 激光弯曲成形属于无模具成形，生产周期短，柔性大，只需要通过更改程序便可实现形状零件的成形，特别适合单件小批量和大型工件的生产。它是由材料内部热应力引起的变形，不会产生常规机械成形的回弹现象。

② 激光弯曲成形为热态累积成形，能够对在常温下难变形的材料或高硬化指数金属进行成形，而且能够产生自冷硬化效果，使变形区材料的组织与性能得到改善；通过激光成形还可进行脆性材料(如铸铁件)的弯曲变形。

③ 激光弯曲成形为非接触成形，可用于受结构限制、工具无法靠近或无工作空间的零件加工；而且，激光能量与加热面积可精确控制，易于实现高精度加工过程的自动化。

④ 它对激光束模式无特定要求，能够进行成形、切割、焊接、刻蚀等激光加工工序的同工位复合化，使平板材料通过复合成形得到形状复杂的异形件(如球形件、锥形件、抛物面形件等)。此外，利用激光成形还可进行管件的弯曲及局部成形，在不需辅助工具和外力的条件下，就可实现圆管的精确弯曲、连接等。

近年来，激光成形技术在航空航天、造船、汽车、微电子等领域都有应用，涉及的材料包括碳钢、不锈钢、铜、铝合金、铝基复合材料、钛合金、铬镍耐热合金等多种金属。应用的激光器种类也很多，不仅有常见的脉冲和连续波式 CO_2、YAG 激光器，也有高能半导体激光器、进行微电子元件成形的功率只有几十焦耳的 Nd:YLF 激光器、小功率氩离子激光器。

由于激光成形技术自身不够成熟，加之激光加工成本高，使得该技术没有得到大量采用。随着激光技术的快速发展和普遍应用，必将促使激光加工成本的降低，使板材激光弯曲成形变得越来越容易控制，从而推动板材激光弯曲成形技术在其他工业领域的普遍应用。因此在国内加大力度开展对板材激光弯曲成形技术及其机制的研究有着巨大的实用价值。

3.5.3 蠕变成形和应力松弛成(校)形

1. 蠕变成形

利用金属或合金的蠕变特性，发展成了一种新的钣金成形方法——蠕变成形工艺。蠕变成形所用的单位成形压力很低，成形时间长；为了防止金属在高温下受到氧化和污染，通常采用抽真空的办法成形，即真空蠕变成形。图 3－59 是一种简单的真空蠕变成形装置。在模具内装有电热管或电热丝，并用热电偶测温和控温。在金属板料上放一块 0.02～0.10 mm 厚的不锈钢板，以保护钛板，并使容框密封。当排去板料与凹模间的空气之后，通过模具加热的板料在大气压力下发生蠕变，逐渐贴附凹模，形成零件。

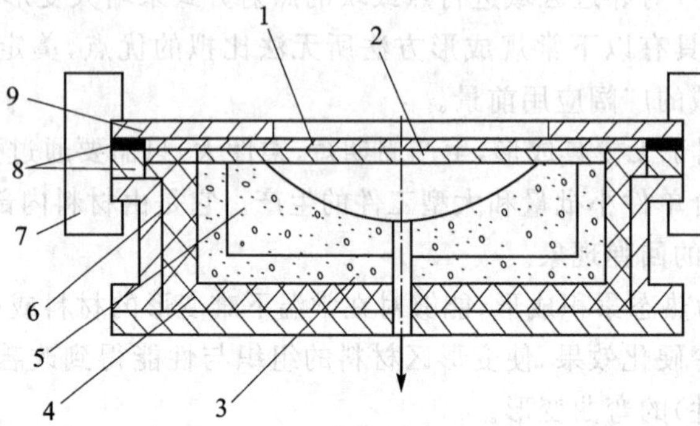

1—不锈钢保护板；2—钛板；3—加热元件；4—保温层；
5—陶瓷模；6—容框；7—B型夹；8—密封；9—盖板

图 3-59 真空蠕变成形装置

这种成形的特点是成形速度低，成形压力小。板料在真空中成形可以避免高温氧化和污染。蠕变成形特别适用于钛合金成形。钛合金在高温下容易氧化，室温成形回弹大、易破裂，而高温蠕变性能良好。

所谓蠕变是指金属在恒定压力下，除瞬时变形外，随着时间的增长而发生缓慢、持续的变形。蠕变的机理是晶内滑移、亚晶形成及晶界变形。随着温度升高，诸如位错攀移、空位的定向扩散、亚晶完善与长大以及晶界滑动等都加快进行，而晶格畸变则减小，以致蠕变现象越来越显著。由于出现蠕变，材料承受载荷的能力大大降低，而塑性变形的能力则显著提高，这对钣金成形极为有利。

蠕变曲线的形式与应力大小和温度高低有关，温度高、时间长和应力低是蠕变成形的特征，也是蠕变成形的条件。

2. 热校形

热校形是制造钛板零件普遍采用并行之有效的工艺方法，国外大约有 90 %的钛板零件是采用冷成形和热校形制造的，即先在室温下(或加热状态下)预成形，然后进行热校形，以制成尺寸符合要求的零件。

热校形工艺过程包括：将预成形件和模具在热校形压床中加热到所需温度，合上模具，施加足够的压力，并保温、保压一定时间，最后取出零件。

热校形主要是利用材料在高温下软化与应力松弛的综合效应，经过热校形，可以减小回弹，大大提高零件的尺寸准确度。

影响应力松弛过程的因素很多，有初始应力、时间、温度、预应变量与材料的化学成分、内部组织等。一般认为，应力松弛的第一阶段以晶界的扩散与粘性流动为主。温度对应力降低的影响最大；温度越高，应力下降越快。时间也是一个影响因素，时间越长，应力下降越多，但延长时间的效果不如提高温度显著。如温度不够高，即使延长时间，应力松弛也是有限的。每种材料在一定的温度下都存在着一定的应力松弛极限。在第一阶段，初始应力 σ_0 值若增大，则原子扩散快，应力降低速度加快。因此，如给定某一应力降低量，σ_0 值越大，则应力松弛所经历的时间越短，应力松弛速度越快。而在第二阶段，σ_0 值对应力松弛速度几乎没有影响。

图 3-60 和图 3-61 分别为 TC1 在 650 ℃和 700 ℃下的应力松弛实验曲线。

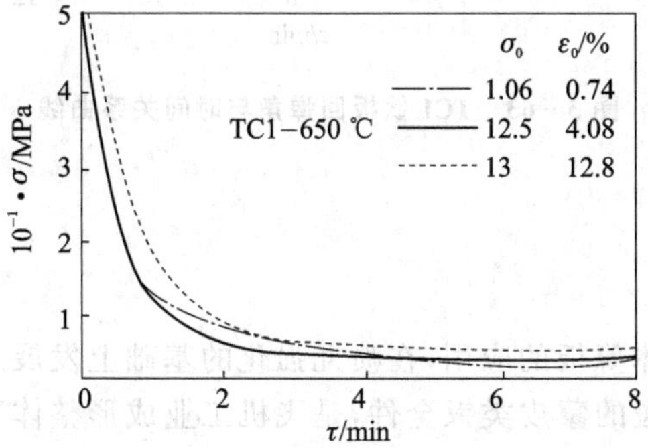

图 3-60　TC1 钛板在 650 ℃下的应力松弛曲线

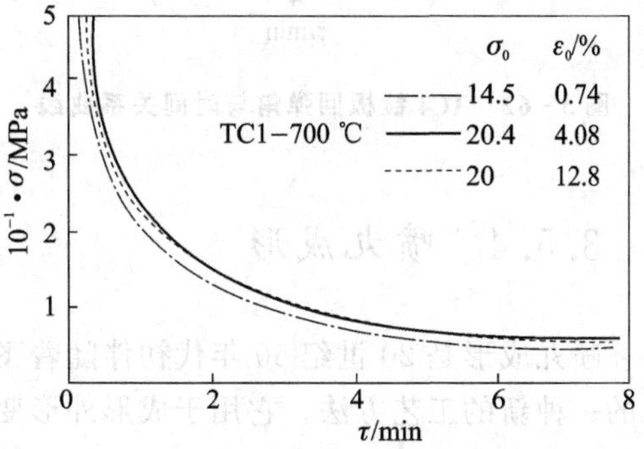

图 3-61　TC1 钛板在 700 ℃下的应力松弛曲线

应力松弛是一种依赖于时间的转变过程。应力松弛曲线方程表达了应力与时间的函数关系，通常按指数或对数规律变化。钛板短时高温下的应力松弛可用以下方程表示：

$$\sigma = \sigma_0 - S \cdot \ln(1 + Vt)$$

式中　σ——瞬时应力；

σ_0——初始应力；

t——时间；

S 和 V——松弛系数。

钣金件压制（加载过程）成形后自模具中取出（卸载过程），其总应变中的弹性分量自行消失，这种弹性恢复就是回弹。可以设想，如能在卸载前用某种方法使总应变中的弹性分量转变为塑性应变，消除引起回弹的内力，则卸载后零件便能维持变形终了时的形状。

如果经过预成形的零件在高温下由校形模压至贴模程度，则在凸凹模制约下，零件的变形保持恒定。此时如在恒定的温度下保持一段时间，零件内部的应力将随着时间增加而不断松弛，总应变中的弹性分量不断转化为塑性分量，零件的回弹将越来越小。当温度达到某一定值时，应力松弛极限趋向于零，而回弹也几乎下降到零。

图 3-62、图 3-63 分别为 TC4 和 TC1 钛板回弹角与时间的关系曲线。由图中可看出，

钛板热校形时回弹角、回弹半径与时间的关系和应力松弛曲线规律相似。在第一阶段，回弹值随时间增长而显著地降低，此阶段历时 1～2 mim；而在第二阶段，回弹值的下降趋于缓慢。

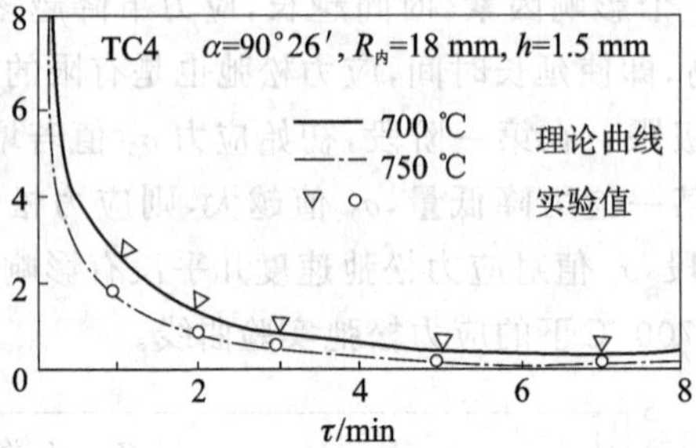

图 3-62 TC4 钛板回弹角与时间关系曲线

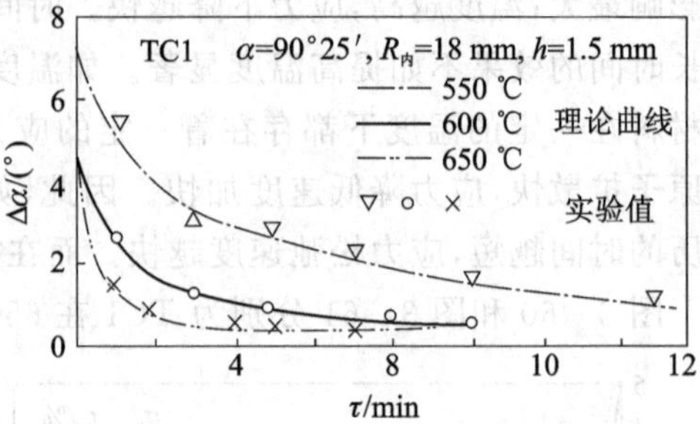

图 3-63 TC1 钛板回弹角与时间关系曲线

3.5.4 喷丸成形

喷丸成形是 20 世纪 50 年代初伴随着飞机整体薄板的应用，在喷丸强化的基础上发展起来的一种新的工艺方法。它用于成形外形变化平缓的蒙皮类钣金件，是飞机工业成形整体薄板和整体厚蒙皮零件的主要方法之一。

该技术是利用高速弹丸流撞击金属板材的表面，使受撞击的表面及其下层金属材料产生塑性变形而延伸（见图 3-64），逐步使板材发生向受喷面凸起的弯曲变形而达到所需外形的一种成形方法。

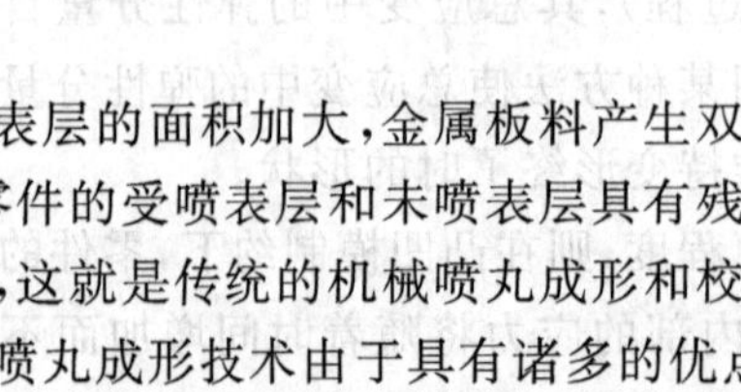

图 3-64 喷丸成形原理图

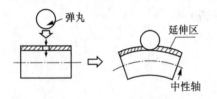

喷丸成形时，高速弹丸撞击到零件表面产生凹坑，类似于硬度试验中的钢球压入金属物体表面，产生局部塑性变形，从而形成压痕，使局部表面积增加，于是在零件表面的切线方向便产生了压应力。当大量弹丸在平整表面上产生无数凹坑时，压痕之间相互重叠。若板料厚度较薄（一般小于 15 mm），便可以使一定深度的表层材料产生延伸，从而引起受喷表层的面积加大，金属板料产生双向弯曲变形。弯曲变形后，板料的内应力重新分布，最后，零件的受喷表层和未喷表层具有残余压应力，形成如图 3-65 所示的应力分布及板料弯曲形状，这就是传统的机械喷丸成形和校形的基本原理。

喷丸成形技术由于具有诸多的优点，广泛应用于如航空航天等工业领域，特别适合大型机翼、机身、火箭整体壁板、灵活金属结构件的成形。自 20 世纪 40 年代初，喷丸成形技术已经被应用于 EM120、A10、A6、EA6、S3A、P3、C5、C130、C141、F15、F5E、B1 等军用飞机，A310-A340、JET、DASH7、DASH8、L1011、MD11、MD80、MD90、MD95、DC10、ATR72、Do. 228、

Do.328 等民用飞机，以及运载火箭 ARIANE－4、ARIANE－5 和 ATLAS II 上的整体壁板零件制造中。

20 世纪 40 年代初期，美国 Lockheed 航空公司的工程师 Jim Boerger 从喷丸强化 Almen 试片产生变形这一特点受到启发，从而开创了这一对现代飞机制造产生重大影响的喷丸成形技术，并成功地应用于 Constellation(星座号)飞机壁板零件的生产。20 世纪 50 年代末期，美、英、法等国已经广泛使用该项技术。目前，在焊接整体壁板的成形技术方面，德国的 KSA 公司采用自动化喷丸成形技术实现了对 A380 激光焊接机身整体壁板的喷丸成形和校形。该公司集 CAD/CAM/CAE 于一体的整体壁板喷丸成形工艺系统，完全实现了整体壁板的基于喷丸工艺的几何建模、成形过程的有限元模拟和工艺参数的优化，完成了壁板数控成形的一体化成形技术。美国 MIC 公司以喷丸工艺数据库和数值模拟技术为核心，在优化喷丸成形工艺参数的同时，可以为机翼壁板的设计提供可行性分析，从而减少了加工过程的设计更改。

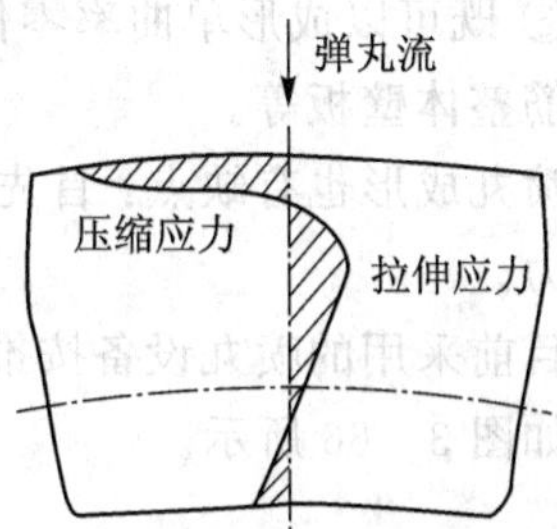

图 3－65　喷丸成形后残余应力沿零件厚度方向上的分布

20 世纪 60 年代中期，我国开始研究这项技术。这一工艺技术已在民用及军用飞机制造方面得到了广泛应用，如波音、麦道、空客飞机以及国产支线飞机都采用了喷丸成形工艺。喷丸成形已成为现代飞机，特别是大型飞机整体壁板成形的主要方法之一。目前我国在飞机整体壁板喷丸成形技术方面与国外还存在一定的差距，但是经过多年的基础研究，特别是通过飞机机翼壁板的成功研制，我国整体壁板喷丸成形技术水平已经步入国际先进行列。2006 年北京航空制造工程研究所联合西安飞机工业有限责任公司、西北工业大学和成都飞机制造工业有限责任公司，成功研制出了 ARJ21 飞机大型超临界机翼整体壁板装机件，取得了包括马鞍形和扭转外形预应力喷丸成形技术、超临界机翼整体壁板喷丸路径设计方法和柔性预应力夹具等一系列关键技术的突破和创新，打破了国外技术的封锁和垄断，为我国大飞机机翼整体壁板采用喷丸成形技术奠定了坚实的基础。在设备方面，西安飞机工业有限责任公司通过研制 ARJ21，已经具备成形和强化最大尺寸为 20 m×2.5 m 的设备能力；北京航空制造工程研究所从法国引进了超声喷丸设备、数控喷丸成形和强化设备，具备实验和研制最大尺寸为 15 m× 2.5 m 的壁板模拟件的能力。在喷丸成形工艺规范方面，国内已经编制了航空标准和新支线飞机喷丸成形工艺规范，正在编制民机喷丸成形标准工艺。

喷丸成形的优点体现在以下几个方面：

① 工艺装备简单，不需要成形模具，因此零件制造成本低，对零件尺寸大小的适应性强，不受零件长度的限制。

② 由于喷丸成形后，沿零件厚度方向在上、下两个表面均形成残余压应力(如图 3－65 所示)，因此在零件成形的同时，还可以改善零件的抗疲劳性能和抗应力腐蚀性能，达到喷丸强化的效果。

③ 既可以成形单曲率零件,也可以成形复杂双曲率零件。零件可以是等厚板、变厚度板和带筋整体壁板等。

喷丸成形也有缺点:首先是工件表面光洁度降低;其次是表面包铝层可能被击破,影响抗蚀能力。

目前采用的喷丸设备按推进弹丸的方式可分为气动式喷丸机和离心式喷丸机。典型的喷丸机如图 3-66 所示。

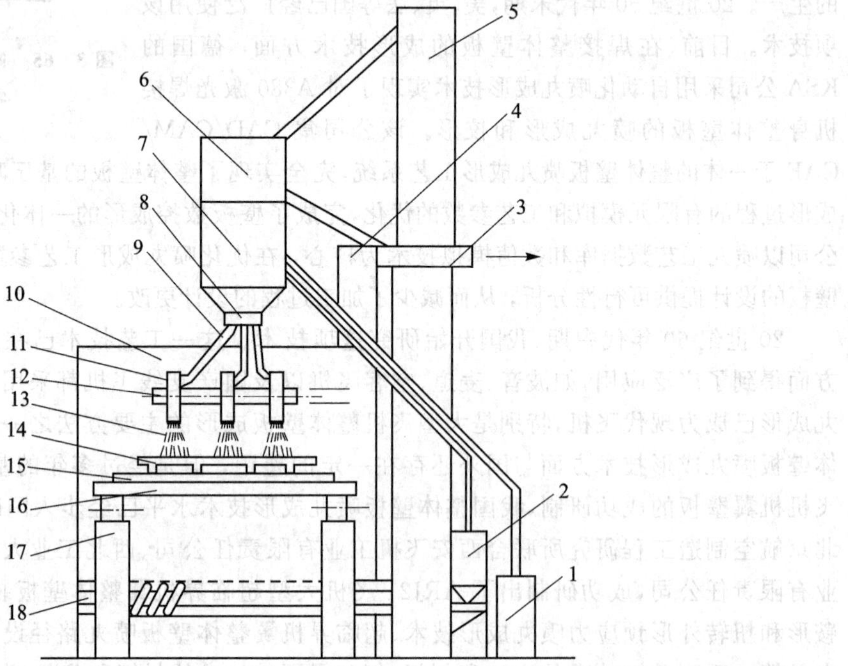

1—破碎弹丸收集器;2—自动式装丸器;3—弹丸回收器;4—排气管;5—弹丸提升器;
6—弹丸分离器;7—弹丸储存室;8—弹丸控制活门;9—输弹管;10—工作室;11—叶轮(或喷嘴);
12—叶轮(或喷嘴)支架;13—弹丸流;14—板料;15—垫板;16—工作台;17—工作架;18—弹丸传送器

图 3-66 典型喷丸机

它由下列主要部件构成:

① 弹丸的推进装置。将弹丸加速到要求的速度。气动式是空气压缩机和喷嘴,离心式是电动机和叶轮。

② 弹丸输送提升机构。保证弹丸的重复使用。

③ 弹丸分离机构。清除破碎的或小于标准的弹丸,保证弹丸质量。

④ 弹丸添加装置。补充弹丸消耗。

⑤ 保证弹丸流和被加工板料相对运动的装置。一般是工作台移动,喷射室固定,反之亦然。

⑥ 喷射室。板料在此接受喷丸，控制弹丸不到处飞溅。

壁板的成形曲率主要取决于叶轮的速度、弹丸的质量和大小以及工件喷击的覆盖率。

喷丸设备所使用的弹丸材料有多种，如铸钢丸、不锈钢丸、陶瓷丸、玻璃丸、塑料丸、氧化铝砂和钢砂等。

目前整体壁板的喷丸成形一般用铸钢弹丸，不锈钢弹丸效果最佳，但因铁质对工件有污染影响，成形后工件表面要清洗。非金属弹丸（玻璃或陶瓷）主要用于喷丸强化，也可用于成形，但弹丸质量小，易破。

根据材料变形的特点，可将喷丸成形归结为两种类型：对平板进行单面喷丸产生弯曲变形；对平板进行双面等强度喷丸产生延展变形。两种类型的变形程度分别用曲率半径和延伸率来衡量，其值由零件特性参数、喷丸成形工艺参数共同决定。根据成形方法和工艺措施，又可将喷丸成形分为自由喷丸成形、预应力喷丸成形等。除了传统的机械喷丸成形技术，目前比较先进的喷丸成形技术有数字化喷丸成形、双面喷丸成形、激光喷丸成形、超声喷丸成形等。

3.5.5　热成形与超塑性成形

1. 热成形

飞机钣金零件生产过去大多采用冷成形（即室温下成形），有时也利用加热来提高材料的塑性，降低变形抵抗力，减小回弹。例如板料的加热拉深，管料的加热缩口，型材的加热拉弯等。

热成形适用于飞机中日益广泛应用的镁、钛、钨、钼等低塑性材料及合金，因此热成形成为一种基本加工方法。镁合金密度为1.8 g/cm³，钛合金密度为4.5 g/cm³，在200～350 ℃温度区间，钛合金比强度超过不锈钢和铝合金，处于比较有利的地位。

钛、镁两种金属都是属于密排六方晶格的，其室温下的塑性变形能力很差，反映在材料特性上，就是延伸率小，屈服应力相对于强度极限的比值高和弹性模量小。过去均属于“难成形材料”。加热成形中，随着温度的升高，金属原子的动能增加，作为多晶体的金属及其合金，将产生回复以至再结晶；有些金属还会出现新的滑移面，所以加热成形往往可以完成冷压加工所难以完成的压制任务。

热成形，就是利用金属的加热软化性质，降低板料的变形抗力，增加板料在成形中所能达到的变形程度，减少弹性回弹，提高零件的成形准确度。

大多数钛合金的成形操作是在高温下进行的，所有常规的钣金成形技术都能用来进行热成形，如闸压弯曲、落压、旋压、冲压、拉深、拉弯、拉形等。

（1）热成形温度的确定

温度对金属塑性变形有很大影响。温度增加、金属软化，是由于产生回复和再结晶、新滑移体系的介入、新的塑性变形方式——热塑性的产生等现象的结果。

钛合金随温度升高，强度指标迅速降低，在高温时，变形抗力只是室温时的 1/5～1/3。但塑性指标并不是随着温度升高而简单地增长，在某个温度范围（即热脆区）塑性指标却反而降低。如 TA2 在 400～550 ℃，TC1 和 TC4 在 300～500 ℃，塑性都降低；而 TC1、TC4 的塑性指标，在这个温度区间内反而低于室温的塑性指标，对成形很不利。因此，在选择热成形温度时应避开热脆区。

当温度增至 550 ℃之后，塑性指标开始迅速增长，但不可盲目追求高温下的高塑性，温度过高，会带来一系列严重问题：

- 温度越高，钛的氧化和吸氢现象越严重；
- 温度过高，会出现晶粒长大与合金组织变化的现象，使机械性能降低；
- 过高的温度还会使成形设备复杂化，提高模具成本和零件的加工成本。

为此，应合理地选择加热成形的温度。一般只要能达到所需的变形程度，就应尽量选用较低的热成形温度。如果要有最佳的成形性，则应在能保持零件机械性能与使用性的实际可行的最高成形温度下进行。

（2）毛料加热方法

根据所采用的成形方式不同，可选择适当的加热方法：

① 火焰加热（或喷灯加热）：用于局部变形的冲压件或手工成形件、冷成形或热成形后的手工消皱及校形、加工旋压件。成形时劳动强度大，温度不易控制，只能用于小批量生产中。

② 电阻加热：用于落压成形、冲压成形、型材拉弯、蒙皮拉形、闸压弯曲等加工。由于设备简单，所需投资少，在新机研制和小批量生产中得到广泛应用。

③ 辐射加热：用于落压成形、蒙皮拉形等加工。辐射加热主要是指石英灯红外辐射加热，但因石英灯管在使用中怕振、怕碰、极易损坏，而且灯管价格较高，故在工业生产中不经济、不耐用。

④ 炉内加热：用于中小型零件的落压、冲压、橡皮成形、闸压弯曲等加工。

⑤ 感应加热：用于型材拉拔成形等。

⑥ 模具的接触加热：用于拉深成形、压窝、翻边及热成形及热校形。

⑦ 电加热平台加热：用于热成形及热校形。

（3）热成形设备和模具

在冲床、落锤等设备上冲压钛合金零件，主要问题是速度太快，没有蠕变过程，所以成形的零件出现回弹、不贴模等问题。若采用有加热装置的液压机床成形钛合金零件，合理地控制成形温度、压力和时间，将能获得基本没有回弹、无需手工修正的零件。

因此，随着钛合金应用的日益广泛，现已出现专用的或改装的各种加热成形机床，如电热平台式液压床、电炉式液压床和其他热成形装置。

1）热成形设备 —— 电热平台式蠕变成形机

该机床主要用于飞机中的小型框肋、型材等零件的热校形和热成形，主要有两种形式：电炉式蠕变成形机和蚌壳式加热蠕变成形机。

2）热成形模具

钛合金的成形温度在 600～800 ℃，对模具来说，必须经得起在 700～900 ℃高温下工作，故模具必须满足以下要求：

具有良好的抗高温氧化性能、良好的抗高温生长性能、良好的高温机械性能、较高的相变温度、良好的急冷急热性能、良好的机械加工性能。但没有哪一种材料能够完全满足上述要求，因此目前采用的方法有表面涂层模具、耐热钢或耐热铸铁模具、非金属陶瓷材料（如陶瓷模具）。

表面涂层模具是在一般的碳钢和铸铁模具表面上喷涂耐高温的金属或非金属材料。为了提高抗氧化的能力，在碳钢模具表面进行化学处理（渗铝、氮化等）或者喷涂耐高温的金属或非金属的无机化合物（例如氧化物、氮化物、碳化物和其他复合化合物等）。

目前用于批量生产的模具材料主要是耐热钢和耐热球墨铸铁。

中硅钼耐热球墨铸铁材料，在 700 ℃以下使用，高温抗氧化性较好，价格低，加工方便，适合于批量生产的模具材料。

陶瓷模具实际上是一些金属和非金属的化合物，这类材料具有很高的熔点，能耐高温，性脆而硬，抗压强度大，电阻大，化学稳定性好，耐氧化，耐腐蚀，热膨胀系数小，导热系数低。从耐热模具材料的要求来看大部分能满足，但其致命的弱点是性脆，抗弯和抗拉强度小，耐冲击性能低。

2. 超塑性成形

对于一般的金属材料，在拉伸载荷作用下，其可能产生的均匀延伸率均在 10 %～50 %；而对于超塑性材料，加热到某一特定的温度时（即超塑性温度时），其延伸率可达 1 000 %～2 000 %。

最早发现有超塑性的合金是锌合金（80 %Zn，20 %Al），当加热到 250 ℃时，其延伸率可达 700 %。目前已发现有不少合金具有超塑性，其中钛及钛合金的性能如表 3－2 所列。

超塑性金属或合金进行超塑性成形必须具备温度和压力两个必要的条件。因此各种超塑性成形装置都要将毛料加热到超塑性温度，然后徐徐加上比较稳定的载荷。一般采用充惰性气体或抽真空的办法加压。

迄今为止，超塑性尚未有一个比较确切的定义。人们仅把材料在特定的条件下进行拉伸试验，当延伸率超过 100 %时，作为衡量材料有超塑性的标准。也有用流变方程 $\sigma = K\varepsilon^m$ 中的应变速度敏感指数 m 值作判据；若 $m>0.3$，则认为有超塑性。实验证明，m 值越大，材料超塑性越好。因此，金属材料超塑性是在特定的条件（高温、细晶粒和低应变速率）下，材料出现异常的延伸率的总称。

金属超塑性的获得除了特定的外界条件以外，本身组织状态是关键。

为了在塑性变形过程中，使金属具备稳定的微晶组织，并尽可能使晶粒长大缓慢，就要求原始组织的晶粒越小越好，或有双相的组织抑制其晶粒长大。

确定金属超塑性性能的方法很多，最常用的方法是单向拉伸试验。表 3－2 为主要几种钛和钛合金获得最佳延伸率的最佳试验条件。

表 3-2　钛和钛合金的超塑性试验条件

牌　号	化学组成	温度/℃	应变速率/s^{-1}	最大延伸率 δ/%	m　值
TA1	Ti	830～850	2.5×10^{-8}～1.7×10^{-4}	250	0.45
TA7	Ti-5Al-2.5Sn	950～1 100	1.5×10^{-3}～2×10^{-4}	450	0.72
TC4	Ti-6Al-4V	850～970	1.3×10^{-3}～1.3×10^{-4}	1 600	0.85
TC6	Ti-5Al-2Cr-2Mo-4Fe	950～970	2×10^{-3}～2×10^{-4}	400	0.6
TC9	Ti-6.5Al-3.5Mo-2.5Sn-0.3Si	850～900	—	—	—
TC11	Ti-6.5Al-3.5Mo-1.5Zr-0.35Si	900	—	800	—

典型的单向拉伸曲线如图 3-67 所示。材料为 Ti-6Al-4V，试验温度为 927 ℃，应变速率为 $3.5\times10^{-4}\ s^{-1}$。

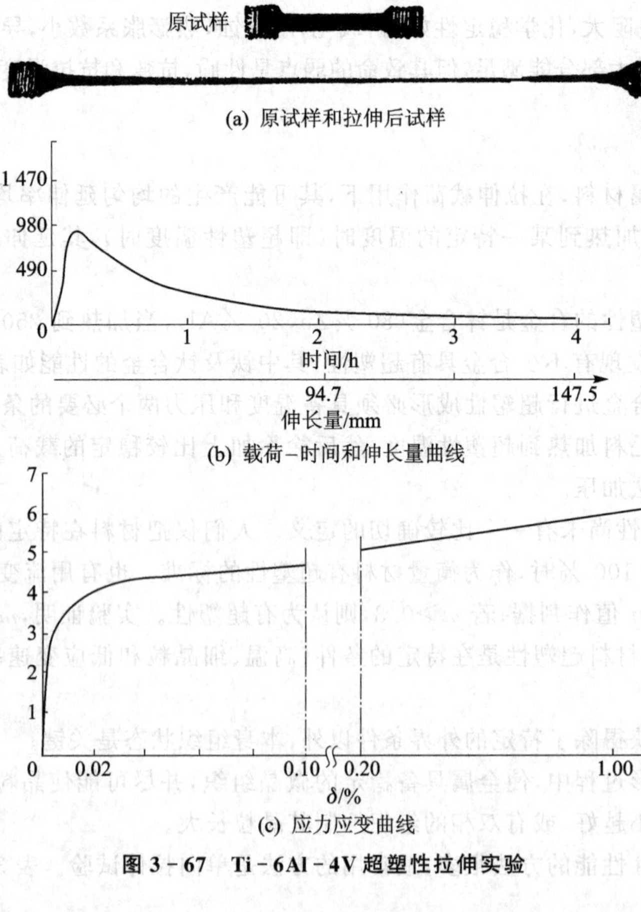

图 3-67　Ti-6Al-4V 超塑性拉伸实验

影响金属超塑性的因素主要有：晶粒度、温度、应变速率，这里以 Ti-6Al-4V 为例来说明各种因素对钛合金超塑性的影响。

（1）晶粒度的影响

如图 3－68(a)所示，在 927 ℃下，m 值与应变速率的关系中，晶粒度分别为 6.4 μm、9 μm、11.5 μm 和 20 μm 的 1～4 的四条曲线，晶粒度越小，m 值越大，超塑性能越好。

（2）温度的影响

如图 3－68(b)所示是同一应变速率 $\dot{\varepsilon}=1.3\times10^{-4}\ s^{-1}$ 时，温度和延伸率的关系。从图中可以看出，在某一个温度范围内延伸率为最高，即最佳超塑性温度。

（3）应变速率的影响

如图 3－68(c)所示，应变速率也有一个最佳范围，在此范围内延伸率最大。

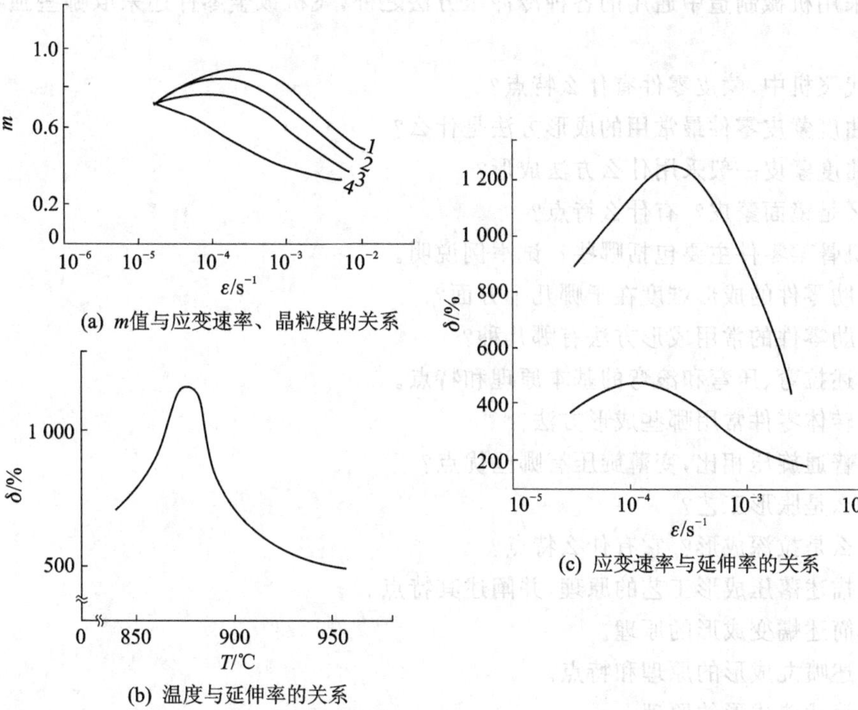

(a) m值与应变速率、晶粒度的关系

(b) 温度与延伸率的关系

(c) 应变速率与延伸率的关系

图 3－68　影响 Ti－6Al－4V 超塑性的因素

钛和钛合金有优异的超塑性，因此，可以加工出许多形状复杂和结构特殊的零件。许多国家在研究超塑性机理的同时也很重视其在工业应用的研究，由于工艺简单、成本低、技术高，使超塑成形技术很快进入工业界。如航空航天工业中使用很广的钛球体，直径为 200～1 000 mm，厚度为 2～5 mm。通常的做法是利用吹塑成形，直接用两块钛圆板电坯，焊接后吹塑成球形，或用管子毛坯吹塑成球体后再封口。这两种方法与常规冲压加工比较，可使总成本降低

20 %，并简化了工艺过程。除此之外，某直升机上的撑杆，要求质量轻、强度大、刚度好，由于外形特殊，一般工艺方法无法加工，采用管子吹塑成形，只要一副简单的成形夹具即可。某歼击机上的整体锻造钛接头锻件，常规工艺是自由锻或模锻后进行切削加工；现改为超塑性精锻，使锻件质量减轻 82 %，总成本降低 20 %。

思考题与习题

1. 典型的飞机钣金零件有哪些？试举例说明。
2. 飞机钣金零件的生产特点是什么？
3. 从结构功能上，飞机钣金零件可分为哪三类？
4. 除采用机械制造中通用的各种冷冲压方法之外，飞机钣金零件还采取哪些独特的成形方法？
5. 现代飞机中，蒙皮零件有什么特点？
6. 双曲度蒙皮零件最常用的成形方法是什么？
7. 单曲度蒙皮一般采用什么方法成形？
8. 什么是镜面蒙皮？有什么特点？
9. 飞机骨架零件主要包括哪些？试举例说明。
10. 框肋零件的成形难度在于哪几个方面？
11. 框肋零件的常用成形方法有哪几种？
12. 试述拉弯、压弯和滚弯的基本原理和特点。
13. 回转体零件常用哪些成形方法？
14. 与普通旋压相比，变薄旋压有哪些优点？
15. 什么是胀形工艺？
16. 什么是拉深成形？它有什么特点？
17. 试描述落压成形工艺的原理，并阐述其特点。
18. 试简述蠕变成形的原理。
19. 试述喷丸成形的原理和特点。
20. 试简述热成形的原理。
21. 热成形对模具有哪些要求？
22. 试简述影响金属超塑性的因素。

第 4 章　飞机结构件切削加工技术

4.1　概　述

过去飞机机体主要部分都由钣金零件装配而成，而后来随着飞机性能的不断提高，整体结构日益增多。由于整体框、梁、肋的出现及整体壁板结构的广泛应用，机械加工零件的类型和品种日益增加，在某些类型飞机的生产中，机械加工零件所占劳动量比重已超过钣金成形零件，而且飞机制造厂设备和厂房布局也由此相应有所改变。

整体结构件与铆接结构相比有如下优点：在气动性能方面，外形准确，对称性好；在强度方面，刚性好，比强度高，可减轻质量 15 %～20 %，气密性好；可大大减少零件和连接件数量，装配后变形小，使部件成本降低 50 %左右。飞机整体结构件已成为构成飞机机体骨架和气动外形的重要组成部分，它们品种繁多、形状复杂、材料各异。为了减轻质量，进行等强度设计，往往在结构件上形成各种复杂型腔。与一般机械零件相比，整体结构件加工难度大，制造水平要求高。例如壁板、梁、框、座舱盖骨架等结构件是由构成飞机气动外形的流线型曲面、各种异形切面、结合槽口、交点孔组合而成的复杂实体。整体结构件加工不但形位精度要求高，而且有严格的质量控制和使用寿命要求。随着现代飞机性能的不断提高，整体结构件的应用日益广泛。

飞机整体结构件的主要类型有：整体壁板；整体梁类零件；整体框肋类零件；整体骨架类、接头类零件；挤压型材和变截面桁条类零件，如表 4－1 所列。

表 4－1　飞机整体结构件示例

飞机整体结构件	示　例	飞机整体结构件	示　例
整体壁板	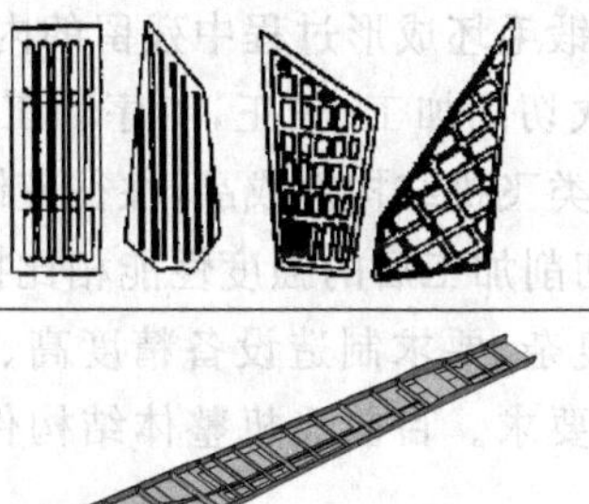	整体框、肋	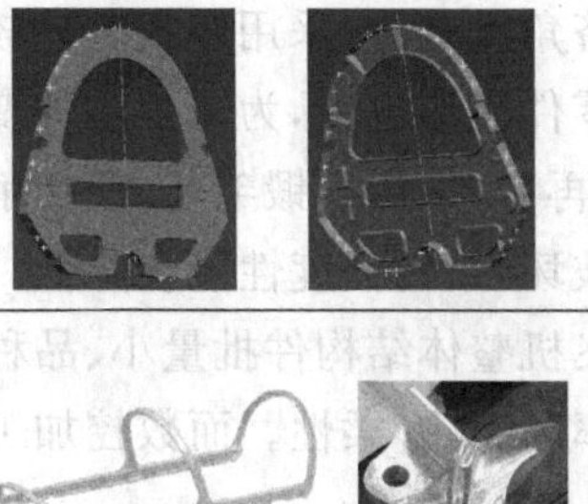
整体梁		整体骨架、接头	

4.1.1 整体结构件的工艺特点及加工方法

① 结构件外形多与飞机外形有关，有复杂的装配协调关系，精度要求较高。

- 对薄蒙皮和铆接骨架的分散式结构：薄蒙皮刚性很差，蒙皮和贴合骨架的配合允许有较大容差，如歼击机为±0.25 mm。在装配应力不是很大的情况下，可装配出合格的产品。
- 对骨架和蒙皮均为大厚度的整体结构：若蒙皮和贴合骨架有较大的装配间隙，就会发生很大的装配应力，从而产生应力腐蚀，甚至会导致飞机强度和寿命的降低。如在组装时加相应尺寸的调整垫片作为补偿，则装配工时增多，周期延长；加垫过多也会影响结构强度和飞机寿命。因此，整体结构件精度要求较高。

② 多数整体结构件尺寸大，形状复杂，加工技术难度大。

- 尺寸大：大型的整体壁板有的长达 30 m 左右；毛坯重 3～4 t，大型机身整体框约 6 m×3 m，毛坯重约 2 t，小型机身框约 2 m×2 m，毛坯重 1 t；必须配置大型机加机床和相应的装卸、搬运等设备。
- 形状复杂：整体结构件多数为板块状，其轮廓一般具有复杂的外形，如梁、框肋等平面零件周边外形角度变化较大，具有空间立体形状的骨架零件的外形一般为复杂立体曲面。内部结构多为纵横交错的筋条，加工的开敞性差，工作量大，加工难度大。

③ 整体结构件的材料大部分采用航空用铝合金、高强度合金钢、钛合金和复合材料，毛坯多用模锻和预拉伸厚板材。

铝合金整体结构件的毛坯有模锻和预拉伸厚板材两种。平面类整体壁板、框、肋、梁的铝合金零件大部分采用预拉伸的厚板材，在板材厚度允许的情况下，尽量不采用模锻毛坯。其主要原因是：

首先，模锻毛坯需要较高的模具费用，毛坯价格约为预拉伸板坯的 10 倍。虽然厚板坯的材料利用率较低，但加工变形量小，由于数控加工切削效率大大提高，切削加工成本降低，因此从经济角度来看，采用厚板毛坯较有利；其次，模锻毛坯成形过程中残留的内应力大，余量切削后的零件变形也大，为减少零件变形，需反复多次切削加工、校正，工序和工时都增多，周期也延长；再次，采用模锻毛坯，经切削加工后的薄壁类飞机结构件成品，往往使锻造金属纤维流线遭到破坏，结构强度性能会降低，与预拉伸板材切削加工后的强度性能相比提高并不显著。

飞机整体结构件批量小、品种多、协调关系复杂，要求制造设备精度高、自动化水平高、生产效率高、具有柔性。而数控加工设备满足这些要求。目前飞机整体结构件已全面采用数控加工。

4.1.2 整体结构件的常用材料及切削加工

材料不仅是制造飞机的物质基础,同时也是使飞机达到人们所期望的技术性能、使用寿命与可靠性的技术基础。对飞机结构的要求可以概括为轻质、高强、高可靠,同时飞机产品具有高科技密集、系统庞大复杂、使用条件恶劣多变、要求寿命长、可靠性高以及批量小等特点,因此对材料的要求是种类、品种、规格多;高比强度(强度极限/密度)和比刚度(弹性模量/密度);耐高温性能好;质量要求高;疲劳性能好。

飞机使用材料的质量百分比如表 4－2 所列。

表 4－2　飞机使用各种材料的质量百分比　%

机　种	铝合金	钢	钛合金	复合材料	其　他
767	80	14	2	3	1
757	78	12	6	3	1
A320	76.5	13.5	4	5.5	—
777	70	11	7	11	1
A340	75	8	6	8	3
787	20	10	15	50	5
A380	61	—	10(＋钢)	25	4
F/A—18A/B	49.5	15	12	9.5	14
F/A—18E/F	29	14	15	23	19
YF22	35	5	24	23	13
Y—22(EMD)	15	5	41	24	14
F/A22	11	5	41	24	19

由表 4－2 可知,飞机整体结构件使用的主要材料有铝合金、合金结构钢、钛合金和复合材料等。尽管后两种材料是难加工材料,但由于其良好的性能,应用逐步增加,特别是复合材料已有超过传统铝合金材料的趋势。

1. 铝合金的特性及其切削性能

在早期的飞机制造业中,铝合金是飞机的主要结构材料,用量一般占飞机总质量的 70 %～80 %。随着飞机制造业的发展以及新型材料的出现,这个比例正逐渐减小。

国产飞机常用的铝合金有 LY12(硬铝合金),LC4、LC9(超硬铝合金),LD10、LD5(锻铝合金),ZL104－T4(铸铝合金)等;国外飞机常用 2024、2324、7075、7150 等。

一般来说，铝合金的切削加工性能良好，采用车、铣、钻、铰、镗等切削方法容易获得较高的加工精度和良好的表面质量。

2. 合金结构钢的特性及其切削性能

常用的合金结构钢有低合金高强度钢 30CrMnSiA 和低合金超高强度钢 30CrMnSiNi2A 等。

30CrMnSiA 经调质后具有很高的强度和足够的韧性，但淬透性不高，油淬可淬透 25 mm 直径；有回火脆性和脱碳倾向，冷变形塑性中等；退火状态下钢的切削加工性能好；可电弧焊，气焊易开裂；为获得较高强度和韧性，降低内应力，减少淬火变形和开裂，减少缺口敏感性，可采用等温淬火。

30CrMnSiNi2A 的强度、韧性和淬透性均高于 30CrMnSiA，但有较大的应力集中敏感性；可电弧焊和氢原子焊，但不能气焊；零件在热处理与表面处理时应防止氢脆；钢在退火状态下切削加工性尚好，但强化处理后的切削加工性很差。

30CrMnSiA 和 30CrMnSiNi2A 经加热后属难加工材料，这是由于其单位切削力大，导热系数较小，因此切削温度高，刀具易磨损。在车削、镗削、钻削时，切屑不易折断，易划伤已加工表面。

切削加工高强度钢时，高速钢、硬质合金刀具都应使用切削液。车削、铣削、钻削、高速铰孔一般选用乳化液。使用切削液不但能提高刀具耐用度，而且也使零件表面质量有很大的提高。

3. 不锈钢的特性及其切削性能

不锈钢是一种含铬量为 10 %～12 %，或含镍量大于 8 %的合金钢和含铬量为 16 %～18 %的耐酸合金钢。不锈钢有很高的耐磨性，硬度、强度、熔点都很高，化学活性大，亲和性强，所以很难加工。

不锈钢的加工特点可以概括为：塑性大，加工硬化很严重，易生成积屑瘤使加工表面质量恶化，切削力约比 45# 钢高 25 %。加工表面硬化程度及硬化层深度大；导热系数小，只为45# 钢的 1/3，因此产生的热量多，加上导热性差，造成切削温度高。切削温度高，加工硬化严重，加上钢中碳化物形成硬质夹杂物，又易与刀具发生冷焊，故刀具磨损快。

实践证明，为改善不锈钢材料的加工性能，应注意以下几点。

(1) 改善切削条件

由于不锈钢的硬度、强度都很高，切削加工时变形抗力大，产生强烈的塑性变形，故使切削力急剧提高。其切削力比 45# 钢加工时的切削力普遍提高 25 %以上，这就要求机床应具有足够的功率和刚性，并处于良好的技术状态，而且刀具应具有足够的强度和刚性，装夹可靠。

(2) 合理选择刀具材料

由于不锈钢本身的特性，在切削过程中刀具剧烈磨损，甚至产生刀具刃口塑性变形、崩刃、缺口、剥落等磨损形态。不锈钢的塑性、韧性大，易于产生粘附现象，形成积屑瘤，被加工表面会出现撕扯现象，表面粗糙度变大。所以刀具材料应具有较高的硬度、强度和韧性，具有良好的耐磨性、抗氧化性及抗粘结性。

(3) 合理选择刀具几何参数

刀具的几何参数对不锈钢的加工表面质量影响很大，合理选择刀具几何参数，可以减少加工中的不利因素，提高加工质量，具体应从以下几方面考虑：应采用较大前角的刀具；选用封闭式容屑的刀具，还应适当加大容屑空间；刀具前后刀面应具有较细的表面粗糙度。

(4) 选取合适的切削用量

由于不锈钢具有较高的热强性，摩擦系数大，如果切削速度过高，切削时消耗的切削变形功和摩擦功大，会产生过多的热量，这些热量积聚在切削区内，易形成高的切削温度。

(5) 切削液和冷却方式的选择

切削液的冷却作用主要是将切削热迅速从切削区带出去，使切削温度降低。不锈钢切削时应选用冷却、润滑和渗透作用都较好的切削液，如硫化油和四氯化碳、煤油和油酸混合液等类切削液。应使喷嘴对准切削区，最好采用高压冷却、喷雾冷却等较为先进的冷却方法。

4. 钛合金的特性及其切削性能

由于钛合金材料具有密度小、比强度高、热强度高、热稳定性好、抗腐蚀性好等优点，因此在飞机上的应用日趋广泛。替代合金钢制造飞机结构件，可以显著减轻飞机质量、提高飞机的推重比和抗热能力，从而提高飞机的可靠性和使用寿命。

钛合金材料分为铸造和形变两大类。根据退火状态的组织，可将钛合金材料分为三种类型：

① α 相钛合金材料(TA)。α 相固溶体组成的单相合金，耐热性高于纯钛，抗氧化能力强，组织稳定。在 500～600 ℃高温下，强度及抗蠕变能力强，但不能进行热处理强化(Ti - 2Cu 除外)，热加工性差，切削性能比较好。常用的牌号有 TA6、TA7、TA8，对应美国牌号 Ti - 5Al - 25Sn。

② β 相钛合金材料(TB)。β 相固溶体组成的单相合金，主要加入 β 相稳定元素，具有较高的强度，淬火、时效后可使合金进一步强化。但其热稳定性较差，焊接性能差，切削加工性能差。常用的牌号有 TB1、TB2、TB3，对应美国牌号 Ti - 10V - 2Fe - 3A。

③ α+β 相钛合金材料(TC)。由 α 相和 β 相双相组成，同时添加 α、β 稳定元素，组织稳定，高温变形性能好，韧性、塑性好，可通过淬火、时效使合金强化。高温强度较高，可在 400～500 ℃高温下长期工作，热稳定性仅次于 α 相钛合金。切削性能比 α 相钛合金差，但优于 β 相钛合金。常用的牌号有 TC1、TC2、…、TC11，对应美国牌号 Ti - 6Al - 4V。

总之，一般来说，α 相钛合金（TA）的强度低于 α+β 相钛合金（TC）的强度，而以 β 相钛合金（TB）的强度最高；另一方面，α 相钛合金（TA）的切削加工性能最优，α+β 相钛合金（TC）的切削加工性能次之，β 相钛合金（TB）的切削加工性能最差。

钛合金的切削加工性差，主要表现在导热性差，导致切削区域温度高；切削变形系数小；单位面积上切削力大；化学活性大，切削时易发生化学反应；弹性模量小，屈强比大，易发生弹性变形。

因此，在钛合金零件的切削加工时，为改善其切削性能，应遵循如下基本原则：

① 降低切削速度。切削速度高，则刀刃温度剧增，直接影响刀具寿命。

② 增大切削深度。实验证明，切削深度对刀刃温度影响小，所以采用较低的切削速度，增大切削深度，对钛合金的切削是有利的。

③ 不停止走刀。否则，刀刃和材料会在高负荷下长时间摩擦，容易引起钛合金的加工硬化，产生烧结和挤裂而损坏刀具。

④ 尽量采用冷却液。使用冷却液，可以把刀刃的热量带走和冲走切屑，以降低切削力。一般来说使用的冷却液主要有三种：水或碱性水溶液、水基可溶性油质溶液、非水溶性油质溶液。

⑤ 机床-夹具-刀具系统刚性好。机床各部分间隙要调整好，主轴的径向跳动要小。夹具装夹零件要牢固，要有足够的刚性，刀具切削部分要尽量短，在容屑足够的情况下加大芯部厚度，提高刀具的强度和刚性。

4.2 整体壁板类零件的制造

壁板是飞行器的一种结构单元。飞行器的壁板通常是用蒙皮和纵向、横向加强零件靠铆接、胶接或点焊装配而成的，如图 4-1 所示。为保证这种装配式壁板的刚度、强度、密封性，需要付出巨大的劳动。用金属材料经过制坯、加工、成形等工序制成的整体壁板来代替装配壁板，可大大减小装配工作量，并易于提高产品质量。

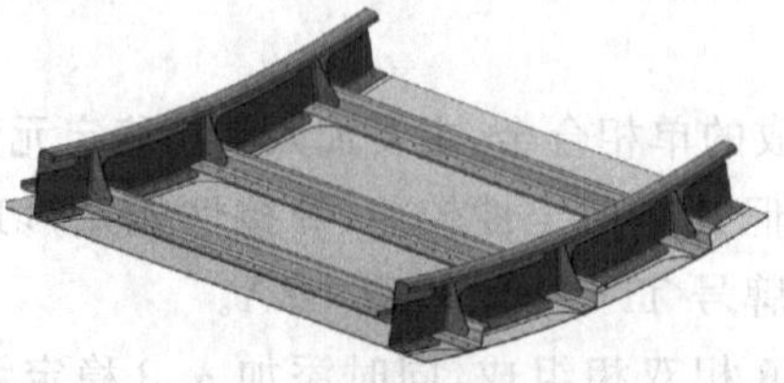

(a) 组装壁板装配件

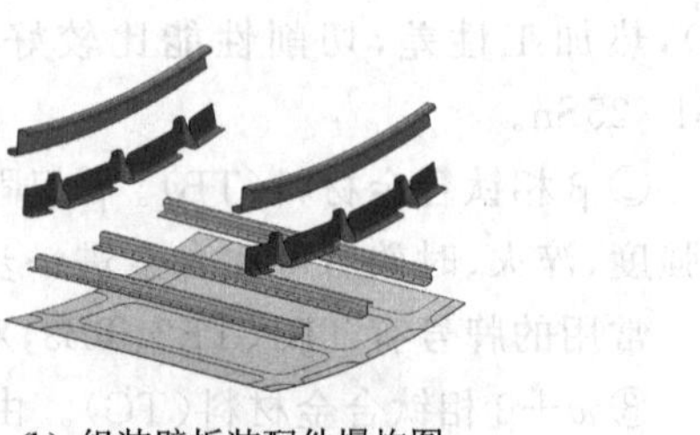

(b) 组装壁板装配件爆炸图

图 4-1 整体壁板的产生

如图 4－2 所示的 ARJ21 飞机机翼下中壁板，由 21 个口框、口框加强区、肋加强区、长桁加强区、双向削斜变厚度蒙皮等构成。

图 4－2　ARJ21 飞机机翼下中壁板

整体壁板的优点有：

表面光滑，气动外形和密封性能好，材料分配合理，结构效率高，剖面可以按等强度设计成较理想的承力形式，因而使其强度质量比高，总体和局部刚度好，疲劳寿命长；减少了零件数量，简化了连接形式，装配工作量小，所需工装少，减少了互换协调问题。

整体壁板的缺点有：

材料的利用率低；成形难度大；加工毛坯用的工艺设备制造周期长、费用高；切削加工过程中容易产生变形；从“破损安全”观点看，产生裂纹后扩展较快，不如铆接和胶接结构。

4.2.1　整体壁板的分类

飞机整体壁板有不同的分类方法，如表 4－3～表 4－5 所列。

表 4－3　按筋条在腹板上的分布特点分类

类　别	平面形状	结构特点及工艺性
平行筋条类	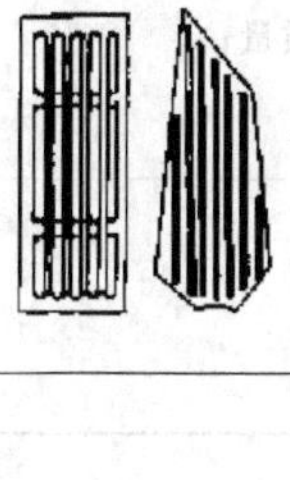	① 筋条相互平行，有时横向带肋凸台，结构简单； ② 容易实现壁板筋条平行于机翼梁的布置； ③ 大曲率单曲面锥形壁板和双曲面壁板成形时，筋条需扭转一个角度，成形困难； ④ 切削加工方便，生产效率较高

续表 4-3

类　别	平面形状	结构特点及工艺性
放射筋条类	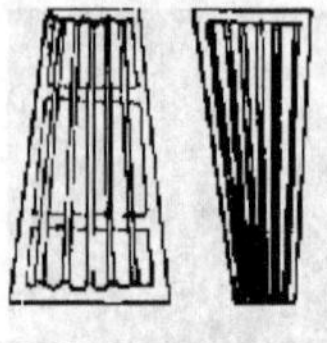	① 筋条沿机翼(或机身)等百分线分布； ② 易实现沿展向等强度设计； ③ 切削加工较困难； ④ 大曲率单曲面锥形壁板和双曲面壁板成形时，筋条不需扭转角度，成形容易实现
网格筋条类		① 筋条布置呈网格形(有方形、矩形、菱形、梯形等)； ② 结构刚度比较高； ③ 网格为方形和矩形的壁板，切削加工较方便； ④ 壁板成形较困难
平行放射筋条类		① 根部筋条平行，端部条放射； ② 容易实现等强度设计； ③ 切削加工和成形均较困难
点辐射筋条类		① 筋条分布由一点向外辐射； ② 一般筋条上都带连接凸台； ③ 切削加工较困难

表 4-4　按横向剖面形状分类

类　别	平面形状	结构特点及工艺性
T形	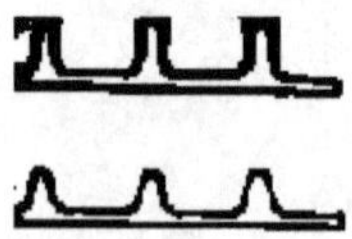	① 在剖面面积相同的情况下，与其他剖面形状相比较其惯性半径小； ② 其筋条与翼肋或框缘连接比较困难； ③ 切削加工和成形容易
工形		① 惯性半径较大； ② 容易实现筋条与翼肋或框缘连接； ③ 筋条的腹板不易切削加工，筋条根部凸台一般是为便于切削加工而设计的，同时也提高了壁板的强度、刚度和质量； ④ 壁板成形较困难
形	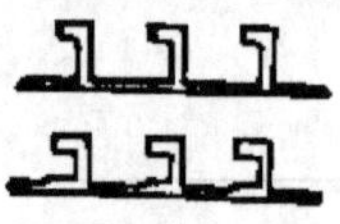	筋条的腹板易切削加工，其余同工形

表 4－5　按搭接边位置分类

类　别	平面形状	结构特点及工艺性
内搭接边		① 搭接边在壁板内表面； ② 形成典型的平板格子形结构，可与内槽同时加工
外搭接边		① 搭接边在壁板外表面； ② 与内槽加工必须分两步进行，为此，必须增加翻转用定位工艺孔。铣出搭接边后，还必须用填料平搭接边厚度，才能在数控机床上使用真空平台吸紧零件，再加工内表面
内、外搭接边		筋条的腹板易切削加工，其余同工形

4.2.2　整体壁板的典型制造方案

整体壁板的典型制造方案主要有两种，如图 4－3 所示。

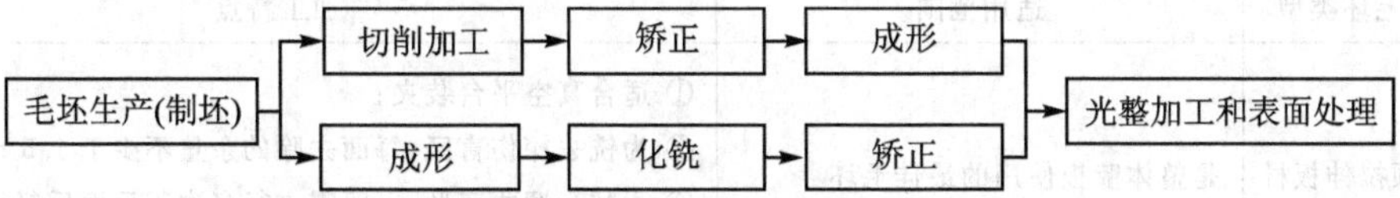

图 4－3　整体壁板制造方案

由于毛坯生产有热轧厚板、挤压、模锻、铸造等不同方法，可以进一步细分制造方案，如图 4－4所示。

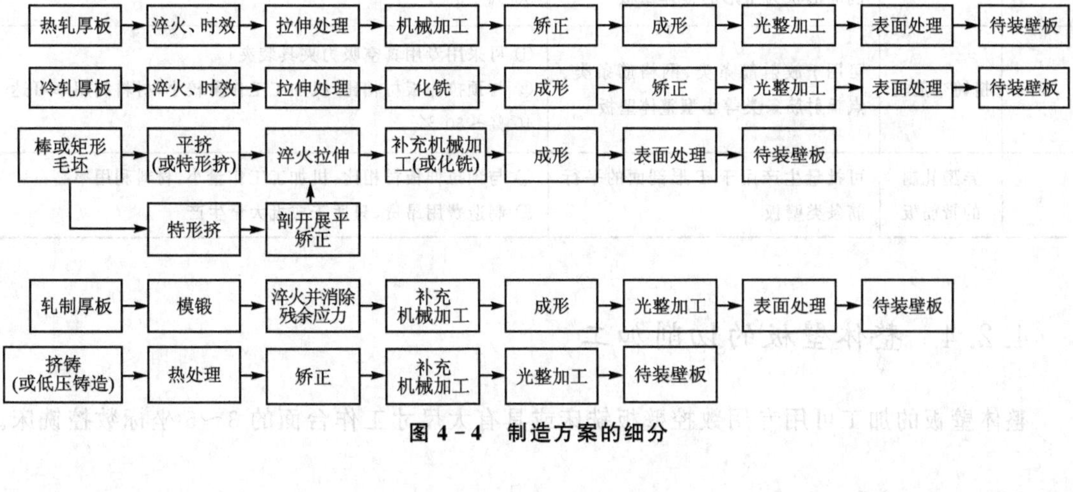

图 4－4　制造方案的细分

等强度整体壁板的典型工艺流程如图 4-5 所示。

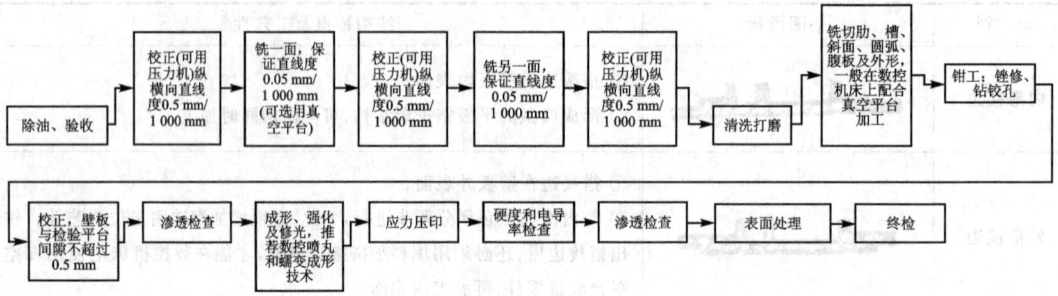

图 4-5 等强度整体壁板典型工艺流程

4.2.3 整体壁板的毛坯供应

整体壁板的毛坯类型及特点如表 4-6 所列。其中以预拉伸板材应用最广。

表 4-6 整体壁板的毛坯类型及特点

序号	毛坯类型	适用范围	加工特点
1	预拉伸板材	是整体壁板使用的最佳毛坯	① 适合真空平台装夹； ② 为铣去探伤盲区，每面去除的余量不少于 1.5 ～3 mm； ③ 为减少翘曲变形，一般需进行多次正反面反复加工； ④ 机加工工作量大，切除金属多，利用率仅为 7 %～15 %
2	挤压带筋板	用于平行筋条类壁板及角度比较小的放射筋条类壁板，且适用于条剖面形状为工形的整体壁板	① 可采用专用夹具或真空吸力平台装夹； ② 与预拉伸板材相比，机加工工作量小，材料利用率可达 30 %～50 %
3	挤铸带筋板	可用于放射筋条类、网格筋条类、点辐射筋条类等小型整体壁板	① 可采用专用真空吸力夹具装夹； ② 与预拉伸板材相比，机加工工作量较小，材料利用率可达 40 %～60 %
4	异型轧制的带筋板	可批量生产用于 T 形剖面的平行筋条类壁板	① 与预拉伸板材相比，机加工工作量小，材料利用率高； ② 制造费用昂贵，只适于成批大量生产

4.2.4 整体壁板的切削加工

整体壁板的加工可用专用数控壁板铣床或具有大尺寸工作台面的 3～5 坐标数控铣床。

切削中整体壁板的装夹常用真空平台或真空夹具，其通用性好，适用于底部为平面的平板格子型零件，装夹后零件受力均匀，装卸方便，可缩短辅助生产时间，零件加工区无障碍物，适宜多结构集中安排的数控加工。刀具选择得合适与否不仅直接关系到壁板的加工质量和生产效率，还与经济效益直接相关。整体壁板加工中刀具选择时应注意刀具具有良好的切削性能和足够的刚性，尽可能选择通用标准系列刀具，尽可能减少刀具品种规格。

当切削加工完成后，工件残留内应力平衡状态被破坏，往往会产生一定的翘曲变形。可采取如下措施控制变形：

① 毛坯选用经预拉伸（预压缩以及锤打处理）的铝合金厚板作为壁板的毛坯材料，即在固溶热处理以后进行拉伸，拉伸量为 2 %～4 %。

② 粗加工后进行热处理并矫正变形，再进行精加工，这时由于切削余量已经很小，故即可达到减少变形的目的。另外，采用对称加工也可减少加工变形。

③ 工艺参数上，选取合理的进给速度和切削深度。

对于已出现的变形，可采用压力机、滚弯机或喷丸的方法进行矫正。局部的小变形也可采用手工进行矫正。矫正时必须慎重，要防止产生裂纹。此外，为防止再度产生残余应力，可将工件加热后进行矫正，也可专门设计矫正模胎，将工件固定在模胎上并送入加温炉内，在一定温度下使工件产生蠕变，以达到矫正变形的目的。

4.2.5 整体壁板的化学铣切

化学铣切（简称化铣）系将金属工件浸在化学溶液中，利用溶液的腐蚀作用来去除表面金属，化铣前对于不需要加工的表面则涂以保护层加以保护，其原理如图 4－6 所示。目前，化铣仍然为航空航天工业中广泛应用的一种特种加工工艺。

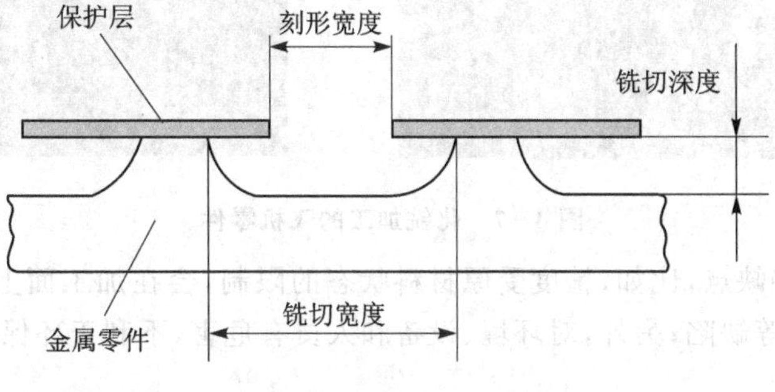

图 4－6　化铣原理示意图

化铣可以加工铝合金、某些合金钢、钛合金，对于铝合金多采用以氢氧化钠为主要组分的碱性腐蚀溶液，对于钢、钛合金等多采用含有硫酸、硝酸、盐酸、氢氟酸、磷酸等多种混合酸组成的酸性腐蚀溶液。可剥性保护涂料多用氯丁橡胶、丁基橡胶、丁苯橡胶、聚丙烯腈、聚氯乙烯等材料配制。

实践证明,采用10 %~15 %浓度的碱溶液及在(80±10) ℃温度范围内进行铝合金化铣最适宜。

化铣的工艺过程可以分为四个基本组成部分:蚀前处理、局部保护、化学腐蚀和蚀后处理。

① 蚀前处理。为去除毛料表面污垢,一般采用脱脂液、80 ℃热碱液清洗,冷水冲洗,铬酸中浸洗及冷、热水多次冲洗,洗净后烘干。

② 局部保护。其目的是将不需腐蚀的零件表面部分保护起来。最常用的方法是涂敷保护剂,干燥后在毛料的表面上形成保护膜。

③ 化学腐蚀。新配置的化学溶液腐蚀速度虽快,但不够稳定,蚀后金属表面质量不高,一般需要经过陈化处理。

④ 蚀后处理。从腐蚀槽取出零件后,先放入冷水槽中冲洗,然后再放入20 %的稀硝酸溶液中出光,反复清洗后再用有机溶剂去除金属表面上的保护膜,然后再清洗、检验。

化铣设备和工装简单、价廉,对工人技术水平要求不高,能在大面积上高效去除材料;加工曲面和加工平面一样方便,所以化铣壁板可以先成形后铣切。化铣时不需夹紧毛料,无刀痕,无切削力,因而适于加工刚度较小的薄壁零件。像飞机机翼前缘、机身壁板、变厚度蒙皮等这类具有凹坑、台阶、网格、筋条的薄壁件,采用化铣工艺最合适。只要腐蚀槽足够大,可以容纳工件,不论曲面形状如何复杂,材料硬度多么大,都能进行化铣加工。如TY—144飞机上有1 500个铝合金零件采用此法加工,其最大铝合金整体壁板尺寸为8.5 m×2 m。图4-7所示为化铣加工的飞机零件。

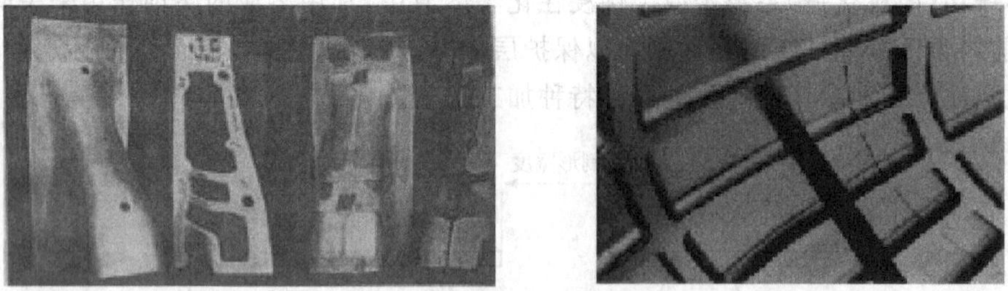

图4-7 化铣加工的飞机零件

化铣也存在一些缺点,比如,精度受原材料状态的限制,会在加工面上再现或扩大坯料表面原有的划痕、凹坑等缺陷;另外,对环境、设备和人员有危害,不利于环保。

4.2.6 整体壁板的成形

整体壁板一般均为与飞机外形有关的零件,外形准确度要求高。但由于它尺寸大、材料厚，而且在不同方向上带有各种加强筋条和凸台，所以在成形工作中存在很多困难。其成形方法主要有两类，一是传统的钣金成形方法，如滚弯、压弯（闸压）、拉形和爆炸成形等；二是新的成形技术，如喷丸成形、时效成形（热应力松弛）、增量压弯等。整体壁板成形属于钣金加工技术，具体方法参见第 3 章。

4.3　框肋类零件的加工

机身是飞机的主体部分。机身纵向结构的主要承力件是长桁，横向结构的承力件是框，框又是形成和保持机身径向外形的主要零件。典型的整体框如图 4－8 所示。

(a) JSF整体框

(b) F/A—22整体框

图 4－8　飞机整体框实例

机翼横向结构的承力件是肋，同时，肋也是形成和保持侧翼径向外形的主要零件。典型的整体翼肋如图 4－9 所示。

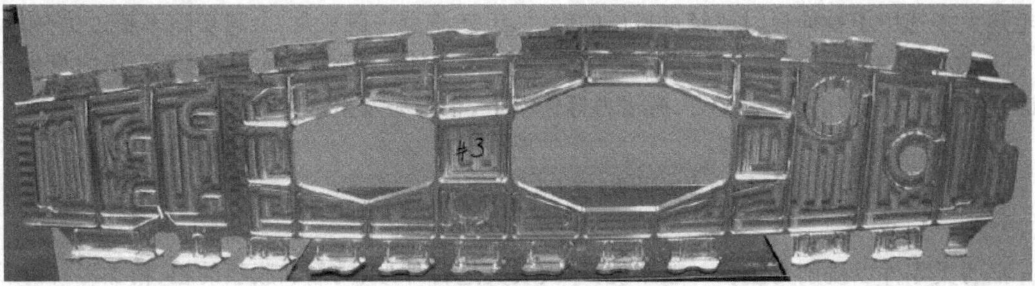

图 4－9　整体翼肋(半成品)

翼肋与框取材及加工情况很相似，因此下面将着重介绍框类零件。

4.3.1 框肋类零件的特点

框肋类零件为关键、重要的零件，其主要结构特点如下：

① 为飞机的主要受力构件，要求具有足够高的强度和刚度。框类零件构成整个机身形状，并且在中机身处连接机翼，因而为全机主要的受力构件。

② 无论组合框还是整体框，其整个外形曲面均是机身理论外形曲面的等距面，这是框类零件与飞机其他机加件显著的不同技术特点之一。

③ 零件外形复杂。该类零件外形通常涉及机身外形、风道外形以及翼身融合区外形等多处理论外形。

④ 零件尺寸通常较大（尤其与壁板类零件相比，往往厚度尺寸较大）。

⑤ 加工要求高。零件结构上的各尺寸精度等级、位置偏差、形状公差、表面粗糙度、热处理与表面处理、特种检查、零件外形制造依据、结合平面制造和检验协调依据、结合槽口制造和检验协调依据等技术要求均在设计图纸上有明确规定，均有较高的要求。

⑥ 协调性要求高。加工表面除平面、型面以外，大多数零件均带有交点孔，因此，除保证零件外形符合设计要求以外，重要的是要保证外形与交点间的相对形位准确。

框肋类零件的加工特点如下：

① 切削加工以铣削为主，其铣削加工量占全部加工量的 70 %左右。

② 加工精度高。制造精度、协调精度具有较高要求，因此要求足够高的加工精度。

③ 工序多，且加工工艺复杂。零件往往有大量槽口、凸台、交点孔，侧面有内外形精度要求，往往需要双面加工，因此工序多，工艺复杂。

④ 毛坯材料切除率高，数控加工工作量很大。零件尺寸通常较大，尤其是其厚度尺寸，于是毛坯大多选用予拉伸板材或经过挤压的锻件，毛坯质量一般较重，余料切除率超过了 94 %。

⑤ 容易发生加工变形。框肋类零件一般属于薄壁件，由于横截面厚度较大，切削量大，切削时在残余应力、切削力、装夹力、搬运力等作用下，很容易发生加工变形。

4.3.2 整体框肋的切削加工

框肋类零件以铣削为主。一般来说，一次装夹进行外形、内形和腹板的粗、精加工；翻面装夹进行内形、腹板的粗、精加工。内形以外形为基准加工，正反面以框肋平面为对称面。

框肋类零件的加工一般分为粗加工、精加工、细加工和钳工光整加工四个阶段，对于组合框还有组合加工阶段。具体如下：

① 粗加工。加工定位基准面、外形、内形、腹板面及去除缘条上的大余量。

② 精加工。加工外形、内形、腹板面、缘条上的余量及非结合面处的最后加工。

③ 细加工。加工结合平面、结合槽口及结合孔等结合部位。

④ 钳工光整加工。钳工打磨外形、内形、转角、结合部位。

⑤ 组合加工。将零件粗装，组合后加工框耳片上的螺栓结合孔（一般是扩孔）和打磨外形、内形面精装组合，扩、铰框耳片上螺栓结合孔。

框肋类零件主要表面的加工方法如下：

① 外形曲面：仿形铣削或数控铣削加工（粗铣、精铣），当前整体框肋零件已经普遍采用仿形铣削或数控铣削加工。

② 梁结合槽口：粗铣、精铣，最后磨削加工。

③ 框缘结合孔：按钻模钻孔或在数控铣床上钻孔，最后组装扩孔、铰孔。

④ 对接平面：数控铣削，再按对刀块镗铣。

⑤ 平面结合孔：按对接平板钻孔锪窝。

主要表面的加工，除了安排合理的工艺方法外，还要对所选的机床、工装、刀具、切削用量和切削液等要素加以控制。

框肋类零件的主要表面加工，包括耳片槽口（框缘耳片槽口、梁耳片槽口）、外形曲面、结合孔和结合平面等表面的精度和质量直接影响飞机性能、使用寿命和飞行安全。因而，对于其主要表面均有较高的精度要求。

在保证质量的前提下，要充分发挥现有设备的作用，挖掘已有专用设备的潜力，有效地推广应用新技术、新设备，为此，应尽量采用较经济的设备和加工方法，以满足其经济、精度的要求。

4.3.3　框肋类零件加工变形控制

框肋类零件的加工，可能造成腹板厚度超差、对接平面镗铣余量不均匀，内外形与配套卡板间局部间隙小等问题。这些问题一般是由于切削参数（切削用量等）和装夹方式等工艺方法不当、零件变形引起的。

为解决这些问题，可采用以下质量控制原则以及解决方法：

① 尽量采用统一基准，若基准无法统一，则采用转换基准。

② 分层对称加工。零件正反面采取多次分层对称加工，减少框肋轴线平面变形，保证各主要表面协调一致。

③ 留余量加工。外形曲面、耳片槽口、对接平面、交点孔均留有余量，分别进行粗、精、细加工，对接和孔还要留组合加工的加工余量。

④ 控制切削用量。工艺规程中给出一定范围的切削用量值，主要表面的最终工序应列为关键工序或重要工序，给出合理的切削用量范围，保证零件形状的准确性和物理、机械性能不变。

⑤ 采用专用装夹工装。用对合夹具保证对接平面位置的准确性，用检验夹具保证各零件各主要表面加工的协调一致性。

⑥ 装夹后检查。如装夹后检验框肋轴线，应处于同一水平面内。

⑦ 矫正后加工，超差后钳工打磨。出现形位超差等情况，要矫正后加工，局部可进行钳工打磨，以保证厚度、间隙、边距等尺寸要求。

4.4 整体梁、骨架和接头类零件的加工

4.4.1 整体梁、骨架和接头类零件的结构与特点

1. 整体梁、骨架和接头结构简介

梁类零件是飞机的重要受力构件，如图 4-10 所示。梁类零件的结构特点从截面构形看，一般可分为工字形、U 字形或工字和 U 字形的组合形及更复杂的异型等；从使用功能和工艺特点看，梁既有配合槽口、结合孔，又有协调要求较高的外形、交点孔及内形套合面等，大多数梁类零件都具有以上的复杂结构特点，给机械加工增加了难度。特别是加工变形问题更为突出。

飞机外壳上一些大型的骨架零件，如坐标风挡盖、座舱盖整体骨架等，如图 4-11 所示。以前多是分解式，由多个机加件和钣金件装配组合而成，协调关系复杂，协调精度要求高，需要大量专用工装。现在开始大量应用整体式骨架，减少了零件制造工装和工时，装配易于达到要求且缩短了装配周期。

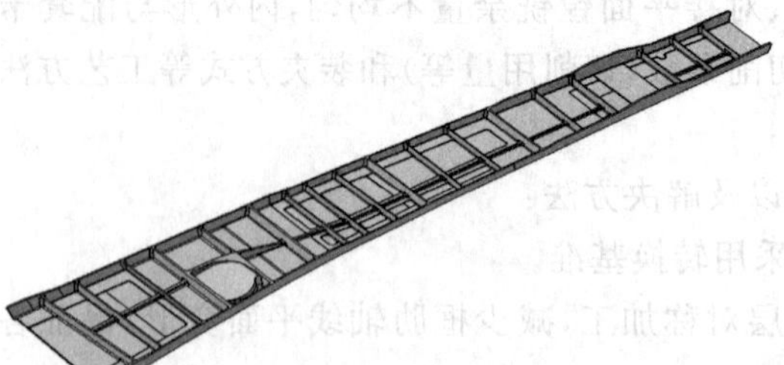

图 4-10 某型飞机整体梁

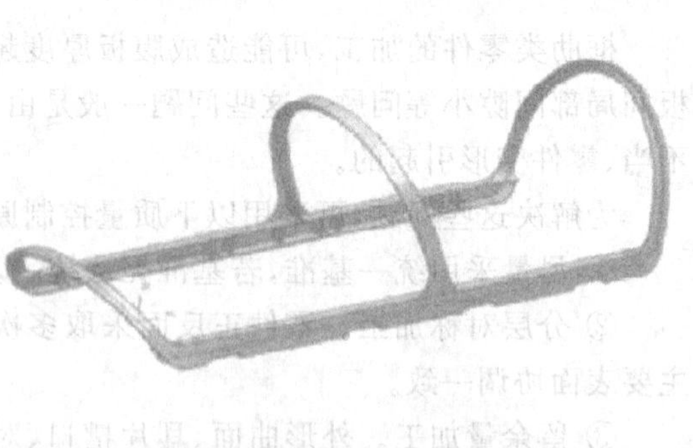

图 4-11 座舱盖整体骨架

接头类零件是飞机重要的受力构件之一和重要的协调部位，它应能安全地传递载荷并实现飞机各部位的连接。尽管随着整体结构件的广泛使用，接头数量有所减少，但仍然存在大量的接头类零件，主要用来连接各大部件内部的受力构件，或实现各大部件间的可卸连接。接头

承受的载荷大，工作环境复杂，尺寸精度、位置精度要求高。接头类零件有大量的连接孔，且这些孔精度要求高，钻、扩、铰、镗、磨等工序较多。

2. 整体梁、骨架和接头结构的特点

梁类零件的主要特点如下：

① 梁类零件是飞机的重要受力构件，要求有足够高的强度和刚度。

② 梁类零件结构比较复杂。由于飞机性能不断提高，对梁的要求也越来越高，既要减轻质量，又要提高强度和刚度，因此，梁类零件的构形都比较复杂。另外，由于零件内外形往往是变斜角直纹面，既有开角又有闭角，也会造成零件形状较为复杂，较难加工。

③ 一般来说，梁类零件尺寸不大，但截面结构复杂、长而细。

④ 零件具有双面型腔，因此都需要进行双面加工。

⑤ 其形状涉及理论外形，以及与其他梁的协调装配。

⑥ 切削加工以铣削为主，其铣削加工量占全部加工量的 60 %以上。

⑦ 加工尺寸精度不高，但协调精度要求高，如槽口、结合孔、交点孔、缘条内套合面等之间的位置精度要求高，加工这些有装配要求的表面，符合协调依据，才能保证零件装配使用要求。

⑧ 梁类零件的选材多为高强度合金钢或高强度铝合金，对缺口的敏感性强，需要采用手工或机械打磨来达到表面粗糙度要求。

⑨ 梁类零件长度尺寸较大，梁的结构比较复杂，在加工过程中极易产生变形；对铝合金梁来说，梁的矫正是加工过程中的重要内容。

整体骨架类零件的主要特点如下：

① 外形复杂，准确度要求较高，加工难度大。

整体骨架类零件是飞机结构件中最复杂的一类零件。以座舱盖整体骨架为例，往往有三个不同的理论外形面，分布于前弧框、后弧框、型材安装面及过渡区，它们都是双曲面，气密带槽是连续封闭的空间指纹面。

由于它构成机身外形的一部分，所以准确度要求较高，而零件本身往往没有理想的定位基准，因此加工难度较大。

② 零件尺寸大、刚度低，不易装夹，加工容易产生变形，且尺寸不稳定。

有些零件外廓尺寸大而截面尺寸小，致使刚度较差，在切削力作用下易产生弹性变形。而粗加工后，由于铸造内应力释放，也会产生永久变形。

③ 材料一般采用镁合金，镁合金易于切削，其切削加工性能优于铝合金。但镁合金线膨胀系数大，要求刀具刃口锋利，如钻头、铰刀刃口变钝，则加工后孔径缩小很明显；耐腐蚀性差，一般应干切削，生产过程中必须定期进行氧化处理；在潮湿的环境下极易腐蚀，切削时不得使用水溶性切削液，一般应干切削，攻丝时允许使用机油润滑；易燃烧，加工中应避免产生火花，一旦燃烧，不得使用水灭火，应使用砂箱或泡沫灭火器。

4.4.2 整体梁、骨架和接头的切削加工

1. 整体梁的切削加工

梁类零件的加工主要分为三个阶段，具体如下：

① 粗加工阶段。主要加工出定位基准面与孔，去除槽口、内外形、腹板面等大部分余量，为精加工打好基础，并为合理安排校正、热处理等工序做准备。

② 精加工阶段。主要对槽口、内外形、套合面以及其他表面进行最后加工，为细加工和最后装机协调修整做准备。

③ 细加工阶段。为保证最后装机协调要求，对重要配合协调表面进行细加工，如交点结合孔的端面和孔的镗削，主要套合表面的研合和一般表面、转接处打磨修整等，以达到最后装机要求。

交点孔的加工是梁类零件加工的重要内容，不仅要求交点孔本身尺寸精确，而且相互位置准确度也有严格要求。为保证孔本身的精度，其最后尺寸往往是在表面保护后装配时才加工达到的。传统方法交点孔的加工都是按钻模或专用镗孔夹具进行的。零件加工完毕后，零件的检验也是按检验夹具进行的。为了保证零件间的协调，尤其是交点与外形间的相互位置协调，这些夹具都是按照同一标准样件制造的，而标准样件相互之间也必须是协调的。

梁类零件的工艺流程如图 4－12 所示。

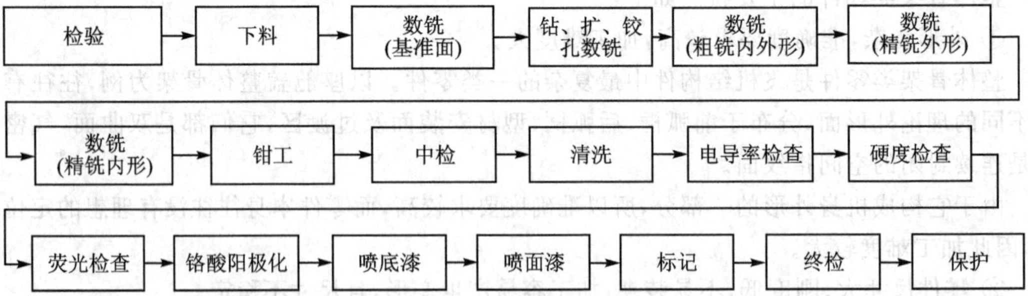

图 4－12 梁类零件的工艺流程

2. 整体骨架类零件的加工

铸镁合金 ZM－5 易切削，但零件刚性差，毛坯余量大，加工后内应力释放，会使前、后平面向外倾斜达 0.4 mm 左右（沿航向）。因此，前、后平面的加工应分为三个阶段：粗加工、精加工和细加工；其余主要表面只分为两个加工阶段：粗加工和精加工；非主要表面可一次加工到图

纸尺寸。

整体骨架主要工序的定位基准，一般是机身切割面和位于锁槽内的四个工艺孔，而定位基准的加工，必须选择适当的非加工面作为初基准来进行加工。

座舱盖整体骨架的主要加工表面是双曲面及气密带槽（具有六个空间表面），加工这些表面应选用数控机床或仿形机床。为保证加工精度，减少装夹次数，一般选用五坐标数控加工中心（或五坐标龙门数控铣床）。

零件外形表面加工。一次装夹后，加工型材外侧面、顶面、整流区、前弧、后弧及玻璃下陷表面。加工双曲面外形上任一点，X、Y、Z、A、B 都需要相应变化，故为五坐标联动。

气密带槽的加工。一次装夹后，加工前平面、后平面、机身切割面、前后过渡转角及气密带槽。所有加工面与机床转台垂直，A 角无摆动，为四坐标联动。

3. 接头类零件的切削加工

接头类零件的主要加工表面，分为固定连接部位和对接部位。固定连接部位有安装平面、理论型面、铆钉孔及螺栓孔；对接部位有叉口（或叉耳）及对接孔（装轴承、衬套、抗剪螺栓等），这些表面的尺寸精度、形状精度、位置精度和表面粗糙度的要求比较高。

安装平面是接头的安装基准，也是加工中的主要工艺基准。加工方法主要是铣削、磨削和钳工修锉。理论型面是指接头零件的一些固定表面，与飞机理论外形相协调，表面粗糙度 Ra 为 3.2～6.3。主要加工方法有车、铣、磨削三种。对接孔的加工方法主要是钻削（钻、扩、铰）、镗削（车、坐标镗、卧镗、数控加工中心）以及磨削，可以在钻床、车床、镗床、数控加工中心上完成。叉口和叉耳的加工与安装平面加工类似。

4.4.3　加工变形的控制

大多数梁类零件（如机翼主梁、前梁等），都具有截面结构复杂、长而细的特点，因此，加工过程中除保证尺寸精度和表面粗糙度以外，更主要的是保证其形位精度，才能满足装配协调性要求。

影响形位精度的因素较多，其主要影响因素是加工过程中的零件变形，而控制和减少变形量又取决于合理地确定工艺方法、正确地安排矫正工序和严格控制零件运输及保管时的摆放位置。

梁类零件加工中容易产生弯曲、扭曲变形、形位公差超过图纸规定的技术要求这类常见问题，其产生原因、解决方法和检验方法如表 4－7 所列。

表 4-7 梁类零件加工变形原因、解决方法和检验方法

变形原因	解决方法	检验方法
零件毛坯经过切削加工，应力重新分布而引起变形	视变形量安排矫正程序	平台、塞尺
切削用量选用不合理，如切削深度过大或切削速度高而引起变形	● 选用合理的切削用量； ● 降低切削深度或切削速度； ● 切削加工过程中充分冷却，选用冷却性能好的切削液； ● 刀具应锋利，刀具后刀面磨损控制在 0.2 mm 以内，切削加工过程中不允许刀具不进不退的摩擦加工； ● 切削加工过程中勤测量，有变形及时矫正	平台、塞尺、检验夹具
工序安排不合理而引起变形	● 工序应分粗、精加工； ● 采用对称反复加工； ● 加工有对称面的梁类零件，采用分层对称加工，不允许单面加工到设计尺寸后再加工另一面； ● 若变形量超过规定，则及时安排矫正	平台、塞尺、检验夹具
加工过程中搬运、起吊时，挂装位置不合理而造成变形	起吊时不能挂装两头，挂装位置要选择合适；装卸要轻放，不允许摔碰零件	—
加工工序间周转停放及保管不当造成变形	零件要平放在零件架上，不允许乱放	平台、塞尺
热处理方法不合适	采用合适的热处理方法，如对钢零件采用真空热处理	—
热处理操作不当	● 改善热处理操作方法，减少淬火时零件入水面积； ● 给精加工留有 0.5～1 mm 的余量，或按零件尺寸上偏差加工，待热处理后进行精加工或修正； ● 热处理后进行矫正	检验夹具

对整体骨架类零件来说，毛坯从铸型取出后，常有较大变形，尤其是相对于基准面的尺寸变化较大。为弥补变形，应加大加工余量，甚至在必要时，还需要为非加工面增加一定的加工余量，进行补充加工。此外，因毛坯铸造内应力较大，除去较大的加工余量后，零件会有加大变形，为此加工过程需分粗加工、精加工和细加工三个阶段进行，以消除变形影响。

思考题与习题

1. 飞机采用整体结构件有哪些好处?
2. 飞机整体结构件的主要类型有哪些?
3. 飞机整体结构件的主要工艺特点是什么?
4. 对整体结构件的材料有哪些要求?
5. 飞机整体结构件常用的金属材料有哪几类? 试举例说明,并分析其切削加工性能。
6. 试述飞机整体壁板的典型制造方案。
7. 试述化铣的原理及工艺过程。
8. 试举例说明梁类零件的典型结构和特点。
9. 框肋类零件的主要特点有哪些?
10. 整体骨架类零件的结构和加工特点主要有哪些?
11. 接头类零件的结构和加工特点主要有哪些?

第5章　飞机复合材料构件制造技术

5.1　概　述

5.1.1　复合材料的定义及分类

复合材料是由两种或多种性质不同的材料组成的具有两个或两个以上相态结构的材料。复合材料的组成分为两大部分:基体与增强材料。其中,基体为构成复合材料连续相的单一材料,增强材料为复合材料中不构成连续相的材料。

复合材料按基体材料的类型不同分为:金属基复合材料,如铝、镁、铜等;非金属基复合材料,如合成树脂、碳、石墨、橡胶、陶瓷等;聚合物基复合材料。

复合材料按增强纤维类型不同分为碳纤维复合材料、玻璃纤维复合材料、有机纤维复合材料、硼纤维复合材料和混杂纤维复合材料;按增强物外形不同分为连续纤维复合材料、纤维织物或片状材料增强的复合材料、短纤维增强复合材料和粒状填料复合材料。

此外,将可用于主承力结构和次承力结构、其刚度和强度性能相当于或超过铝合金的复合材料,称为先进复合材料(Advanced Composite Material),目前主要指有较高强度和模量的硼纤维、碳纤维和芳纶等增强的复合材料。当今,从技术成熟程度与应用范围来看,碳纤维增强复合材料,尤其是树脂基碳纤维复合材料最为突出。

一般根据增强材料与基体材料的名称命名复合材料,如碳纤维环氧树脂复合材料、玻璃纤维环氧树脂复合材料等。

复合材料的最大特点是复合后的材料特性优于组成该复合材料的各单一材料的特性。树脂基、金属基、无机非金属基这三大类复合材料都可达到或优于传统金属材料的强度与模量等力学指标。尤其是其比强度(强度与密度之比)、比模量(模量与密度之比)特性更为突出。陶瓷基复合材料具有良好的耐高温、耐老化和耐化学腐蚀等性能,树脂基复合材料的耐化学腐蚀性优于金属基复合材料。

5.1.2　复合材料的组成部分

1. 增强材料纤维

增强材料纤维是指能和聚合物复合,形成复合材料后其比强度和比模量超过现有金属的物质。在此仅对常用的碳纤维、芳纶纤维和玻璃纤维的制造做简单介绍。

(1) 碳纤维

碳纤维主要是由碳元素组成的一种特种纤维，其含碳量一般在 90 %以上。碳纤维具有一般碳素材料的特性，如耐高温、耐摩擦、导电、导热及耐腐蚀等；但与一般碳素材料不同的是，其外形有显著的各向异性，柔软，可加工成各种织物，沿纤维轴方向表现出很高的强度。碳纤维制品有布、带、粗纱、短纤维和毡等各种形式。碳纤维的织物有双向织物(平纹布和缎纹布)、布的叠层结构、扭绳或编织绳、三向织物和多向织物。使用织物可改善复合材料的特性。

碳纤维是由含碳量较高，在热处理过程中不熔融的人造化学纤维，经热稳定氧化处理、碳化处理及石墨化等工艺制成的，碳纤维的生产工艺流程如图 5-1 所示。

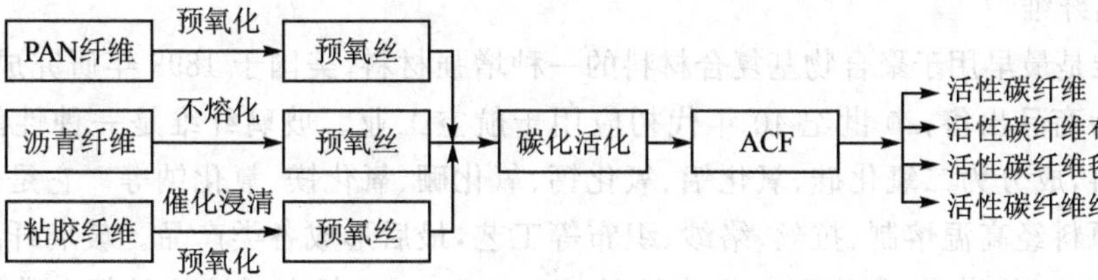

图 5-1　碳纤维的生产工艺流程

以粘胶为原丝时，粘胶纤维可直接碳化和石墨化。纤维先进行干燥，然后在氮或氩等惰性气体保护下缓慢加热到 400 ℃。达 400 ℃后，快速升温至 900～1 000 ℃，使之完全碳化，可得含碳量达 90 %的碳纤维。

若以聚丙烯腈纤维为原丝，则需先对原丝进行 180～220 ℃和约 10 h 的预氧化处理，然后再经过碳化和石墨化处理，由此制得具有优良性能的碳纤维。

(2) 芳纶纤维

芳纶学名叫芳香族聚酰胺纤维，是以含苯环的二氨基化合物与含苯环的二羧基化合物为原料制成的，属于聚酰胺纤维。芳纶所用原料不同，有多种牌号，如尼龙 6T、芳纶 1414、芳纶 14、芳纶 1313 等。其中以芳纶 1414、芳纶 1313 最为成熟，产量最大，使用最多。

芳纶 1414 的商品名叫凯芙拉(Kavlar)，所用原料是对苯二甲酰氯和对苯二胺。Kavlar 被称做高强度、高模量纤维，其强度是普通锦纶或涤纶纤维的 4 倍，为钢丝的 5 倍、铝丝的 10 倍；冲击强度可比金属高 6 倍；模量为锦纶的 20 倍，比玻璃纤维和碳纤维的模量都高；使用寿命比玻璃纤维长 3～10 倍；长期使用温度为 240 ℃，在 400 ℃以上才开始烧焦。缺点是横向强度低，压缩和剪切性能差。

Kavlar 的密度为 1.44 g/cm^3，比各种金属都要轻得多，其化学性能也很稳定，主要用于航空航天和国防军工领域，制作各种复合材料；用于空间飞行器、飞机、直升机等的内部及表面；也可用于宇宙飞船、火箭发动机外壳、导弹发射系统；还可用于制作防弹衣、防弹头盔、轮胎帘子线和抗冲击织物。

芳纶纤维的成纤工艺是液晶纺丝工艺，用于喷湿纺法纺丝。芳纶纤维和其他增强纤维一样，可以制成各种连续长纤维和粗、细纱。细纱可以纺织成各种织物，粗纱可以加工成各种粗纱布或单向带。

液晶纺丝工艺包括纺丝原液的制备和成形工艺。首先聚合物在少数强酸性溶液（浓硫酸）中溶解成适宜纺丝的浓溶液，使其具有典型的向列型液晶结构。然后，纺丝原液通过喷丝孔，在剪切力和拉伸流动下，向列型液晶微区沿纤维轴向取向，吐出喷丝孔后，由于压力松弛，使取向的大分子链产生部分解取向倾向。很快液流受到拉伸应力作用，又抑制解取向，在空气中进一步细化伸长并获得高度取向，到低温的凝固浴中冷却凝固成冻结液晶相纤维，因此初生丝无需拉伸就能得到高强度、高模量的纤维。

（3）玻璃纤维

玻璃纤维是最早用于聚合物基复合材料的一种增强材料，美国于 1893 年研究成功，1938 年工业化并作为商品出售，20 世纪 40 年代初应用于航空工业。玻璃纤维是一种性能优异的无机非金属材料，成分为二氧化硅、氧化铝、氧化钙、氧化硼、氧化镁、氧化钠等。它是以玻璃球或废旧玻璃为原料经高温熔制、拉丝、络纱、织布等工艺，最后形成各类产品。玻璃纤维单丝的直径从几微米到 20 几微米，相当于一根头发丝的 1/20～1/5，每束纤维原丝都由数百根甚至上千根单丝组成，通常作为复合材料中的增强材料。

一般人认为玻璃为质硬易碎物体，并不适于作为结构用材。但若将其抽成丝，则其强度大为增加且具有柔软性，故配合树脂赋予形状以后可成为优良的结构用材。玻璃纤维随其直径变小，其强度增高。作为增强材料，玻璃纤维的弹性伸长量大，吸收冲击能量大，加工性佳，可作成股、束、毡、织布等不同形态的产品；尺度安定性、耐热性均佳，拉伸强度高，与树脂接着性良好，价格便宜，透明，不燃，耐化学性佳和吸水性小。

玻璃纤维的拉伸强度不仅超过了各种天然纤维和合成纤维，同时也超过了一般钢材的强度。玻璃纤维的强度与直径及长度的大小有关。一般来说直径越细，拉伸强度越高；拉伸试件越长，强度越小。玻璃纤维的弹性模量，与纯铝的弹性模量接近，只有普通钢的 1/3。弹性模量低是其主要缺点。玻璃纤维受力时，其拉伸应力-应变特性基本上是一条直线，没有塑性变形阶段，属于具有脆性特征的弹性材料。它的扭转和剪切强度均较其他纤维低。

玻璃纤维外观为光滑的圆柱体，断面为圆形。由于其表面光滑，与树脂结合力小，需加偶联剂才能与树脂结合。

玻璃纤维生产用的最广泛的方法是坩埚法拉丝和池窑漏板法拉丝两种。玻璃纤维制品主要有纤维布、纤维毡和纤维带等。玻璃纤维布可分为平纹布、斜纹布、无捻粗纱布（方格布）、单向布、无纺布等。玻璃纤维毡又分为短切纤维毡、表面毡及连续纤维毡等。

2. 基体材料

复合材料是由增强材料和基体材料组成的。基体的三种主要作用是：把纤维粘在一起；分配纤维间的载荷；保护纤维不受环境影响。在复合材料的成形过程中，基体经过一系列物理的、化学的和物理化学的复杂变化过程，与增强纤维复合成具有一定形状的整体。因此，基体材料的性能直接影响复合材料的性能，而它的工艺性则直接影响复合材料的成形方法与工艺参数的选择。

聚合物基复合材料的基体材料是树脂。用做基材的树脂首先要具有较好的力学性能、介电性能、耐热性能和耐老化性能，并且要施工简便，有良好的工艺性能。树脂大致可分为热固性树脂和热塑性树脂两类。前者有环氧树脂、聚酯树脂、酚醛树脂等；后者有聚酰胺、聚砜、聚酰亚胺、聚酯等。这两类基体材料在使用方法上有很大的不同。

热固性树脂通常由环氧树脂和固化剂组成。当这两种成分混合时，即形成一种低粘度的液体，可通过自放热或加热固化。热固性树脂经固化反应，在分子链之间形成一系列交联，生成一个大的分子网络，从而构成难处理的固态物质，不能再处理或再加热。另一方面，热塑性塑料在加热时完全反应，形成不存在交联的高粘度液体。再次加热到足够高的温度，它会软化或熔化，可以多次成形。虽然对热塑性树脂的研究与开发已很多，但迄今为止热固性树脂在高性能复合材料结构中应用更为广泛。

常用的热固性树脂基体有环氧树脂、双马来酰亚胺树脂和聚酰亚胺树脂。

环氧树脂是最早用于飞机结构复合材料的树脂基体，而且至今在飞机结构用复合材料中仍占主导地位。环氧树脂基体材料品种多，不同的固化剂和促进剂可获得从室温到 180 ℃的固化温度范围，加压带宽，使用温度干态为 80～120 ℃，湿态可达 100 ℃。另外，环氧树脂与各种纤维匹配性好、耐湿热，成形工艺性优良，适合大构件整体共固化成形，预浸料储存期长达 2～6 个月。同时，它还有良好的机械加工性，易维护修理。

双马来酰亚胺树脂基体（BMI，双马树脂）是为适应新一代战斗机对复合材料树脂基体提出的使用温度达 200 ℃，且在 130～150 ℃湿热环境条件下具有较高的强度和模量保持率要求而开发研制的改性双马来酰亚胺树脂。双马来酰亚胺树脂与环氧树脂相比，主要优点为使用温度高（150～230 ℃）、耐湿热性能优越。不足之处是工艺性不如环氧树脂（BMI 预浸料的铺覆性和粘性差一些）；固化温度高（185 ℃开始固化并要求 200～230 ℃的后处理），固化时间总计长达 6 h 以上；储存期短（室温下储存期一般只有 15～21 天）；此外，使用中 BMI 复合材料构件易发生分层。

聚酰亚胺树脂是一种芳香杂环新型树脂，耐高温（可在 250～300 ℃长期使用，350 ℃短期使用），耐辐射，电性能较好；但其成形温度与成形压力高，韧性差，呈脆性，给制件成形带来困难。聚酰亚胺复合材料适合制作耐热结构材料，如飞机发动机尾喷口区域的热端零件等。

热塑性树脂基体较热固性树脂基体具有施工快、周期短、可以重复使用、储存期长、容易修补、力学性能优良、韧性好、抗冲击、耐湿热等特点。目前应用较少的主要原因是：原材料成本高，预浸料粘性和铺覆性差，成形温度高（350～450 ℃之间），成形工艺困难，生产经验缺乏。

碳纤维/聚醚醚酮（PEEK）无纺布 APC－2（ICI 公司定名）是目前国外应用较多的预浸料

品牌,用于制造舱门、隔板、直升机隔框等构件。其抗冲击性能好,冲击后留有坑痕,易检查、修理;长期使用疲劳性能好,层间分层和裂纹也比热固性材料少很多。

5.1.3 复合材料的特性

(1) 比强度和比模量高

材料的强度除以密度称为比强度;材料的刚度除以密度称为比刚度。这两个参量是衡量材料承载能力的重要指标。比强度和比刚度较高说明材料质量轻,而强度和刚度大。玻璃钢的比强度可达钢材的 4 倍;碳纤维增强环氧树脂复合材料的比强度可达钛的 4.9 倍,比模量可达铝的 5.7 倍多。这是结构设计,特别是航空航天结构设计对材料的重要要求。现代飞机、导弹和卫星等机体结构正逐渐扩大使用纤维增强复合材料的比例。如 A340 飞机的尾翼、起落架、舱门、机翼与机舱过渡段外缘、驾驶舱窗框等均为树脂基复合材料,占整架飞机结构件质量的 15 %。

(2) 抗疲劳性能好

疲劳破坏是材料在交变载荷作用下,由于微观裂纹的形成和扩展而造成的低应力破坏。金属材料的疲劳破坏是由里向外突然发展的,往往事先无征兆;复合材料的疲劳断裂是从基体开始,逐渐扩展到纤维和基体的界面上,没有突发性的变化。因此,复合材料在破坏前有预兆,可以检查和补救。纤维复合材料还具有较好的抗声振疲劳性能。用复合材料制成的直升机旋翼,其疲劳寿命比用金属的长数倍。一般金属的疲劳强度为抗拉强度的 40 %～50 %,而某些复合材料可高达 70 %～80 %。

(3) 减振性能良好

纤维复合材料的纤维和基体界面的阻尼较大,因此具有较好的减振性能。用同形状和同大小的两种梁分别做振动试验,碳纤维复合材料梁的振动衰减时间(2.5 s)比轻金属梁的振动衰减时间(9 s)要短得多。

(4) 过载安全性好

在纤维增强复合材料的基体中有成千上万根独立的纤维。当用这种材料制成的构件超载,并有少量纤维断裂时,载荷会迅速重新分配并传递到未破坏的纤维上,因此整个构件不至于在短时间内丧失承载能力。

(5) 耐热性能好

在高温下,用碳或硼纤维增强的金属,其强度和刚度都比原金属的强度和刚度高很多。普通铝合金在 400 ℃时,弹性模量大幅度下降,强度也下降;而在同一温度下,用碳纤维或硼纤维增强的铝合金的强度和弹性模量基本不变。复合材料的热导率一般都小,因而它的瞬时耐超高温性能比较好。

(6) 各向异性及性能可设计性

各向异性是复合材料的一个突出特点，与之相关的是性能的可设计性。复合材料的力学、物理性能除了由纤维、树脂的种类及体积含量而定外，还与纤维的排列方向、铺层顺序和层数密切相关。因此，可以根据工程结构的载荷分布及使用条件的不同，选取相应的材料及铺层设计来满足既定的要求。复合材料的这一特点可以实现构件的优化设计，做到安全可靠、经济合理。

(7) 工艺性好

纤维增强复合材料一般适合于整体成形，因而减少了零部件的数目，从而可减少设计计算工作量并有利于提高计算的准确性。另外，制作纤维增强复合材料部件的步骤是把纤维和基体粘结在一起，先用模具成形，而后加温固化，在制作过程中基体由流体变为固体，不易在材料中造成微小裂纹，而且固化后残余应力很小。

5.1.4　复合材料在飞机上的应用

复合材料飞机结构技术是以实现高结构效率和改善飞机气动弹性与隐身等综合性能为目标的高新技术。先进复合材料的应用，对飞机结构轻质化、小型化和高性能化起着至关重要的作用。复合材料的结构特点和应用效果在诸多方面得到了展现，如高性能战斗机实现隐身、超声速巡航、过失速飞行控制；前掠翼飞机先进气动布局的实际应用，以"飞翼"著称的 B—2 巨型轰炸机的隐身飞行，舰载攻击/战斗机耐腐蚀性改善和轻质化，直升机长寿命和轻质与隐身化，以及全复合材料飞机创下了不着陆环球飞行的世界纪录等。复合材料技术现已成为影响飞机发展的关键技术之一。

高性能飞行器要求结构质量轻，从而可以降低燃料消耗，延长留空时间，飞得更高更快或具有更好的机动性；也可以安装更多的设备，提高飞行器的综合性能。减轻结构的质量可大大降低飞机的使用成本，取得明显的经济效益。西方国家在很短的时间内就实现了从非受力件和次受力件到主受力件应用的过渡，无论是用量还是技术覆盖面都有了很大的发展。

复合材料是轻质高性能材料，但是，复合材料构件由原材料、制造、检测、维护和修理等构成的全寿命周期费用十分昂贵。因此，复合材料结构首先应用于航空航天飞行器、高速列车、赛车、赛艇等高成本投入、高性能要求的结构上。

迄今为止，飞机上采用复合材料结构的主要目的是减轻机体结构质量和改善气动弹性及隐身性能等，因其突出的效益，有时宁可牺牲结构制造成本和某些技术保障性(如检测性、修复性等)也要采用复合材料结构。复合材料在飞机结构上的应用随着技术发展而不断扩大。

军用飞机是高新技术的综合实验场，复合材料结构的应用代表了飞机复合材料结构技术发展水平的现状。JAS39、Rafale、EF2000 和 F/A—18E/F，F—22 等先进高性能战斗机上复合材料结构质量已占结构总质量的 23 %～30 %，机体结构表面积约 80 %为复合材料。前掠翼技术验证机，美国 X—29、俄罗斯 S—37“金雕”和苏—47，充分体现了复合材料结构特有的气动弹性剪裁特性，使采用均质各向同性金属材料难以实现的前掠翼气动布局方案得以实现。

当前复合材料也已经用于民用飞机的各个部分，波音和空中客车公司在多型号飞机上广泛应用复合材料结构，标志着飞机复合材料结构技术发展的成熟程度。

B777 飞机上复合材料用量占结构总质量近 10 %，约 9 t，占飞机表面积约 35 %。在 A380 客机上仅碳纤维复合材料的用量就已达 32 t 左右，占结构总质量的 15 %，再加上其他种类的复合材料，估计其总用量可达结构总质量的 25 %左右。B787 飞机为大幅度减轻结构质量，提高燃油效率，大量采用了复合材料，复合材料占全机结构质量的 50 %以上。其飞机结构中的机翼、机身、垂尾、平尾、地板梁及部分舱门、整流罩等均为复合材料制成，是世界上第一个采用复合材料机翼和机身的大型商用客机。B787 的材料分布如图 5-2 所示。

图 5-2 B787 材料分布

复合材料用于 A380 的机翼，包括中央翼盒和部分外翼。该翼盒的质量为 8.8 t，用复合材料 5.3 t，较金属翼盒可减轻 1.5 t。A380 机是第一个将复合材料用于中央翼盒的大型民机。而在其垂直尾翼和水平尾翼上，采用碳纤维增强复合材料的硬壳式结构，其水平尾翼大小相当于 A310 的机翼，垂尾则相当于 A320 的机翼。尾翼和中央翼盒均拟采用先进的自动铺带(ATL)技术制造。在其地板梁和后承压框，采用碳纤维复合材料，应用更为先进的自动纤维铺放(AFP)技术和树脂膜熔化(RFI)成形技术制造。固定机翼前缘和机身上的某些次加强件采用热塑性复合材料制造。各种翼身整流罩、襟翼滑轨整流罩、操纵面和起落架舱门等处，采用复合材料夹层面板结构制造。

在 A380 飞机的上机身蒙皮上应用了大约 500 m^2 的 GLARE 材料，其结构如图 5-3 所示。GLARE 材料的优点有：局部增强，并且厚度变化一次固化实现；断裂机械性能好，能够显著提高抗裂纹增长能力；抗腐蚀及防火能力强。但同厚度下与铝合金 2024 相比，刚性小 15 %，在稳定性和抗弯能力要求高的结构零件中不选用。

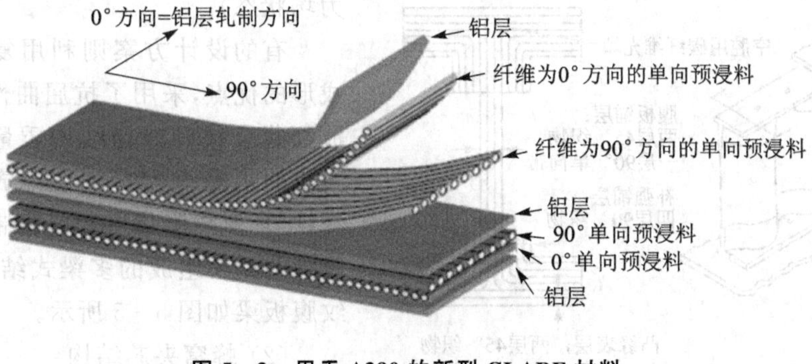

图 5-3　用于 A380 的新型 GLARE 材料

5.1.5　飞机复合材料的结构及工艺特点

1. 飞机复合材料的结构

飞机部件的结构形式不是孤立确定的，而要受到全机的总体布置、工艺方案和生产成本等的制约。对于复合材料还必须考虑采用怎样的结构形式才能更有效地发挥其减重潜力。下面从受力角度探讨复合材料结构的一些较合理的形式。

(1) 多梁(墙)式结构

对于金属薄翼结构来讲，多梁厚蒙皮结构因其能提供较高的形心位置和较大的扭转刚度，已在多种高速歼击机上得到了应用。对于复合材料翼面结构而言，多梁式结构更有其明显的优点。因为多梁结构中每根梁的缘条轴力和腹板剪力均较小，而对接区的连接点又较多，从而使连接部位的载荷传递问题易于解决。从制造工艺上，多梁结构还可以这样设计，即将其一边的梁缘条和腹板与一侧蒙皮共固化成形，而另一边的梁缘条与另一侧蒙皮共固化成形。这样可使缘条和腹板的机械连接安排在结构内部，不仅减少了紧固件的数量，而且还能提高翼面的表面质量；同时，也减轻了对受力蒙皮的开孔削弱。这种结构的示意图如图 5-4 所示。

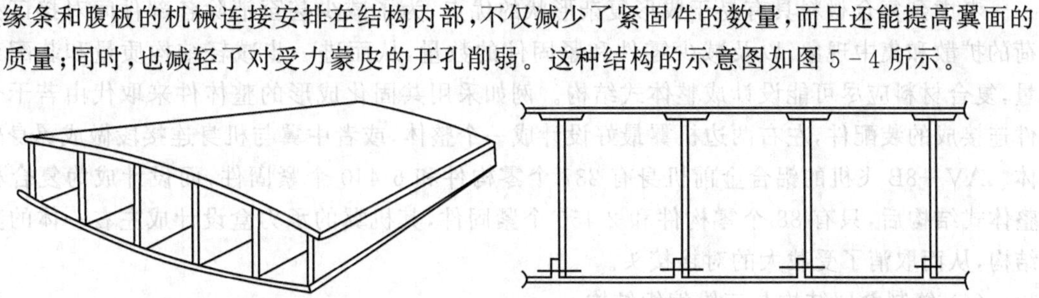

图 5-4　多梁(墙)结构示意图

另外，由于多梁结构中梁腹板受到的剪力值较小，有可能采用过屈曲的薄腹板(处于半张

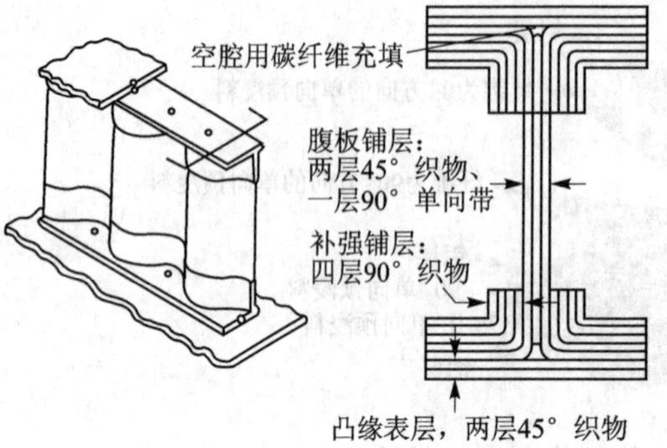

图 5-5　正弦波纹腹板梁结构

力场状态)。

有的设计方案则利用复合材料易于成形的优点，采用了抗屈曲性能好的正弦波纹薄腹板以减轻结构质量。例如 V8B 飞机的机翼承力盒就设计成由整块的碳纤维/环氧树脂蒙皮和 8 根带有正弦波纹腹板的梁所组成的多梁式结构，其正弦波纹腹板梁如图 5-5 所示。

(2) 蜂窝夹芯结构

对于超声速战斗机的机翼和尾翼这类薄翼型或楔形结构，采用全高度夹芯结构是比较合适的。由于碳纤维/环氧树脂面板和全高度蜂窝夹芯胶接结构所具有的刚度特性和减重效果，这种结构在操纵面设计中已获得了广泛的应用。对于机体中的某些局部结构采用一般的蜂窝夹芯板也已成为一种常规设计，如图 5-6 所示。

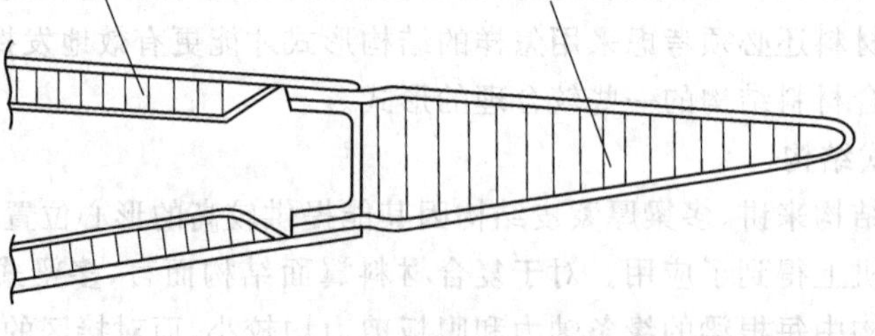

图 5-6　复合材料蜂窝夹芯结构

(3) 整体结构

考虑到复合材料具有易于成形复杂形状的优点，为了减少甚至消除各部件间对接区处载荷的扩散和集中现象，以及减少零件和紧固件的数量，从而进一步减轻结构质量和装配工作量，复合材料应尽可能设计成整体式结构。例如采用共固化成形的整体件来取代由若干个零件连接成的装配件，左右两边机翼最好设计成一个整体，或者中翼与机身连接段做成翼身融合体。AV—8B 飞机的铝合金前机身有 237 个零构件和 6 440 个紧固件，而设计成为复合材料整体式结构后，只有 88 个零构件和 2 450 个紧固件，其机翼的承力盒设计成左右一体的整体结构，从而取消了受载大的对接接头。

(4) 缝制叠层结构与三维编织结构

复合材料叠层板实际上存在着层间应力，而其层间强度恰恰又是相当低的，因此层间应力可能成为引起结构损伤甚至破坏的主要因素。例如在结构的自由边界存在着层间应力集中的现象，有可能引起自由边的散层。为防止散层，可采用对自由边进行包缝的措施。后来又出现了一种复合材料缝制叠层结构（见图 5－7），并研制了相应的工艺设备。

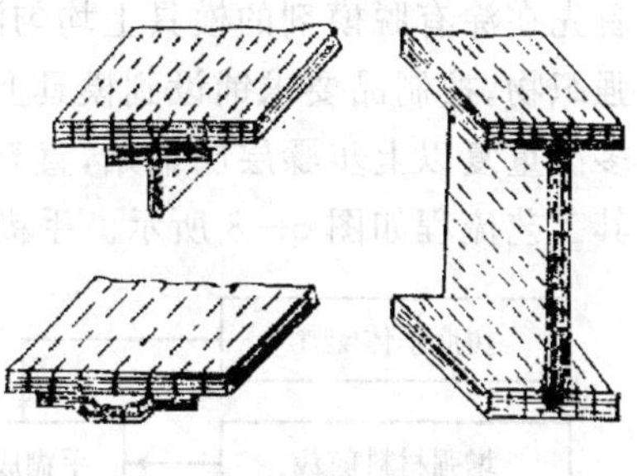

图 5－7　复合材料缝制叠层结构示例

三维编织结构中由于存在 Z 向纤维，因此对提高叠层的层间强度、局部稳定性和抗损伤扩展能力是有利的，从而可进一步减轻结构质量，提高结构完整性。

归纳起来，复合材料结构的形式主要反映出复合材料以纤维为承载与传力主体和固化成形工艺制造等特点；同时，借鉴、采纳了适用的金属结构形式。

2. 飞机复合材料结构制造工艺的特点

金属飞机结构一般由蒙皮、桁条、肋、框、梁、墙等零组件，用大量紧固件机械连接装配而成。金属材料零组件，通常采用机械加工、压延、锻、铸等工艺方法制造，这是由金属材料可切削性、可锻性、可延展性和可熔性等固有特性所决定的。

复合材料结构一般采用模具热压固化成形，要求制造工艺技术精确控制实现结构设计所确定的纤维方向，并且切断纤维的机械加工应尽量减少。目前，通常采用浸渍基体树脂的增强纤维预浸料逐层铺贴在模具上，再经热压工艺，使基体树脂在模具内进行化学反应，结构件成形与材料形成同时完成。共固化、二次胶接、预成形件/RTM（或 RPl）树脂转移成形（或树脂膜熔化成形）等工艺技术，可整体成形复合材料大型构件，从而可以明显减少机械加工和装配工作量，大幅度降低装配费用，还可改善构件使用性能。

复合材料结构件热压固化成形工艺方法，要求结构设计与结构制造工艺两者更加密切配合协调，以控制复合材料结构的热应力和热变形。结构成形与材料形成同时完成的特点，要求对成形工艺过程严格监控，并建立配套的缺陷/损伤检测方法和质量控制标准。

5.2　复合材料构件制造方法

5.2.1　手糊成形

手糊成形工艺所需原材料包括纤维及其织物（如玻璃纤维毡、粗纱织物、玻璃纤维织物、玻璃纤维粗纱等）、合成树脂（不饱和聚酯树脂、环氧树脂、胶衣树脂等）和辅助材料（催化剂、颜料、脱模剂、填料、夹芯材料及其他添加剂等）。

首先在涂有脱模剂的模具上均匀涂上一层树脂混合液，再将剪裁成一定形状和尺寸的纤维增强织物，按制品要求铺设到模具上，用刮刀、毛刷或压辊使其平整并均匀浸透树脂，排除气泡。多次重复以上步骤层层铺贴，直至达到所需层数，然后固化成形，脱模修整获得坯件或制品。其工艺流程如图 5-8 所示。手糊成形示意图如图 5-9 所示。

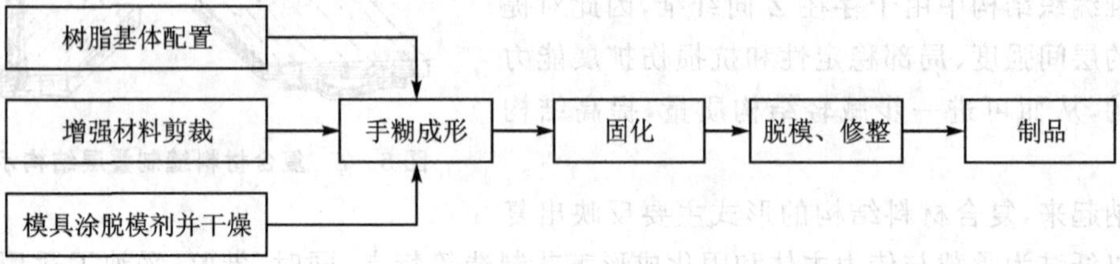

图 5-8　手糊成形工艺流程

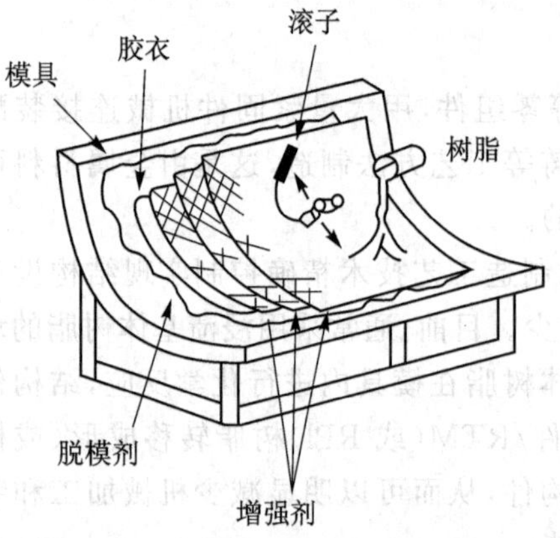

图 5-9　手糊成形示意图

手糊成形最重要的工作是原材料准备和模具准备。

在开始手糊成形之前，必须准备好所用的原材料、增强材料和树脂胶液，这是保证成形工作顺利进行的基础。

① 纤维织物的准备。纤维布一般需预先剪裁，简单形状可按尺寸大小剪裁，复杂形状则可利用厚纸板或明胶片做成样板，然后按照样板剪裁。剪裁时应注意：对于要求各向同性的制品，应注意将玻璃布按经纬方向纵横交替铺放；而对于在某一方向要求较高强度的制品，则应在此方向上采用单向布增强。对于一些形状复杂的制品，当玻璃布的微小变形不能满足要求时，必须将玻璃布在适当部位剪开，此时应注意尽量少开刀，并把剪开部位在层间错开。

② 树脂胶液的配制。对不饱和聚酯胶液的配制，可先将引发剂和树脂混合搅匀，然后在操作前再加入促进剂搅拌均匀后使用；也可先将促进剂和树脂混合均匀，操作前再加入引发剂搅拌均匀后使用。而对环氧树脂胶液的配制，可先将稀释剂及其他助剂加入环氧树脂中，搅拌均匀备用；使用前加入固化剂，搅拌均匀使用。环氧胶液的粘度、凝胶时间和固化度对制品的质量影响很大。

模具是手糊成形中的主要设备。模具必须要符合制品设计的精度要求以及有足够的刚度和强度，要容易脱模，造价要低。

与其他成形工艺相比，手糊成形的优点有：操作简便，操作者容易培训；设备投资少，生产费用低；能生产大型的和复杂的制品；制品的可设计性好，且容易改变设计；模具材料来源广；

可以做成结层结构。

手糊成形的缺点包括:属劳动密集型成形方法,生产效率低;制品质量与操作者的技术水平有关;生产周期长;产品强度较其他方法低。

手糊成形作为一种传统的复合材料构件制造技术,目前仍在飞机制造中发挥作用,可生产飞机蒙皮、机翼、火箭外壳、防热底板等大中型零件。

5.2.2 袋压成形

袋压成形是在手糊成形的制品上,装上橡胶袋或聚乙烯、聚乙烯醇袋,将气体压力施加到未固化的毛坯表面而使制品成形的方法。袋压法的优点是:制品两面都较平滑;能适应聚酯、环氧及酚醛树脂;制品质量高,成形周期短。缺点是成本较高,不适用于大尺寸制品。

适合袋压法生产的制品有:① 原型零件;② 产量不大的制品;③ 模压法不能生产的较复杂的制品;④ 需要两面光滑的中小型制品。

袋压法又分为真空袋压法和压力袋压法两种。

真空袋压法(见图 5-10)是在手糊毛坯上铺覆柔性材料(橡胶、塑料膜),使柔性材料和模具之间形成一个密闭空间,然后抽真空,制品毛坯表面由于大气压力而变得致密。

压力袋压法(见图 5-11)是将制品毛坯连同模具装入橡胶袋内,除对橡胶模抽真空外,同时对此密闭室内通入压缩空气或蒸气(压力在 0.35 MPa 以上),经过袋压后的制品空隙率可进一步降低。为了得到致密性更高的制品,可将装在真空袋内的制品毛坯和模具在专用设备热压罐中进行加温、加压固化。由于制品在较高温度、较大压力和抽真空状态下成形,所以制品质量大为改善。

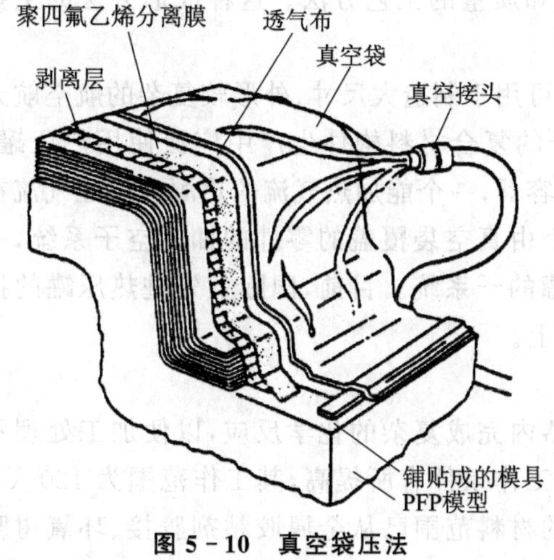

图 5-10　真空袋压法

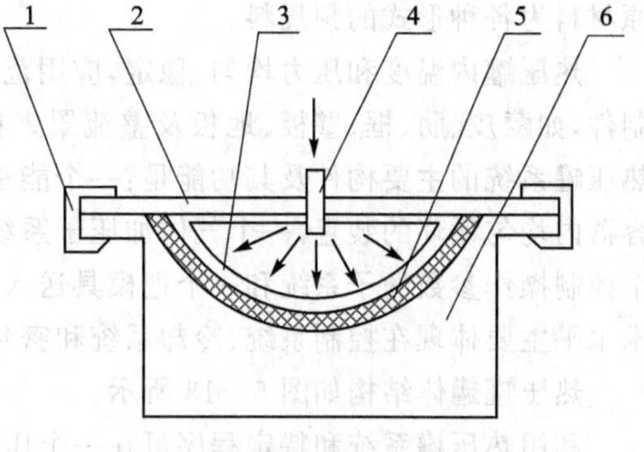

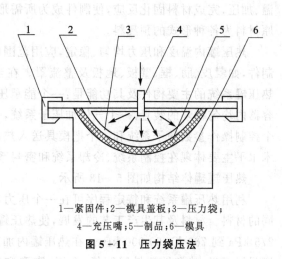

1—紧固件;2—模具盖板;3—压力袋;
4—充压嘴;5—制品;6—模具

图 5-11　压力袋压法

袋压成形工艺流程如图 5-12 所示。

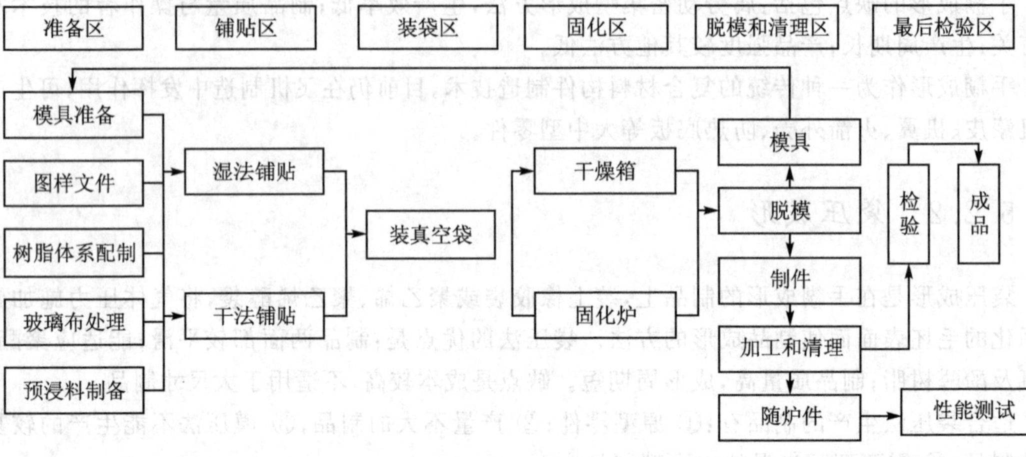

图 5-12 袋压成形工艺流程

袋压成形法制造纤维增强塑料制品在航空工业中应用十分广泛，我国绝大部分制件都是采用这种方法制造的，如雷达天线整流罩、腹鳍导流片、各类天线口盖、整流包皮、各种调整片、机载雷达天线等。

5.2.3 热压罐成形

热压罐成形的基本原理是将密封在真空袋中的纤维增强塑料坯件放入热压罐中，经过加温、加压，完成材料固化反应，使制件成为所需形状和质量的工艺方法。这种成形方法的主要原材料为各种形式的预浸料。

热压罐内温度和压力均匀、稳定，应用范围广，可用于制造大尺寸、外形较复杂的航空航天制件，如蒙皮、肋、框、壁板、地板及整流罩。在当今的复合材料构件生产中广泛使用热压罐。热压罐系统的主要构件及其功能是：一个能承压的容器，一个能加热气流的热源和保证气流在容器内均匀循环的装置，一个气体加压子系统，一个由真空袋覆盖的零件的抽真空子系统，一个控制操作参数的子系统和一个把模具送入热压罐的子系统。目前，国际上先进热压罐的技术水平主要体现在控制系统、冷却系统和密封系统上。

热压罐罐体结构如图 5-13 所示。

利用热压罐系统和特定程序可在一个压力容器内完成复杂的化学反应，以便加工处理不同的材料。材料及其生产工艺的发展，使热压罐的工作条件有所提高，其工作范围为 120 ℃、275 kPa 到 760 ℃、69 000 kPa。在热压罐内加工的材料范围已从金属胶粘剂胶接、环氧树脂增强层压板、热塑性塑料层压板、金属、陶瓷和碳基材料发展到许多其他的航空航天和电子

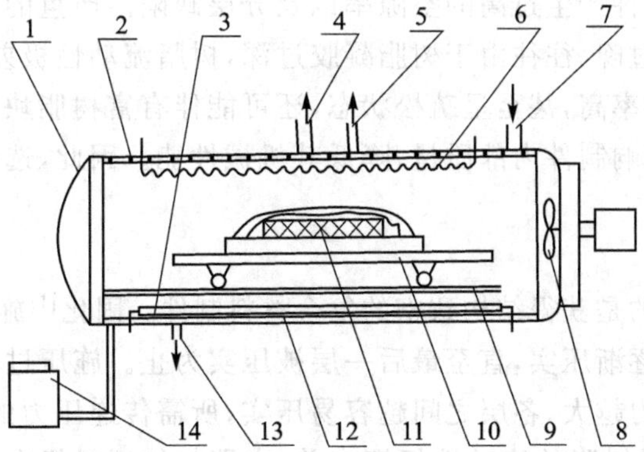

1—罐门；2—绝热层；3—冷却管；4—排气阀；5—限压阀；6—加热管；7—充气阀；8—风扇；
9—导轨；10—罐车；11—制件；12—罐体；13—真空阀；14—控制台

图 5－13　热压罐罐体结构示意图

元件。

坯件(叠层块)送入热压罐进行固化，要求固化后的制件空隙率低、变形量小，具有规定的纤维体积含量及合适的固化度。当树脂及真空吸胶系统确定之后，合理的固化规范是实现以上目标的保证。

下面介绍固化规范。

固化规范是指固化过程中施加温度、真空、压力的大小及其与时间坐标的关系，它主要取决于树脂的特性温度、制件尺寸、模具形式、设备能力等。

(1) 升温速率

树脂系统在反应过程中，升温速率太快，将引起激烈反应，出现过热以至烧焦的情况。此外，为了保证制件达到均匀固化的目的，应尽量减小叠层块各部分的温差，因此升温速率也不宜太快，热压罐法叠层块的升温速率一般为 0.5～3.5 ℃/min；对于以三氟化硼单乙胺为固化剂的环氧 648，树脂体系的升温速率大多数采用 1～2 ℃/min。由于树脂的凝胶时间与受热历史有关，因此一旦固化规范确定之后，对于同一产品的升温速率应保持不变。

(2) 恒温阶段

固化过程中，为缩小模具和叠层块之间的温差，并使叠层块各部分温度均匀化，除采用合适的升温速率外，还可采用 80 ℃下的恒温阶段。对于未经预处理的叠层块，此恒温阶段还可使溶剂和多余的树脂从叠层块中缓慢地溢出，恒温时间一般采用 30 min，在固化过程中可根据升温速率的变化进行适当调整。

(3) 加压时机

叠层块固化中施加压力的时机将直接影响复合材料制件内部的质量，对叠层块过早地施加固化压力，将导致叠层块的树脂流失过多而造成贫胶。此外还由于加压过早，叠层块内的挥发物未能彻底排除，使制件产生过高的空隙率以及分层缺陷。严重的贫胶也是产生高空隙率的原因之一。施加压力过晚，往往由于树脂凝胶过深，树脂流动性极差，所施加的压力无法压实叠层块，制件内部空隙率高，甚至呈疏松状态，还可能伴有富树脂块等内部缺陷。无论加压过早还是过晚，都严重影响制件内部质量，降低其机械性能。因此，选择合适的加压时机十分重要。

(4) 固化压力

施加固化压力的目的是获得结构致密的复合材料制件。固化中施压的过程是压力将叠层块从上至下一层一层地逐渐压实，直至最后一层被压实为止。施压过程是一个压力在叠层块内传递的时间过程。压力越大，各层之间越容易压实，所需传递压力的时间越短。因此，所需压实压力的大小，与当时树脂的流动性好坏有关，亦即与加压时机有关；此外，还与制件厚度有关。

(5) 固化温度

固化温度的选择主要根据树脂固化反应特性温度及所需反应的时间长短而定；此外，还应考虑辅助材料的使用温度、设备允许工作的温度、叠层块可能产生的热应力的大小及制件可能变形的程度。

以三氟化硼单乙胺为固化剂的环氧 648 树脂体系，固化反应放热峰起始温度为 110～120 ℃，峰顶温度为 110～185 ℃，峰末温度为 210～230 ℃。考虑以上各项因素，固化温度一般选择在 175 ℃，保温时间为 2 h。

(6) 真　空

固化过程中，对叠层块抽真空有利于使多余的树脂逐渐地迁移到吸胶材料中去，有利于挥发成分较快地排除。此外，真空袋还起到密封叠层块的作用，当热压罐充压时，还为叠层块传递压力。因此，真空袋在固化过程中不许出现泄漏。

固化过程中，抽真空的时间长短及真空度的大小与树脂的流动性有关。对于以三氟化硼单乙胺为固化剂的环氧 648 树脂体系，在整个固化过程中均可抽真空，真空度一般不小于 700 mmHg。也有为减少树脂流失，在加固化压力前，中断真空，加压后再恢复抽真空。还有在加压后停止抽真空，将真空袋与大气接通，以减少设备的损耗；同时，若真空袋渗漏，还可降低气体穿透薄膜的流速，避免可能由此引起的罐内失火。

除以上各项工艺参数外，固化的降温速率、卸压温度都需严格控制，以减小内应力及其变形。

为了进一步深入研究固化工艺，目前已开展固化模型的研究。所谓固化模型是对固化过程的一种模拟，把固化过程中的热-化学与物理变化联系起来。建立“热-化学”模型，“流动”模型、“空隙”模型及“应力”模型；提供瞬时局部温度、固化程度、粘度、垂直于纤维方向的树脂流动情况，固化时孔隙的变化及固化后各层应力的分布，以此作为选择合适的固化工艺及控制复合材料固化过程的依据。图 5-14 是以 648 树脂为基体的复合材料典型固化曲线。

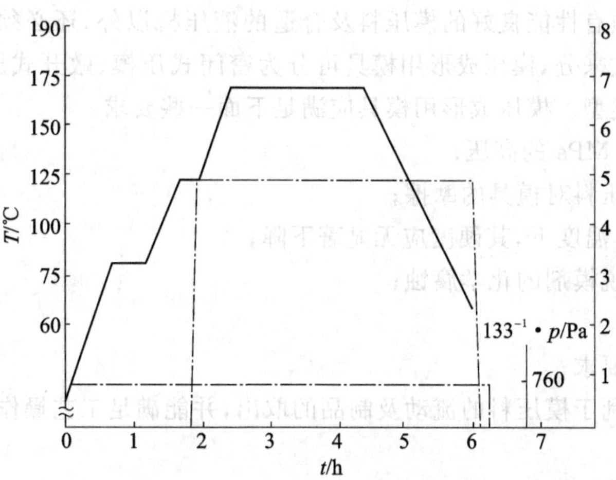

图 5-14　典型固化曲线

5.2.4　模压成形

模压成形工艺是指模压料在金属对模中，在一定的温度和压力的作用下，制成异形制品的工艺过程。具体工艺过程是将模压料直接加入高温的压模型腔和加料室，然后以一定的速度将模具闭合，模压料在热和压力的作用下熔融流动，并很快充满整个型腔，树脂与固化剂作用发生交联反应，生成不熔不溶的体型化合物，固化成形为一定形状的制品，如图 5-15所示。当制品完全定型并具有最佳性能时，即开启模具取出制品。模压成形工艺是碳纤维复合材料制品最常用的成形方法之一，目前仍在广泛使用。这种工艺比其他成形工艺有较高的生产效率，适于大批量生产。制品尺寸精确，表面光洁，可以有两个精制表面，价格低廉，容易实现机械化和自动化。多数结构复杂的制品可一次成形，无需有损于制品性能的辅助加工（如车、铣、刨、磨、钻等），制品外观及尺寸的重复性好。这种工艺的主要缺点是压模的设计与制造较复杂，初次投资较大，制品尺寸受设备限制，一般只适于制备中、小型复合材料制品。由于以不饱和聚酯为粘结剂的片状模塑料和料团模塑料的出现，以及冷模压和树脂压力注射模压这些低温、低压模压成形工艺的出现，使得有可能采用模压工艺来制造大型的复合材料制品。

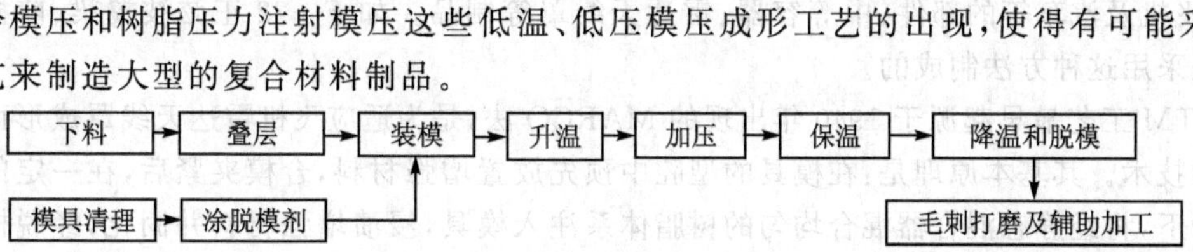

图 5-15　模压成形工艺流程

模压成形除了必须有性能良好的模压料及合适的液压机以外,还必须有良好的模具。按压模上下模的闭合形式来分,模压成形用模具可分为密闭式压模、敞开式压模、半密闭式压模和半密闭逆式压模等类型。模压成形用模具应满足下面一些要求:

- 能承受 20～80 MPa 的高压;
- 能耐成形时模压料对模具的摩擦;
- 在 175～200 ℃温度下,其硬度应无显著下降;
- 能耐模压料及脱模剂的化学腐蚀;
- 表面光滑;
- 尺寸符合制品要求;
- 在结构上要有利于模压料的流动及制品的取出,并能满足工艺操作上的要求。

5.2.5 液体成形

复合材料液体成形工艺(Liquid Composite Molding,LCM)是指将液态聚合物注入铺有纤维预成形体的闭合模腔中,或将预先放入模腔中的树脂膜加热熔化,使液态聚合物在流动充模的同时完成对纤维的浸润并固化成形为制品的复合材料制备技术。最常见的 LCM 工艺包括树脂转移成形法(Resin Transfer Molding,RTM)、真空辅助树脂转移成形法(Vacuum Assisted Resin Transfer Molding,VARTM)、结构反应注射成形法(Structure Reaction Injection Molding,SRIM)、Seemann 成形工艺(Seemann Composites Resin Injection Molding Process,SCRIMP)和树脂膜熔浸法(Resin Film Infusion,RFI)等。液体成形工艺所采用的模具周边密封和紧固,具有注射和排气系统,以保证树脂流动顺畅并排除模腔中的全部气体和彻底浸润纤维,并且模具具有加热系统,可进行加热固化而成形复合材料。

与其他复合材料成形工艺相比,LCM 工艺可生产的制品范围更广,可一步浸润成形带有夹芯、加筋或预埋件的大型制品,可按结构要求定向铺放纤维,制品性能好,成本低;与传统模压成形和金属成形工艺相比,LCM 的模具质量轻,成本低,投资小;可不采用预浸料,并在很大程度上不采用热压罐;此外,闭模成形的 LCM 工艺可满足日趋严格的苯乙烯挥发控制法规的要求。因此,LCM 成形工艺成为先进复合材料低成本制备技术的重要发展方向,可以成形大型板、飞机及汽车等的部件、中等容器、雷达天线罩等制品。如 F—22 正弦波翼梁、前机身隔框就是采用这种方法制成的。

RTM 工艺最早起源于 1940 年出现的 MARCO 法,是为适应飞机雷达天线罩成形而发展起来的技术。其基本原理是:在模具的型腔中预先放置增强材料,合模夹紧后,在一定的温度和压力下,将经静态混合器混合均匀的树脂体系注入模具,浸渍增强材料并固化,经脱模后加工得到复合材料制品。其工艺原理图如图 5-16 所示。

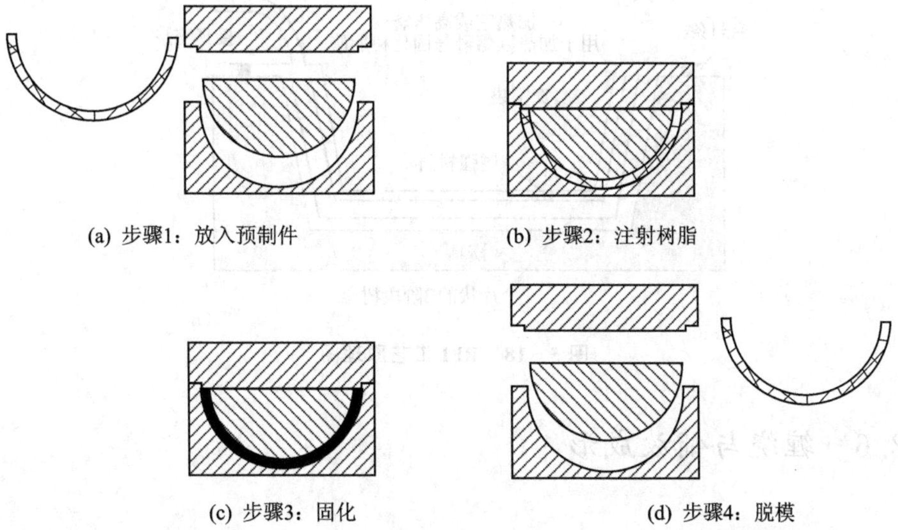

图 5－16　RTM 工艺原理图

为了改善 RTM 注射时模腔内树脂的流动性、浸润性，更好地排尽气泡，出现了一种使用敞开式模具，在注射树脂的同时于排出口抽真空的闭模工艺——VARTM 工艺。它包括在型腔内抽真空后再用注射机注入树脂，或者仅靠型腔内真空形成的内外压力差注入树脂两种方法。VARTM 工艺原理如图 5－17 所示。

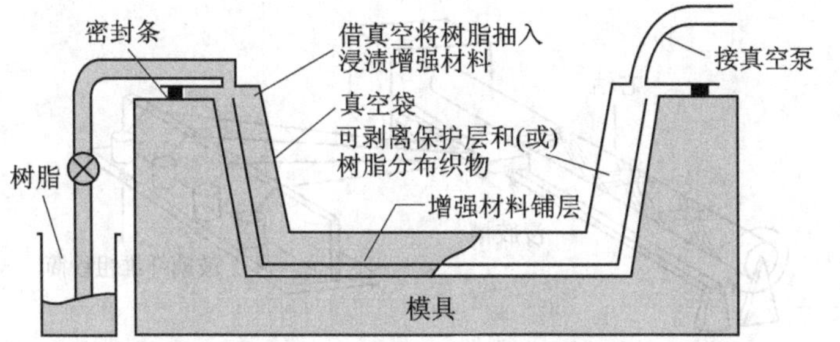

图 5－17　VARTM 工艺原理图

RFI 是美国波音公司的专利，最初是为了成形飞机结构件而发展起来的。RFI 工艺首先将预先制备好的树脂膜或树脂块安放在模具底部，再覆以纤维预成形体并用真空袋封装，在烘箱或热压条件下加热模具并通过真空技术将树脂由下向上抽吸，达到一定温度后，树脂膜熔融为粘度很低的液体并沿厚度方向浸润预成形体，完成树脂的转移；继续升温后树脂固化，最终获得复合材料制品。RFI 工艺原理如图 5－18 所示。

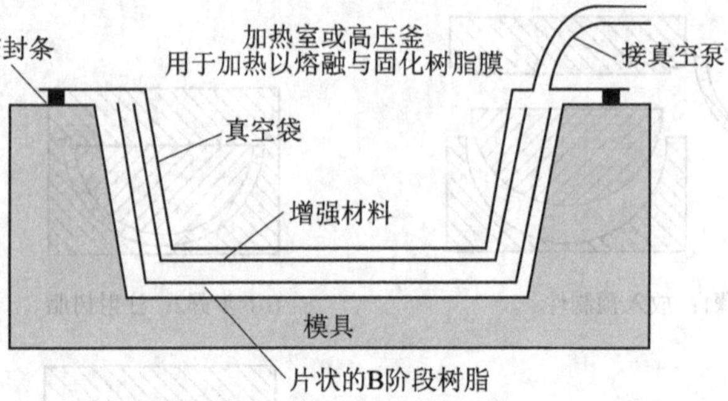

图 5-18 RFI 工艺原理图

5.2.6 缠绕与铺放成形

1. 纤维缠绕成形

纤维缠绕(Filament Winding,FW)是把浸有树脂的连续纤维在张力控制下,按预定路径精确地缠绕在转动的芯模(为设计产品而制作的模具)表面的复合材料构件制造技术。在专用缠绕机上控制纤维和芯模的运动,使纤维按照一定的规律完全覆盖在芯模表面,并形成一定的厚度,然后经固化后脱离芯模,形成复合材料产品,如图 5-19 所示。缠绕成形的主要设备是缠绕机,辅助设备有浸胶装置、张力装置、加热固化装置及纱架装置等。

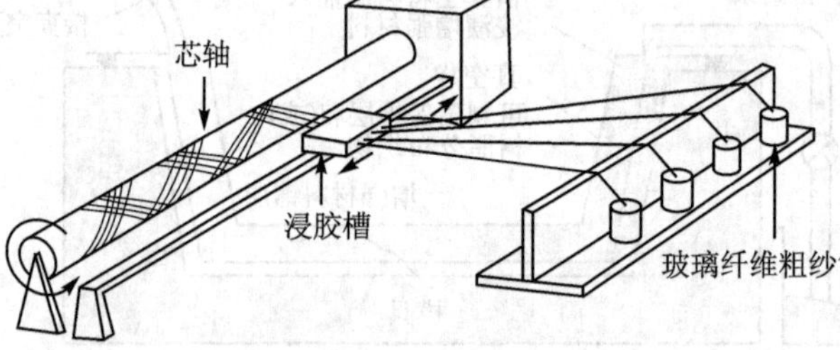

图 5-19 复合材料纤维缠绕工艺示意图

缠绕技术是 20 世纪 30 年代发展起来的最早的复合材料机械化、自动化成形技术。第一台机械式缠绕机 1947 年在美国 Kellog 公司问世,之后相继出现了程控式缠绕机。第一台微机控制缠绕机由 McClean Anderson 于 1976 年投放市场,带来了缠绕技术的革命。首先,CAD/CAM 技术使复杂的缠绕轨迹计算成为可能;其次,缠绕机轴数的增加使各种复杂的运动得以完成,并且大大提高了线型精度,从而显著提高了缠绕制品的质量和性能,促进了复合材料结构的应用。使用复合材料缠绕技术生产的制品应用范围从航空航天器中所用的气瓶、固体火箭发动机，到民用缠绕管道、贮罐等，应用范围很广。如图 5－20 所示为复合材料缠绕成形装置与制品。

图 5－20　复合材料缠绕成形装置与制品

纤维缠绕技术虽然具有高效、低成本的优点，但是应用该技术必须满足以下三个前提条件：落纱稳定；纤维连续缠绕；提供正缠绕压力。

第一个条件确定了纤维路径必须满足曲面测地线或准测地线缠绕，从而限制了纤维方向设计的自由度；第二个条件要求纤维分布必须满足周期性的特点，并且自始至终不能切断纱线，否则无法继续缠绕，因而限制了成形厚度和分布的设计自由度；第三个条件决定了缠绕只能在正高斯曲面上进行，难以完成凹曲面缠绕，且成形压力随着曲面曲率和纤维路径的变化而变化，难以保证所设计的成形压力。

2. 自动铺带技术

自动铺带（Automated Tape Laying，ATL）技术是 20 世纪 60 年代出现的一种复合材料自动化加工技术，主要针对机翼、壁板构件等大尺寸、中小曲率部件的制造。自动铺带技术以带有隔离衬纸的单向复合材料带为原料，在铺带头中完成预定形状的切割，加热后在压辊的作用下直接铺叠到模具表面。当复合材料带铺放到模具表面上时，由设备将衬纸去除。当铺放完毕后，铺放设备可以根据需要从不同的角度切断复合材料带。图 5－21 是自动铺带成形原理示意图，图 5－22 为利用自动铺带技术制造 B777 飞机蒙皮。

早期的铺带机起源于美国航空制造商，如 Vought 公司。第一台计算机全自动控制（CNC）铺带机由 General Dynamics 和 Conrac 公司合作完成，用于铺放 F—16 战斗机的复合材料机翼部件。随着在大型运输机、轰炸机和商用飞机上复合材料用量的增加，自动铺带技术应用越来越广泛，铺带机技术日益完备。带有双超声切割刀和缝隙光学探测器的 10 轴铺带机已经成为标准配置，其铺带宽度最大达到 300 mm，生产效率达到 1 000 kg/周，是手工铺叠的数十倍。世人瞩目的 A380 和 B7E7 商用机上大量应用复合材料，在很大程度上得益于自动铺带技术的应用。

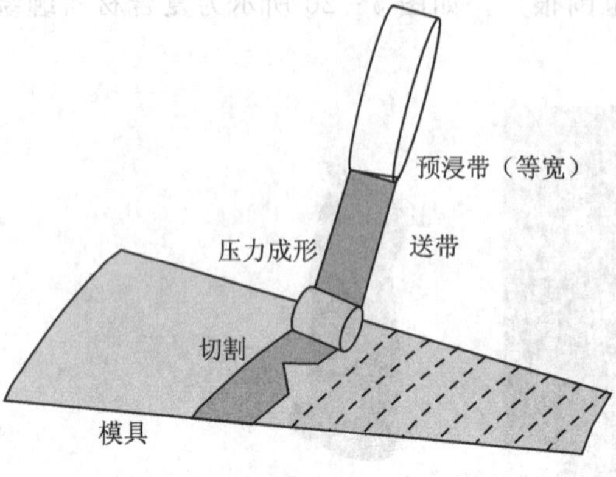

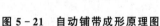

图 5-21 自动铺带成形原理图

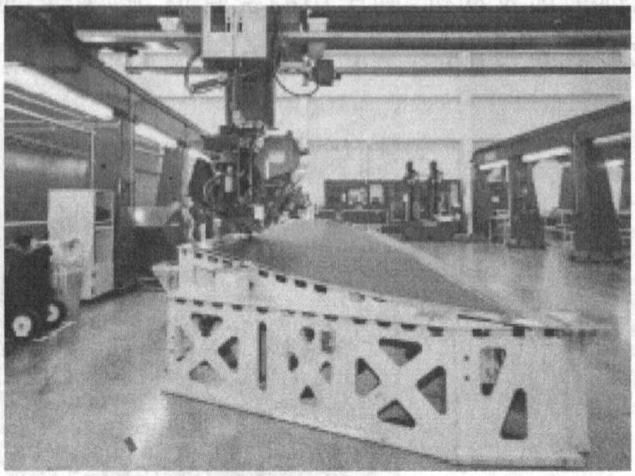

图 5-22 自动铺带成形 B777 飞机蒙皮

与缠绕工艺不同，自动铺带工艺中靠压辊提供成形压力，而且采用非连续成形，自动铺带的轨迹规划较缠绕容易得多，不再存在“周期性”、“稳定性”和“不架空性”的约束，铺设方向更加灵活。但由于带纤维方向可变形量很小，为保证铺放过程中带不起皱，铺放轨迹必须沿“自然路径”(natural path)进行，以保证等宽带边缘轨迹的弧长是相等的，从而保证复合材料带自然舒展、不起皱。

3. 自动铺丝技术

自动铺丝(Automated Filament Placement，AFP)技术是将数根复合材料丝用多轴铺放头(机器手)按照设计要求所确定的铺层材料、方向和厚度，在压辊下集束成一根丝带(带宽由程序控制)后铺放在芯模表面并压实定形，整个过程由计算机测控、协调系统完成。典型的自动铺丝机如图 5-23(a)所示。该系统包括7个运动轴，并通过计算机进行控制。这台机器包括3个定位轴(机架、倾斜、横向)、3个方位轴(偏转、俯仰、摆动)和1个芯模的转轴。与缠绕机类似，铺丝机具有多个可收丝的电子张力器，提供独立的丝束铺放并维持正确的张力。自动铺丝机的核心是铺丝头，如图 5-23(b)所示。铺丝头把缠绕技术中不同纤维纱独立输送和自动铺带技术的压实、切割重启功能结合在一起。在铺放过程中，每根丝从纱筒上抽下来并通过一个传输系统到达铺放头，在铺放头复合材料丝被集束成一根丝带铺放到芯模表面。

在铺放过程中，铺丝头可以切断或输送任何一根复合材料丝以改变丝带的宽度。通过调整丝带的宽度可以消除相邻带之间的重叠和漏铺。在每次铺放的最后，多余的丝带将被切断并与构件的边界相匹配。自动铺丝技术继承了纤维缠绕和自动铺带技术的优点，同时在缠绕技术的基础上添加了切断、再次铺放、压实功能。利用该技术进行加工时，可以根据构件表面形状的变化，随时切断丝束，需要时继续输送丝束，因而为加工复杂形体的构件提供可能。与纤维缠绕技术和自动铺带技术相比，自动铺丝技术具有更广泛的应用。

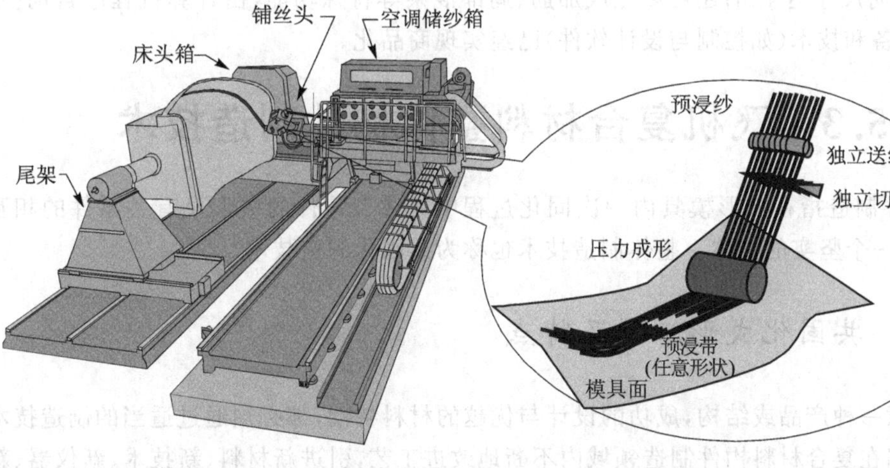

(a) 自动铺丝机　(b) 铺丝工作原理示意

图 5－23　典型的自动铺丝机及原理

自动铺丝技术有如下优点：

① 采用多组预浸纱，具有增减纱束根数的功能；根据构件形状自动切纱适应边界，几乎没有废料，且不需要隔离纸；可以完成局部加厚/混杂、加筋、铺层递减和开口铺层补强等来满足多种设计要求。

② 由于各预浸纱独立输送，不受自动铺带中"natural path"轨迹的限制，铺放轨迹自由度更大，可以实现连续变角度铺放(fiber steer)技术，适合大曲率复杂构件成形。

③ 对制品的适应性极强，通过铺放压实可以精确控制外型面且表面光洁。

④ 高度自动化，落纱铺层方向准确，可实现复合材料构件敏捷制造，迅速形成批量生产；生产速度快，产品质量稳定性、可靠性高，真正实现"低成本、高性能"。

⑤ 采用 CAD/CAM 及仿真技术，提供了最大的设计空间，可以实现复合材料设计成形一体化和数字化。

⑥ 可以采用机器人绝对坐标定位系统，实现制品在线形位测量、原位重复成形与二次加工，降低产品报废率和辅助材料消耗。

最早开始研制自动铺丝技术的有波音公司、Cincinnati Milacron 公司、Hercules 公司(Alliant Techsystems 的前身)。波音公司的机械工程师 Quentin Wood 提出了"AVSD 铺放头"(Automated Variable Strained Dispensing Head)设想，解决了纤维束压实、切断和重送的问题。1985 年 Hercules 公司研制出了第一台原理样机。1989 年 Cincinnati Milacron 公司设计出其第一台纤维铺放系统并于 1990 年投入使用；1995 年 Ingersoll 公司研制出第一台铺放机。经过 20 余年的发展，自动铺丝技术装备已经基本成熟，成形设备总自由度达到 7 个，丝束数目最大可达 32 根，既可以用于热固性树脂体系，也可以用于热塑性树脂体系，最大成形构件长达

15 m,最大横向尺寸达 4 m;还可以完成加筋、局部混杂等特殊功能,由计算机程序自动控制。目前,成形设备和技术(如控制与设计软件)已经实现商品化。

5.3 飞机复合材料整体构件制造技术

整体构件制造指在成形模具内一次固化过程中完成各零件的成形及有关零件的相互连接,最后达到一个坚实的整体。整体制造技术也称为共固化制造技术。

5.3.1 共固化成形工艺及特点

对于任意一种产品或结构,成功的设计与优越的材料特性,都必须通过适当的制造技术才能体现。人们在复合材料构件制造领域内不断地改进工艺,引进新材料、新技术、新仪器、新设备,以便达到质量更佳、成本更低、生产周期更短的目标。为此应注意以下问题。

(1) 制造过程的机械化与自动化

目前复合材料价格昂贵,除原材料成本较高外,另一原因在于制造过程中存在着大量手工劳动。由于工序繁多,又是手工操作,不仅效率极低,耗费工时长,而且产品质量不稳定。解决的途径只能是在生产过程中以机械化、自动化加工代替落后的手工操作。以计算机控制的各类加工设备是目前最先进的加工手段,如数控的缠绕设备、排样下料系统、多坐标的自动铺叠机、计算机实时控制的热压罐、自动扫描无损探伤记录仪以及工艺装备的计算机辅助设计与制造等。计算机技术在复合材料构件加工中的应用是目前先进制造技术水平最突出的标志。

(2) 力求最大限度的结构整体性

易于制成复杂形状结构件是模塑工艺的特点。为了使结构具有好的刚度,要求构件获得最大限度的整体性。故在成形模具内一次固化过程中应完成各零件的成形及相互有关零件的连接,最后形成一个坚实的整体。一次共固化成形法就是可以达到上述要求的一种比较理想的方法,也是一种节省工时、能源的有效方法。所以应尽可能创造条件,实现以共固化法来成形复合材料构件。这就要求设计师在结构工艺性方面加以重视,制造工程师则需从模具设计、选用各类辅助材料加以保证。只有双方共同努力才能获得理想的效果。

(3) 产品制造工艺过程的质量保证

严格控制制造过程中各个环节,以确保最后产品的质量,这是最有效的措施。一个复合材料构件的制造,经下料、铺层、固化到最后装配,要经历极其繁多的工序和操作,其中有大量工作靠手工完成。人为的不稳定因素,随时因人的状况变化而影响工作质量。同时,在制造过程的中间阶段,构件的尺寸、形状、性能都无法进行测定,而且也是不确定的,只有到固化完毕后才能知道。此外,热压罐内的固化又是一门较为复杂的操作技术,不像一般加工过程能直接观察和随时测量加工对象的尺寸而进行必要的修正,也不能逐渐逼近以达到设计规定的要求。

因此，为确保最后产品的质量，要求在制造过程中首先对施工环境条件有明确、严格的规定，所用的仪器、设备应取得生产许可证；对从事该项工作的人员进行培训；原材料按材料技术条件验收、保管、应用；确定正确的工艺路线与方法，严格执行工艺纪律和管理制度。当然，非破坏性检验，对于最后评定产品质量是十分必要的环节。

在一定的条件下，如果要追求最大限度的结构整体性、最少的零件和工序数量以达到最佳的经济效果，那么在制造技术中最有吸引力与竞争力的应该是共固化法。它不仅能达到上述要求，而且还为实现某些形状的结构件提供了可能性，图 5－24 所示的具有正弦波形状腹板的梁就是一例。带有长桁的机翼和尾翼壁板，可用两种方法制成。通常的制造过程是首先把长桁及蒙皮分别制好，然后用机械方法或胶接把两者装配连接成整体。共固化法是把有关零件的成形与连接工序一步化，即一次固化成形直接可得带有长桁的壁板。

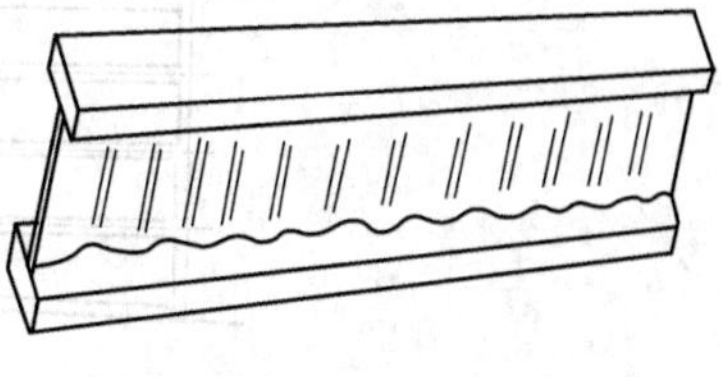

图 5－24　波形腹板梁

共固化法的特点如下：

① 用通常方法制造壁板件，需有两次以上的固化过程，而共固化只需一次固化过程。

② 用通常的制造方法，组件的装配是在零件已具有很好的刚度条件下进行的，但固化后零件的外形不易做到非常准确，而零件间的装配协调要求却较高。尤其对于复杂结构，零件数量多，形状复杂，给装配带来很多困难，难以保证质量。当采用共固化法时，零件在固化模具中组装，其坯件是预浸料块。它们具有很好的操作粘性，几何形状又可随意改变，整个构件的制造只是在模具内铺叠与塑制成形的过程。

③ 按通常的方法，组件装配时用胶接或机械连接，其整体性与刚性不如共固化产品的整体性好。共固化的构件不仅是同一种基体、在同一固化过程中固化成为完整的产品，还由于在铺层过程中可实现连续纤维，而从结构件的一个部位以不切断纤维随意延向另一部位。这就大大地强化了连接部位的刚度与强度。以通常方法制造复合材料构件，期望在各零件交接部位不切断纤维是比较困难的，对于某些结构是不可能实现的。

④ 采用共固化时，加工对象为复杂的立体构件。这对模具设计、制造和构件生产提出了更高的技术要求和带来了一定的难度。如共固化成形蒙皮壁板时就不能只采用整块式单块的简单阳模。相应地，模具由一套零件组成。有时还需应用不同材料、不同的方法产生固化时所需的压力，膨胀硅橡胶是常用的材料。同时，成形立体构件，不宜再采取常用的一套吸胶系统除去层板中多余的树脂，而需要寻找新的方法来控制树脂含量。

⑤ 固化过程中，构件各相互配合零件的尺寸都在变化中，叠层坯件厚度变薄，材质由疏松变为密实。这种变化对于一些结构，如平板件、长桁等成形不会引起很多问题，但对另一些构件就会出现最后尺寸精度不够，需要进行补偿的问题。这可以通过增加附加工序及精确计算模具尺寸予以解决。图 5－25 所示壁板，由纵、横向加强筋与蒙皮组成。加强筋结构是由长方

形的单元体来实现的。当壁板尺寸很大时，如长为 7～8 m，宽为 2～3 m，这种单元体的数量就会很多。在应用共固化技术时必须考虑由于零件厚度变化所引起的问题，并采取有效措施予以解决。

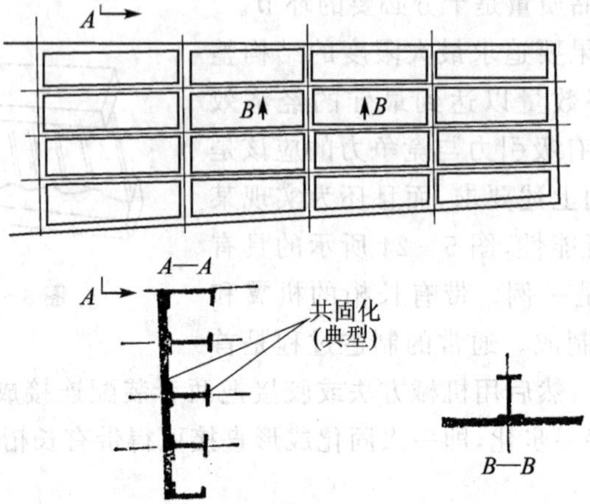

图 5-25 带有纵、横加强筋的壁板

共固化法可以用于制造一般梁、肋及壁板等壳体构件，并与分次固化成形零件具有同等的材质和机械性能。共固化过程中可以采用与分次固化相同的工艺参数，即相同的固化温度、压力和时间。

共固化也可用于制造夹层结构件，如蜂窝夹层结构、泡沫塑料夹层结构等。但复合材料层板的性能因固化压力由 7 kg/cm² 减小到 3 kg/cm² 而有所损失，略低于分次固化制造的产品。

5.3.2 共固化法制造蜂窝夹层结构件

飞机部件上可能出现的蜂窝夹层结构件有平板件、楔形件和具有外形的曲面件。对于前两者的制造，可以用分次固化法来完成。用分次固化法生产曲面件将遇到很大麻烦。飞机的曲面夹层结构件，由内外两层蒙皮和夹芯结构组成。当上述三个零件预先都具有曲面外形时，要使它们很好地协调，达到胶接装配的要求绝非易事。何况一个蜂窝夹层部件并非只有三个零件，还有其他的周边封严件、嵌入的连接接头、加强垫块等，故协调问题显得很突出。运用共固化技术比较容易解决这个问题。因为此时的内外变化均处于可塑未定型状态，它们可以适应各种外形的要求。

一个部件上能采用共固化的程度，随结构复杂性、对各部位性能要求、制作的技术水平、可提供的工艺材料及习惯等而有所差异。图 5-26 所示的减速板，它的主要组成部分为碳纤维/环氧树脂的内外蒙皮、四周边的复合材料封严件、接头及蜂窝夹芯。其制造过程如下。

(1) 复合材料的内外蒙皮

按设计图纸在相应的铺贴模内铺层，根据层数的多少，进行一次或数次预压实。根据预浸料中树脂的含量确定预压实工序。接着对蒙皮叠层块坯件周边外形线修边。由于预压实工序在室温或在加温低于100 ℃下进行，故铺叠模可用不耐高温的材料制作。

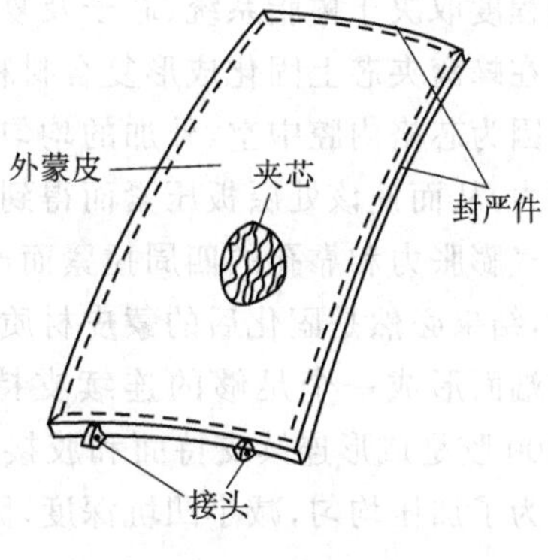

图 5-26　减速板

(2) 周边封严件

周边封严件可由金属或复合材料制作。若采用金属材料，则应按胶接要求进行表面制备待用。若采用复合材料，则应预先在相应模具内固化成形所要求的零件，然后供总装时使用。若结构允许封严件随同整体部件成形，则可以省略这些零件单独固化成形的工序。

(3) 连接接头

连接接头一般要承受较大的集中应力，多数采用钛合金材料制作。为了定位正确，一般先将连接接头固化在相配合的复合材料构件上。

(4) 蜂窝芯子零件

有铝合金及 Nomex 两种芯子。芯子零件外形以机械加工铣切获得。

(5) 最后胶接装配及固化

把上述准备好的所有零件按要求在固化夹具内装配。零件间的连接处敷以相适合的胶接材料。装配完毕，把装配件连同夹具在热压罐内固化。

对于某些不太重要的构件，例如工作温度不超过 80 ℃，且受力较小的结构，芯子与复合材料蒙皮共固化，可以不用胶接剂而是借助预浸料中的树脂进行胶接。这时要求该种预浸料的树脂系统是胶粘剂型的树脂，并且按质量计的树脂含量达到 45 %以上。

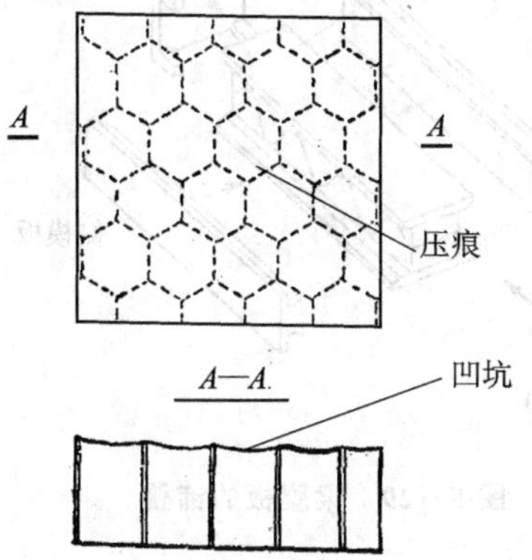

图 5-27　蜂窝夹层结构的表面缺陷

共固化法制造夹层结构时，在固化温度下，对构件施以真空及压力以达到复合材料蒙皮材质密实和芯子连接可靠的要求。对于常用的树脂系统，零件单独固化时是在 120 ℃或 175 ℃左右的温度下，抽一定真空并在约 7 kg/cm^2 压力下进行固化。7 kg/cm^2 的压力对夹芯是一个极大的外力，尤其是在高温下，芯子经不住此压力而被压塌。因而，固化时必须降低固化压力，常用的约 3 kg/cm^2。同时还需考虑适当增加芯子密度，其后果导致复合材料蒙皮材料组织密集性降低和结构质量增加。此外，夹层结构件的内外表面出现压痕及凹坑(见图 5-27)，将对结构的力学性能带来不利影响，影响程度取决于树脂系统、芯子及复合材料面板结构参数、结构几何外形及工艺方法等因素。

在蜂窝夹芯上固化成形复合材料蒙皮出现缺陷的原因分析如下：

因为芯格内腔中空，外加的均匀压力作用在蒙皮的外侧，蒙皮内侧只在格壁支持处受到反作用力，从而使该处层板压紧而得到密实的材质。在孔格内没有直接支承，或只有格孔内很小的空气膨胀力和靠孔的四周拉紧而产生的力。这些力的合力不足以抵消蒙皮外侧受到的均匀压力，结果必然是固化后的蒙皮材质不够密实和产生压痕或凹陷。基于这种理由，如果预先在夹芯端面形成一个足够的连续支持面，则其固化时可以获得较理想的蒙皮层板。美国的FM400胶是成形连续支持面和胶接芯子理想的介质，已成功地用于F—15飞机减速板的制造。为了加压均匀，减小凹坑深度，固化时应选用刚性大的工艺盖板。

5.3.3 共固化法制造波形胶板梁

波形腹板梁由上下凸缘和正弦波形腹板组成。梁腹板由两块±45°铺层槽形件背部拼合而成，承受剪切载荷。正弦波形腹板具有较高的刚度，故不再需要制造和连接其他加强筋条来增加腹板的稳定性。上下凸缘要承受梁弯曲时所产生的拉、压应力，沿其轴线铺叠有单向纤维层。梁的制造工艺如下：

首先是铺层，其中关键是波形腹板的铺叠成形。按工艺要求选用45°的编织物预浸料，并按一定形式编制。其目的是要在铺叠时，预浸料由腹板延向下凸缘时易于变形并能呈较平整的铺叠面。铺叠在模具内进行，模具零件应具有较好的刚性(见图5-28)。图5-29所示在每层之间的弯边处垫以隔离膜，然后合拢成形模块，并用强力夹紧。接着分层地把织物强拉折向凸缘并弯曲到90°。由于腹板是波形，此时弯曲处纤维排列再也无法保持定向和整齐，只能使织物变形，力求铺平。

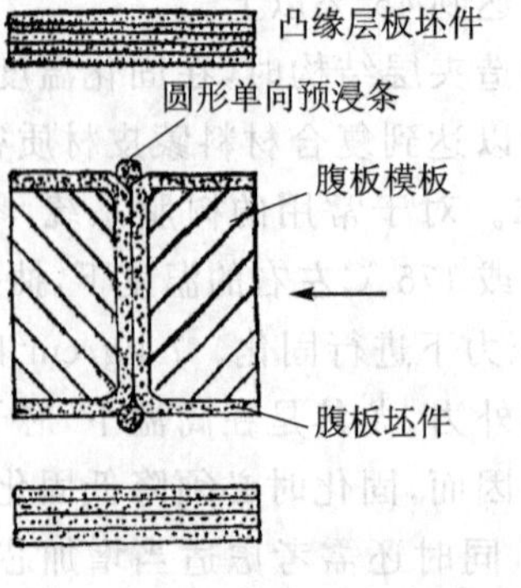

图5-28 波形梁铺叠、固化模

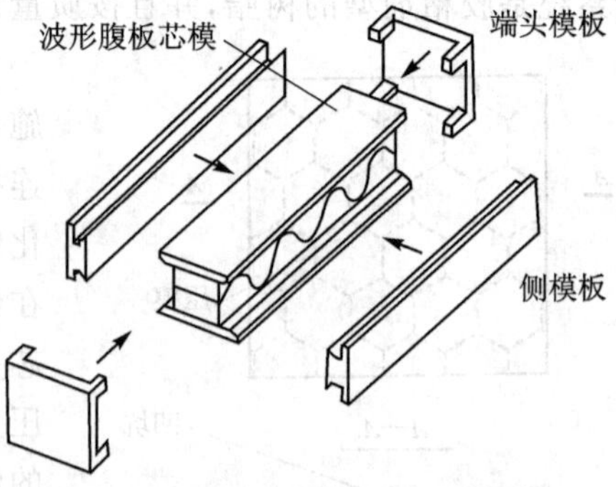

图5-29 梁腹板的铺叠

在腹板坯件铺贴的同时，按要求单独铺叠凸缘叠层块。为使凸缘沿垂直于梁轴线方向有一定的连接强度，铺叠时将单向预浸料与织物混用。

使用呈圆形的单向预浸料充填在凸缘块与槽形件之间形成的三角形间隙，最后把凸缘坯件置于腹板坯件的上下两面。

全部铺叠完成后，装上四周加压和定位的侧模块，再盖上透气材料。整个模具罩在真空薄膜或硅橡胶真空罩内，抽真空检查气密及夹具是否处于正常状态。最后送入热压罐内一次成形。

如果固化模与腹板铺叠模不是同一模具，则在完成铺贴后，将叠层坯件从铺叠模上取下会有一定困难。若铺叠模由铝合金制成，则可用冷冻法脱模，但要避免因冷冻使叠层块表面产生聚凝水汽。

梁是细长的构件，要做到结构尺寸准确及树脂分布均匀，必须保证模具有足够的刚性及合理的多余树脂排泄通路。

5.3.4　共固化法制造平尾后段件

典型的操纵面后段件由上下复合材料蒙皮和数个翼肋组成。为了把后段件用机械连接装配到后梁或类似结构上去，在后段件的连接边用金属予以加强（见图 5－30）。

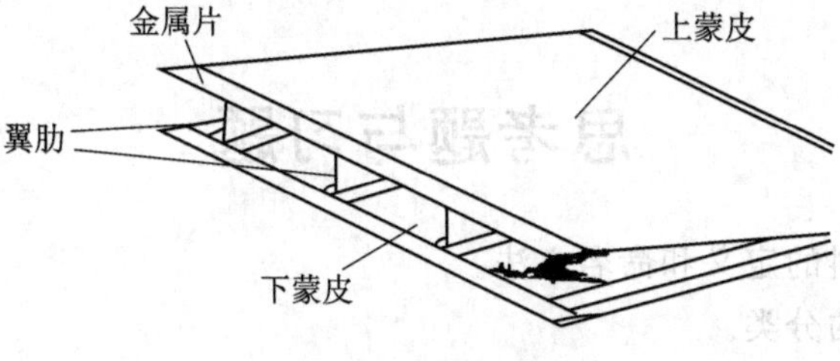

图 5－30　平尾后段件

以共固化法制造后段件的工艺流程如图 5－31 所示。首先是各零件所需的预浸料在相应的模具上铺叠成毛坯并予压实。随后将蒙皮叠层毛坯装入固化阴模内。模具制成分块式，便于工件取出。如果用铝合金作为模具材料，为了减少铝热膨胀过大的影响，模具内表面可加垫两张很薄的钛箔来隔离复合材料与模具的直接接触。

同时，将已硫化具有一定结构外形的硅橡胶加压袋置于专用的芯模上，使加压袋处于正确的工作状态，铺上可剥离布、隔离布等。把所有翼肋的叠层坯件分别装入到正确位置，即在压力袋上有槽处（见图 5－32），此时装配件已装在阳模的工艺模上。

最后，把已装好蒙皮的阴模与装上翼肋的工艺阳模合模。当使零件在阴模内取得正确装配位置后，取走工艺阳模，在压力袋与阴模之间进行密封，并送入热压罐内固化成形。

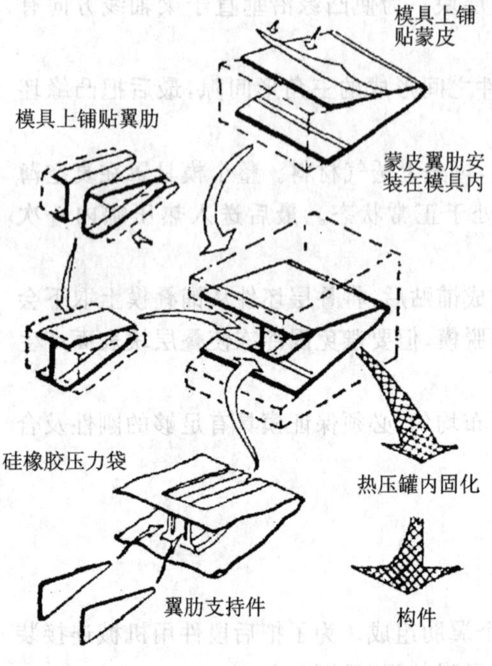

图 5-31 后段件制造工艺流程图

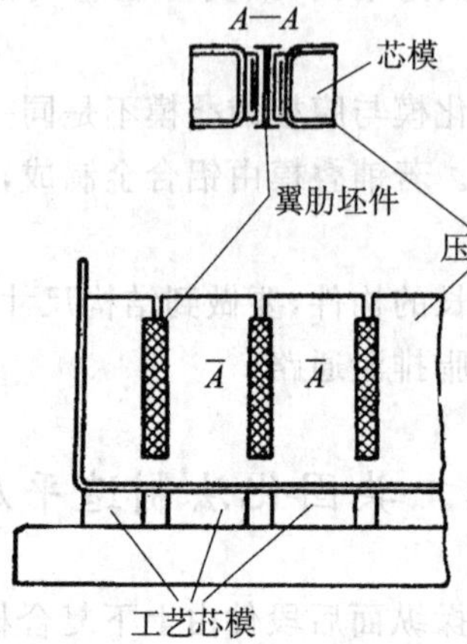

图 5-32 压力袋、翼肋在工艺芯模上定位

思考题与习题

1. 试给出复合材料的定义和命名方法。
2. 试述复合材料的分类。
3. 试述复合材料的特点和在飞机上的应用。
4. 什么是增强材料？常用的增强材料有哪些？各有什么特点？
5. 复合材料基体材料的作用是什么？
6. 什么是预浸料？试述预浸料的制造原理。
7. 对预浸料的主要要求有哪些？
8. 预浸料的基本特点是什么？
9. 试述预浸料的制备工艺。
10. 什么是复合材料的低压成形技术？主要有哪些成形方法？
11. 手糊成形的特点是什么？主要用于什么场合？
12. 喷射成形的特点是什么？主要用于什么场合？
13. 袋压成形的特点是什么？主要用于什么场合？

14. 热压罐成形的特点是什么？主要用于什么场合？
15. 热压罐用模具主要有哪几种材料？各有什么特点？
16. 压力成形工艺方法有哪些？
17. RTM 或 RFI 工艺方法的优点是什么？
18. 试述纤维缠绕成形技术的原理、特点和应用。
19. 试述自动铺带技术的原理、特点和应用。
20. 试述自动铺丝技术的原理、特点和应用。

第6章 飞机部件装配

6.1 概 述

6.1.1 飞机部件装配的特点

飞机不同于一般的机械产品,有其自身的特点。

① 飞机零件和连接件的数量多,一架大型飞机有10万多个零件,数百万个铆钉、螺栓等连接件,成百台电动机,数百只各种仪表和数百米各种管道(电气、液压和冷气系统的)。

② 飞机零部件形状和结构复杂,大部分零件是由板材和型材制成的薄壁件,尺寸大、刚度小,使得飞机装配中机械化程度较低,手工操作多;飞机装配的工作量很大,约占飞机制造总劳动量的一半,装配工作的周期也占全机生产周期的50 %～75 %。

③ 飞机的装配质量要求高,这是因为飞机各部件的气动力外形、外廓尺寸、各部件之间的相互位置等,主要都是在装配过程中获得并确定的。飞机装配是飞机制造过程的主要环节,对飞机产品的性能、寿命和成本都有很大影响,在飞机制造中占有极其重要的地位。

不同的飞机结构形式有不同的连接方法,对应着不同的装配技术。对全金属薄蒙皮式结构,翼面或机身的段部件均由纵向构件和横向构件及薄蒙皮组成。蒙皮承受较小载荷,仅起保持光滑外形、减少空气阻力的作用。这类结构采用以骨架为基准的装配方法,即先在飞机装配夹具中将骨架零件装配成骨架结构,再在骨架上铆上蒙皮。在这种结构形式的装配中,保证接头之间的尺寸准确度和接头与外形之间的相对准确度是特别重要的;另外,还要重视铆接变形问题。采用夹具内铆接、设计与工艺补偿、预变形等措施,可有效地控制铆接变形。

对半硬壳式和硬壳式结构,其机翼和机身是由纵、横向构件组成或由横向构件和厚蒙皮所组成的。一般零件都用硬铝材料,某些承受集中载荷的零件用合金钢或钛合金材料制造。其结构特点是纵向构件、横向构件和蒙皮同时参加受力。装配一般可以采用骨架为基准或蒙皮为基准。以蒙皮为基准的装配技术是首先在型架内以外表面为基准定位蒙皮,并施加外力,使蒙皮贴紧外形定位件,然后连接内部骨架。这种方法装配的工件外形准确度高一些,应用于高速飞机的机翼。一般这种类型结构具有较厚蒙皮,且骨架有工艺补偿件或补偿面。此外,有时为了简化装配型架结构,采用按零件上的定位孔定位或按零件上的装配孔装配的方法。

6.1.2 飞机部件装配的内容

飞机装配是根据图纸或模型、技术条件的要求，将数量巨大的飞机零件（钣金件、整体加工件等）按一定组合和顺序逐步装配成组合件（如翼肋、隔框、梁等）、段件（如机翼、机身中的一段）和部件，将各部件对接成完整的飞机机体。在部件装配时，要准确地确定零件或装配件之间的相互位置，用一定的连接方法进行连接。

飞机部件装配工作要解决的问题是：根据构造、使用、维护和生产的要求，将飞机结构划分成许多独立的、较小的结构装配单元，再通过合理的装配过程，使用相应的装配工装，将其依次装配成复杂的装配件；规划合理的装配定位方法，以确定零件、装配件和段件正确的相互位置，保证整个装配单元的尺寸和外形的准确度要求；选择合适的连接方法和工艺参数，如铆接、螺接、胶接或焊接等，使零件之间的相互位置保持得准确、牢靠，形成稳定的整体结构或具有确定相对运动的机构，有效地传递载荷，进行运动转换。

在装配过程中或在装配之后，还要进行安装工作，即将各专业厂提供的发动机、仪表、设备和附件等安装在飞机上，用各种导管、电缆、拉杆等连接成系统。

6.1.3 飞机部件装配应遵循的原则

飞机零件品种多，数量大，目前钣金件仍占很大比重。它们尺寸大，刚性小，装配后的外形和尺寸准确度要求较高。飞机装配必须满足这些要求，并力求成本低、周期短，以适应激烈的市场竞争要求。为此，飞机装配应遵循下述原则。

1. 合理的装配过程

飞机的装配过程一般可分为三个阶段，即组合件装配、段部件装配和总装试飞。

组合件装配一般按连接形式来划分，例如可分为黑色金属和有色金属（钎焊）装配件、非金属装配件、铆接装配件等，分别在不同的车间装配。组合件的结构比较简单，开敞性好，在成批生产条件下，应当尽量提高机械化和自动化程度。例如，用成组钻孔或压铆机和自动钻铆机来代替手工钻孔铆接。此外，由于飞机结构尺寸大、形状复杂、质量轻，因此，装配后组成的构件应具有一定的刚度，以保证下一工序的装配质量。组合件装配时，基本上是装配工作，很少有安装工作，其主要要求是保证尺寸的准确和连接强度。应当注意容易变形的结构件，如焊接结构件、铆接结构件等。

段部件装配一般按机翼、机身（或机身各段）来划分装配车间。段部件构造复杂，内部装有许多设备，因此除了装配工作外，还有许多安装工作。此外，段部件结构较封闭且复杂，装配时开敞性差，难以使用机械化和自动化设备，而且段部件在装配完成后，已具有足够的刚度，因此，装配时要使用装配型架，以保证外形和接头尺寸准确。

部件装配完成后，飞机就进入总装配。有关飞机总装配的内容在下一章中介绍。

2. 合理的装配定位方法

在装配过程中，每一个参加装配的元件相对于另外的装配元件应具有严格确定的位置。为了满足这个要求，每个参加装配的元件要准确地定位，以保证整个装配单元的尺寸和外形的准确度要求。

飞机装配时，根据定位方法的不同，可分成按基准件装配、按划线装配、按装配孔装配、按夹具(型架)装配等方法。

3. 合理的工艺划分和分散装配

由于构造、使用、生产和维护上的要求，飞机机体必须分解成部件、段件、板件、组合件(构件)。从使用维护观点出发，将机体分解，目的是便于运输和仓储，便于各种部件、成品件、机构和系统的更换、检查及调整。基于构造或使用方面的考虑要将飞机分解，分解后各装配单元之间的连接面叫做设计分离面，之间一般采用可卸连接。飞机生产不可能将几万个或十几万个零件直接装成一架飞机，而必须逐步进行。为了缩短飞机的装配周期，扩大工作面，改善劳动条件，使更多的工人可以同时参加装配安装工作，需要将飞机进行分解。由于生产原因分解成各装配单元之间的连接面叫做工艺分离面，之间一般采用不可卸连接。

对于单件生产，装配单元不宜划分太多，大多数以设计分离面划分装配单元，要保证飞机外形和接头尺寸的准确度，缩短试制周期。

对于批量生产，要求合理划分成较多的装配单元，最大程度地分散装配。所谓"合理划分"是指划分后各装配件工艺刚度足够，各装配件周期相近，各装配件内部装配工艺方法相近。好处是装配工作方便，可达性好，总装型架上工作量减少，从而可简化大型复杂的装配夹具，降低装配费用。一般来说批量愈大，分散程度愈高。

4. 实现有节奏的装配，缩短生产周期

在同样的生产准备费用情况下，生产周期愈短，生产成本愈低，生产资金周转愈快。

采用合理的工艺划分，有节奏地进行装配，使各工作站的时间节奏均衡，减少工人的停工等待时间，保证各零件之间相互的协调性，减少在装配时进行手工整形及修配的工作，以缩短生产周期。

5. 准确稳定的装配型架和夹具

要保证产品的质量，一方面要求装配工艺方法正确，另一方面要求定位和装配飞机的夹具

(型架)准确。装配工艺方法包括工艺分离面的划分、装配工艺方案和工艺过程的制定、装配定位和铆接方法的确定等。而夹具(型架)的准确包括外形和接头定位件的准确性,框架的足够刚性和稳定性。型架骨架刚性太大,有时工作不方便,开敞性差,用料多,因此要合理地处理好刚性和开放性的关系。使用时间过长,型架骨架内应力的不均、地基的不稳定等会造成型架的准确度不稳定。解决的方法有:① 采用整体框架;② 采用热处理或振动法消除型架骨架内的应力;③ 定期对型架的重要交点定位器进行检查。

6. 装配的零件和组合件要有必要的协调性及互换性

协调性是指两个相配合的零件和组合件有几何尺寸和形位参数的一致性,互换性是指同一规格零件和组合件在几何尺寸、形位参数和物理、机械性能诸方面的一致性。制定这几条原则是保证飞机制造质量的一个重要措施,它是研究如何使批量生产的零件和组合件能顺利地进行装配,探索合理制定技术条件和有效保证协调要求的途径。

6.1.4　飞机部件划分和装配工艺过程设计

1. 飞机部件划分的原则

为了满足飞机的使用、维护以及生产工艺上的要求,整架飞机的机体可分解成许多大小不同的装配单元。

零件是装配的基本单元,几个零件可连接成组合件,如装配的大梁、隔框、翼肋等。由骨架零件和蒙皮连接的装配件称为板件。部件是由板件、组合件和零件构成的,它是在构造上和工艺上完整的机体的一部分。当部件太大时,又可分为段件。在划分装配单元时,必须遵循下列原则。

(1) 成本原则

在装配件划分时,应考虑使生产成本最低。一般工艺总成本与材料费、工人工资、设备维修和折旧费、工艺装备费有关。

(2) 周期原则

飞机生产中,必须尽量缩短生产周期和生产准备周期,以满足市场竞争的需要。飞机分散装配可以扩大工作面,使装配工作能平行作业,从而缩短装配周期。

(3) 机械化、自动化原则

飞机分解后进行装配,不但可以改善劳动条件,而且可以利用机械化和自动化设备,这样既提高了生产效率,又有利于保证装配工作的质量。

由于机械化、自动化设备工作尺寸的限制，尺寸很大的部件也必须分解成许多小尺寸的装配单元，以使用这些设备进行加工。例如，点焊机或压铆机的钳口尺寸限制了板件尺寸不能太宽等。

(4) 结构原则

飞机各个部件由于空气动力特征及功能上的差别，使飞机的机身、机翼和尾翼等部件的几何形状和结构形式有显著的差异，必须划分成独立的部件。

(5) 使用和维修原则

大多数歼击机的发动机都安装在机身的后部，为了便于发动机的安装、维护、检修及更换，常把后机身设计成可卸的。襟翼、副翼、舵面、起落架和舱门等在工作时要改变本身的位置，因此应当设计成独立的装配单元。一般由于构造和使用方面的原因，将飞机分解成各装配单元，这种分解后的连接面往往采用可卸连接。

(6) 运输原则

为了便于用铁路或轮船运输，飞机分解后的轮廓尺寸一般不应超过铁路隧道的限制、集装箱尺寸的限制、船装尺寸的限制和装吊质量的限制等。

(7) 刚性原则

飞机分解成装配单元，必须在装配后保证符合装配件的技术条件。应具有足够的刚度，不应变形，特别是部件、段件更应如此。但个别板件为了使将来组装成的段部件更易于保证质量，允许板件有一定弹性变形，但这些板件在运输过程中应装上工艺支撑，保证板件在运输过程中不至于产生永久变形。

(8) 材料原则

有一些部件由于使用和强度的要求而选用不同的材料。例如，起落架用钢件。喷气飞机机身接近发动机尾喷口处采用钛合金，而其他部位采用铝合金，宜于分段装配。另外，由于铝板原料——铝锭的质量和轧制设备的限制，使铝板尺寸受到限制，从而给板组件的划分提供了限制条件。

(9) 劳动条件原则

部件分散进行装配，改善了劳动条件，便于利用机械化和自动化设备，因而能显著地提高劳动效率。装配时，不同工作姿态具有不同的劳动效率。段部件分解成板件后，有可能把手工钻铆工作改为机械化、自动化钻铆工作，同时段部件上的安装工作还可以分散到板件上进行，其劳动生产率可以提高很多倍。因此，飞机装配件的划分应考虑到提高劳动生产率，改善劳动条件，尽量使划分后的装配单元具有开敞性原则。

(10) 全局原则和工艺生产原则

确定合理的飞机划分方案时，必须综合考虑构造、使用和生产要求，不仅满足运输、维护、修理和更换等使用方面的要求，以及减轻结构质量和保证连接处光滑等构造方面的要求，而且还应当满足改善劳动条件、扩大装配工作面和缩短周期等生产方面的要求。划分时应从全局来考虑，力求达到综合最优。例如，增大段件的装配单元尺寸会使装配夹具更复杂；反之，减小装配单元尺寸，增加了工艺分离面，可以提高工件的开敞性及机械化程度，但要增加结构质量。一般歼击机的机身，在受力区内，每增加一个工艺分离面，结构质量要增加 10 kg 左右；增加一个设计分离面，质量将增加 30 kg 左右，故机身一般不轻易增加段件的分离面。综上所述，应尽可能地把结构设计、生产工艺和使用要求统一起来，使选取的工艺划分方案同时满足三方面的要求。事实上，除了使用方面的原因外，多数情况下是由于生产上的需要在设计时把部件分解成许多单元的，由几千个或几万个零件直接装成一个部件是很难进行的。部件划分后，装配安装工作能分散和平行地进行，从而大大地缩短了装配周期。从生产和工艺观点看，部件分解后进行装配，改善了劳动条件，便于利用机械化和自动化设备，因此能提高劳动生产率。一般飞机分解时应当遵循下列一些原则：

① 在拟定飞机分解方案时，应当从成批生产的预定产量出发，使飞机构造尽可能板件化。

② 直径在 2 m 以内的机身或翼面等不大的部件，应当使其内部设备的安装工作尽可能在板件上进行。为此，导管电缆等内部设备，除了沿部件和段件的分离面有带补偿件的接头外，还必须沿板件的分离面装设带补偿的接头。当机身直径较大($D=2\sim4$ m)时，特别在安装工作量不大(占总安装工作量的 20 %以下)的情况下，内部设备应当布置在段件的侧壁上进行，因为在这样的段件内进行安装工作的劳动条件和板件相差不大。

③ 应当尽量使平行进行装配的各装配单元的周期(时间节奏)大致相同，这是为了减少所需的生产面积，同时也有利于组织流水装配。

④ 装配件划分时应当把构造上特别是工艺上具有显著不同特点的部分作为一个独立的装配单元。例如，机身中的气密座舱和机翼中的整体油箱，装配时为了保证密封性，往往需要在保温的工作间内工作，而且在装配后还要进行各种强度和密封性试验，因此应当把它们作为一个独立的装配单元。又如喷气发动机后面的机尾罩多是用耐热材料焊接而成的，它和机身其余各段经常是分别在不同车间制造的，因此，也应当分解为独立的装配件。

⑤ 分解时，力求简化分离面处的形状和连接接头，使连接面呈平面形状，且垂直于部件轴线，因为复杂的连接面，使对合协调困难得多。

应当指出，部件分解虽然给生产和使用提供了有利条件，但分解得过细也是不合理的。分离面过多，会增加接头质量，也影响飞机外表面的光滑度，还会增加各装配单元之间的连接工作量，使装配单元的协调问题变得复杂。因此，在拟定部件最佳划分方案时，必须全面地分析划分后的技术经济效果，综合衡量各项划分原则。

2. 设计分离面和工艺分离面

为了满足飞机的使用、维护以及生产工艺上的要求，整架飞机的机体可分解成许多大小不同的装配单元。首先，飞机的机体可分解成若干部件，如某歼击机的部件包括：前机身、后机身、机翼、襟翼、副翼、水平尾翼、垂直安定面、方向舵、前起落架和主起落架等。图6-1为B—1(可变后掠翼)军用飞机的部件分解图，图6-2为某歼击机的部件分解图。有些部件还可分解成段件，如机翼分解为前缘段、中段(翼箱)和后段。有的部件或段件可再分解为板件(壁板)。板件是由部件或段件的蒙皮以及内部骨架元件(长桁、翼肋或隔框)的一部分所组成的，如机翼中段的上、下壁板，后机身的上、下板件和左、右侧壁板等。部件或段件还可进一步划分出隔框、梁、肋等组合件。

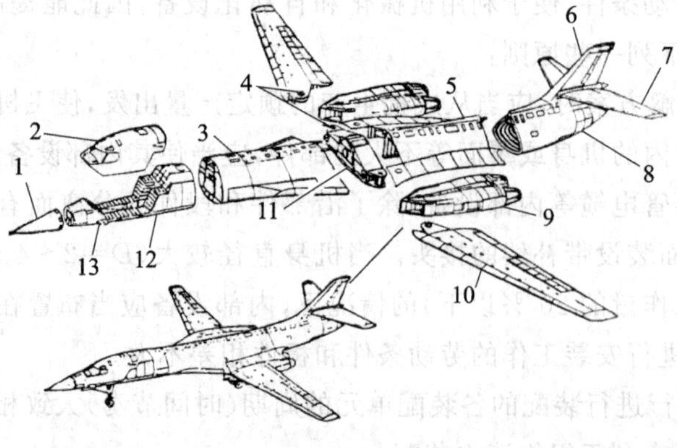

1—雷达天线罩；2—驾驶舱；3—中机身前段；4—变后掠翼枢轴区；5—中机身后段；
6—垂直安定面；7—水平安定面；8—后机身；9—发动机吊挂；
10—外翼；11—机翼贯穿部分；12—前机身；13—低空飞行操纵舵

图6-1 按设计分离面绘出的B—1(可变后掠翼)军用飞机部件分解图

机翼、机身划分为段件、板件和组合件的示意图分别如图6-3、图6-4所示。

飞机机体结构划分为许多装配单元后，两相邻装配单元间的对接结合处就形成了分离面。飞机机体结构的分离面一般可分为两类。

(1) 设计分离面(见图6-1、图6-2)

如前所述，将部件之间(或分部件之间)、部件与可卸件之间形成的分离面称为设计分离面。如飞机的机翼，为便于运输和更换，需设计成独立的部件；如襟翼、副翼或舵面，需在机翼或安定面上做相对运动，也应把它们划分为独立的部件；又如歼击机机身后部装有发动机，为便于维修、更换，就把机身分成前、后机身两个部件。设计分离面都采用可卸连接(如螺栓连接、铰链接合等)，而且一般要求它们具有互换性。

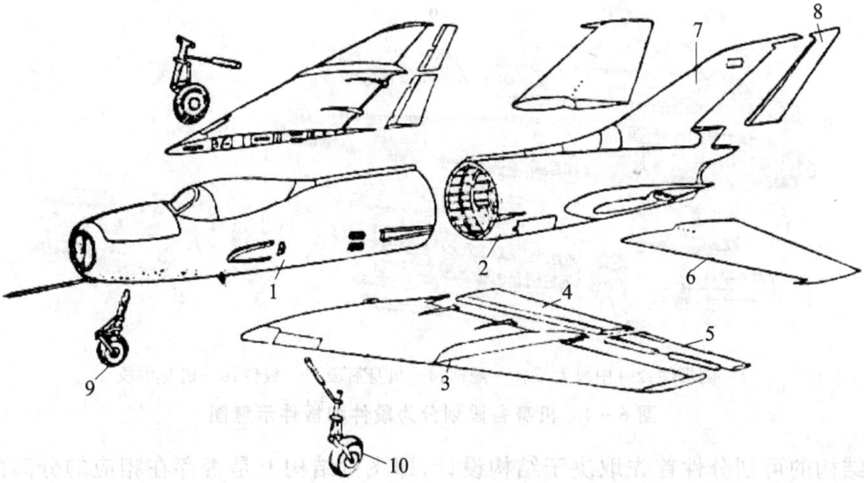

1—前机身；2—后机身；3—机翼；4—襟翼；5—副翼；6—水平尾翼；
7—垂直安定面；8—方向舵；9—前起落架；10—主起落架

图 6-2　飞机结构划分为部件示意图

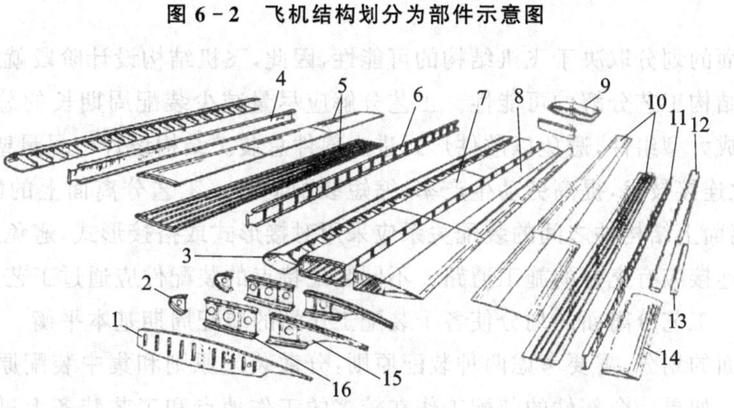

1—翼肋；2—前缘翼肋；3—机翼前缘；4—机翼前梁；5—机翼中段上、下壁板；
6—机翼后梁；7—机翼中段；8—机翼后部；9—翼尖；10—机翼后部上、下壁板；
11—机翼后部纵墙；12—副翼；13—副翼调整片；14—襟翼；15—翼肋后段；16—翼肋中段

图 6-3　机翼划分为段件和板件示意图

(2) 工艺分离面(见图 6-3、图 6-4)

为满足制造和装配过程的需要，需将部件(或分部件)进一步分解为更小的装配单元。这种装配单元之间的分离面称为工艺分离面。由部件划分成的段件，以及由部件、段件再进一步划分出来的板件和组合件，它们之间的界面都是工艺分离面。工艺分离面之间一般都采用不可卸连接，如铆接、胶接、焊接等。

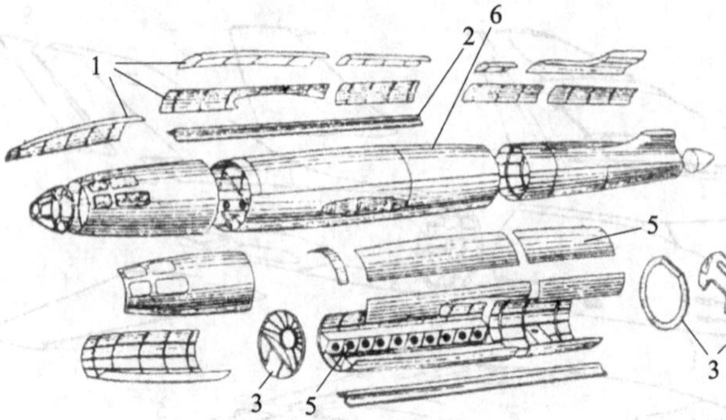

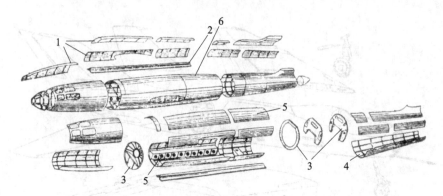

1—侧板件；2—中段大梁；3—隔框；4—机身后段；5—板件；6—机身中段

图 6-4 机身各段划分为段件和板件示意图

飞机结构的可划分性首先取决于结构设计，即飞机结构上是否存在相应的分离面，而且划分出来的装配件必须具有一定的工艺刚度。这是在飞机结构设计过程中应全面、周密考虑的主要问题之一，使所设计的飞机不仅能满足构造和使用上的要求，还必须同时满足生产工艺上的要求。

工艺分离面的划分取决于飞机结构的可能性，因此，飞机结构设计阶段就应考虑满足批生产要求的飞机结构工艺分解的可能性。工艺分解应尽量减少装配周期长的总装架内工作量，尽可能多地形成大型组件，避免以散件形式进入部件总装。结构设计中尽量壁板化，以便采用机械化、自动化连接技术，提高劳动生产率，缩短装配周期。工艺分离面上的协调部位应尽可能少，工艺分离面上结构件之间的装配关系应采用对接形式或搭接形式，避免采用插装。工艺分离面上结构连接应有充分的施工通路。不同装配特点的装配件应通过工艺分离面或设计分离面单独划出。工艺分离面的划分使各个装配工作站的装配周期基本平衡。

工艺分离面的划分，需要考虑两种装配原则：分散装配原则和集中装配原则，即装配工作的集中与分散。如果一个部件的装配工作在较多的工作地点和工艺装备上进行，则为分散装配原则；相反，如果装配工作集中在少数工作地、在少量的工艺装备上进行，则为集中装配原则。采用分散装配原则的主要优点是：增加平行工作地，装配工作可分散进行，扩大了工作面；结构开敞可达性好，改善了装配劳动条件，并有利于装配连接工作的机械化和自动化，从而能提高劳动生产率，缩短部件装配周期，也有利于提高装配质量。而集中装配原则的主要优点是：需要的专用装配工艺装备较少，协调关系比较简单，因此可使生产准备周期缩短，也可减少工艺装备的费用。

分散装配和集中装配的优缺点是相对的，不能把它们看成是一成不变的，它们是与生产任务密切相关的。在生产中，应根据产品结构特点、生产任务和生产条件等实际情况，进行具体分析，综合全面考虑“多快好省”各方面的要求，才能合理确定装配工作的分散程度。一般认为，成批生产的产量比较大，主要的要求是产品的质量高、提高劳动生产率、缩短装配周期等。因此，以采用分散装配为宜，产量越大，分散程度也应越大；而在研制、试制阶段的单件生产或产量不大时，主要是缩短生产准备周期，在能保证质量的前提下减少专用工艺装备的数量，所以宜采用集中装配原则。

3. 装配工艺过程设计

装配工艺过程设计应保证工艺过程与装配工艺装备的最优化和统一化。设计装配工艺过程的阶段如下。

第一阶段

① 选择装配单元各元件的定位方式和装配方式；

② 选择装配工艺装备的结构；

③ 选择保证准确度、互换性和工艺装备协调的方法；

④ 拟定各装配阶段的零件和装配单元的供应技术条件；

⑤ 拟定装配工艺装备的设计技术条件。

第二阶段

① 选择装配单元各元件的定位顺序并考虑其定位条件和通路；

② 选择装配单元各元件的连接、密封工序的顺序并考虑各元件的定位顺序；

③ 选择完成全部装配工序的最佳顺序。

第三阶段

① 确定装配工艺装备、工具、设备和辅助材料；

② 确定工人的工种和技术等级；

③ 制定技术规范和计算装配工序的工时定额；

④ 计算技术、经济指标并选择最佳工艺过程方案；

⑤ 编写装配工艺规程。

6.2　飞机装配准确度要求

飞机结构与一般机械产品的结构不同，在准确度要求方面也有许多特点。对飞机装配的准确度要求主要包括部件气动力外形准确度、部件相对位置准确度、部件内部组合件和零件位置准确度、部件之间接头配合准确度和其他准确度 5 个方面。现简述如下。

6.2.1 部件气动力外形准确度

要求部件表面的实际外形相对于理论外形（常以检验工具设备的工作外缘代替）存在的误差应小于规定的公差值。其表现形式有外形误差、外形波纹度和表面平滑度。如图 6－5 所示为某歼击机各种部件的外形要求，不同型别的飞机，其要求是不同的，主要与飞机速度大小、各部件的功能和结构特点有关；波纹度是指一定范围内的波高误差，如机翼的外形波纹度可用直尺沿等百分比弦线进行检查；部件表面平滑度的要求包括铆钉、螺钉、焊点及焊缝等凹凸缺陷以及蒙皮对缝间隙、阶差等（见图 6－6）。

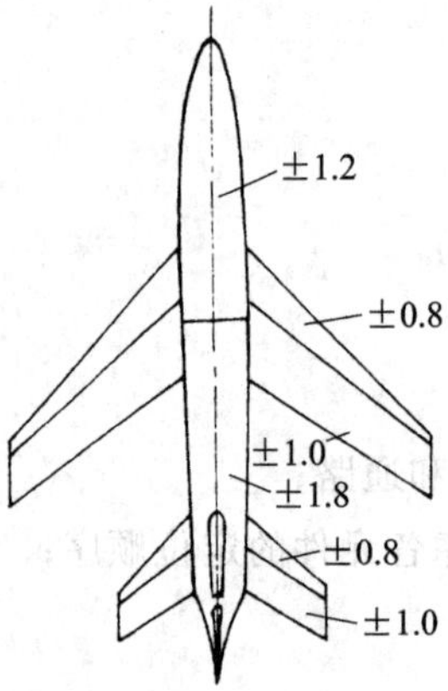

图 6－5 某型飞机各部件外形要求（单位：mm）

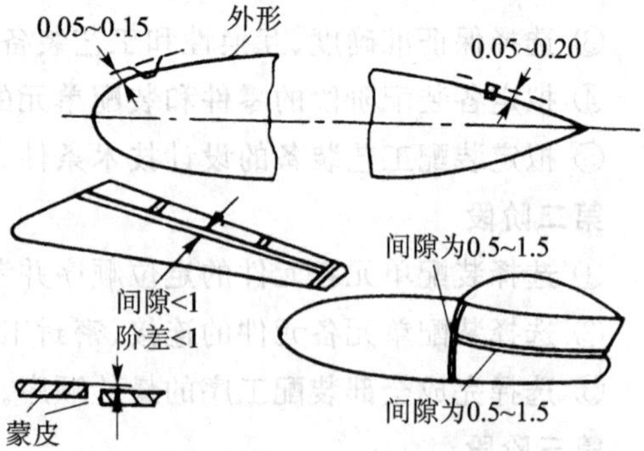

图 6－6 表面平滑度要求（单位：mm）

6.2.2 部件相对位置准确度

表示对飞机机翼、机身等部件之间相对位置的几何参数要求，如图 6－7 和图 6－8 所示。

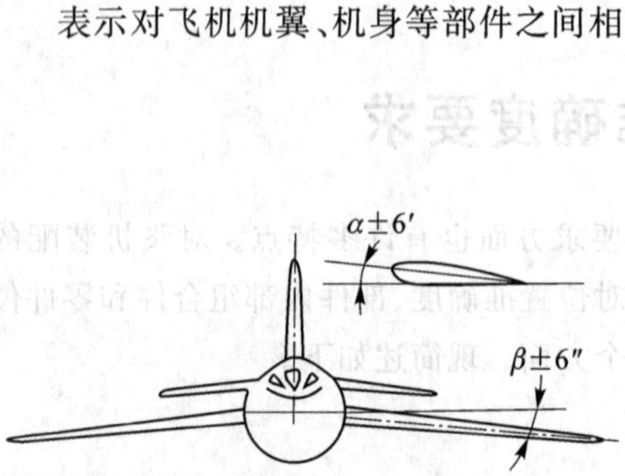

图 6－7 部件间相对位置准确度要求

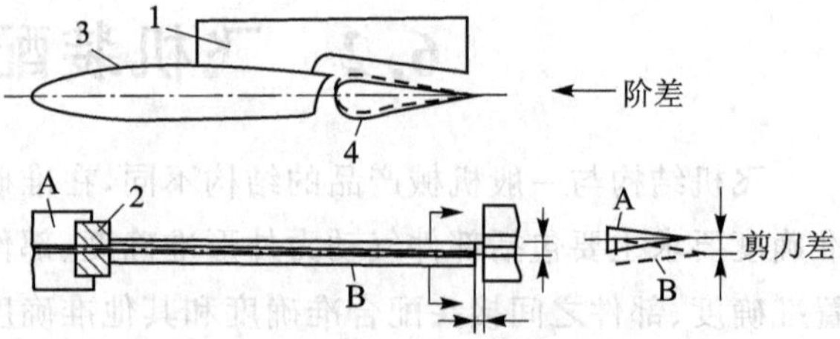

A—机翼；B—副翼

1—检验卡板；2—型架；3—机翼外形；4—副翼外形

图 6－8 副翼相对于机翼的位置准确度要求

例如机翼、尾翼相对于机身的角度要求(安装角、下反角或上反角、后掠角等);操纵面相对于固定翼面的位置要求(阶差、剪刀差和间隙等);机身各段之间的同轴性要求等。一般将其允差值换算成线性尺寸,在飞机水平测量时检验。

6.2.3　部件内部组合件和零件位置准确度

部件内部组合件和零件位置准确度是对基准轴线的位置要求,如大梁轴线、翼肋轴线、隔框轴线、长桁轴线等的实际装配位置相对于理论轴线的位置偏差。这将影响大梁、翼肋、框和长桁的位置,其准确度将影响到部件外形、部件接头位置以及结构强度等,同时对装配协调也会有直接影响。一般规定梁轴线允许的位置误差和不平度为±(0.5～1.0)mm,普通肋轴线的位置误差为±(1.0～2.0)mm,长桁位置误差在±2.0 mm 以内。

6.2.4　部件之间接头配合准确度

部件之间的对接一般都用可卸连接,常用的对接接头形式有叉耳式接头和围框式(凸缘式)接头两种,如图 6-9 所示。可卸连接接头中,螺栓与孔、叉与耳片的配合应在规定的要求范围内才不致产生强迫装配或受力不均,否则将影响部件连接强度和寿命。

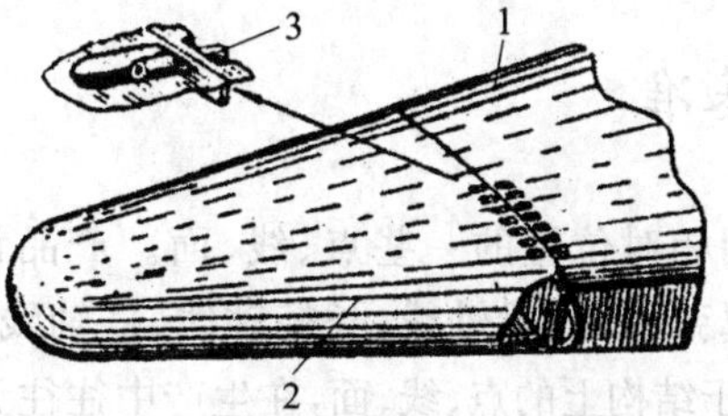

1—中央翼；2—外翼；3—围框式接头

(a) 凸缘式接头

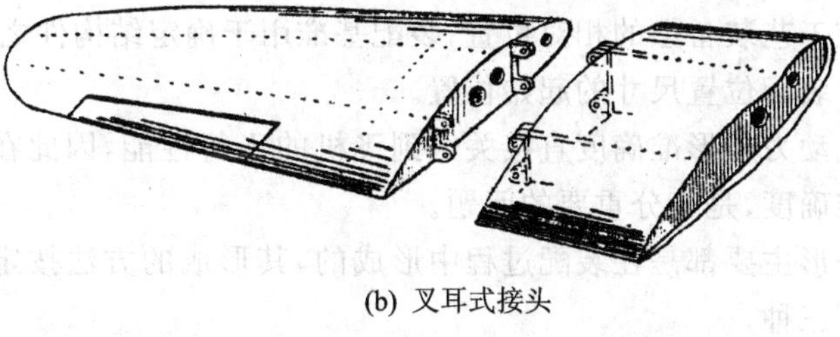

(b) 叉耳式接头

图 6-9　凸缘式与叉耳式接头形式图例

叉耳式接头的配合要求为:孔与螺栓的配合精度一般为 IT7～IT9、h 或 f 级间隙配合,如 H8/h7、H9/f9 等。当配合尺寸有公称间隙时,叉耳宽度方向上的间隙一般允许在 0.2～1.0 mm;

当无公称间隙时，叉耳尺寸的精度一般为IT8～IT11级间隙配合。对于孔轴线在一条直线上的活动翼面的三对叉耳接头(或多于三对)，接头孔的同轴度要求在一般情况下为0.4～0.6 mm。

围框式接头的技术要求如下：孔与螺栓的配合通常采用间隙配合，即孔径公称尺寸比螺栓直径公称尺寸大0.2～0.5 mm。孔和螺栓直径的精度一般为IT8～IT13。接头对接面之间的间隙，对于装配后不进行部件精加工的对接面，允许在对接时加一定厚度的斜垫片；对于进行精加工的对接面，允许局部存在0.1～0.2 mm的间隙。

6.2.5 其他准确度

如直升机旋翼的桨叶就要求严格控制其质量和质心位置；又如密封舱段的密封要求等。上述这些要求，都是为了保证飞机的飞行性能、结构强度和使用寿命而提出的。由于飞机产品是由很多零件经过许多工序装配而成的，其中影响装配准确度的因素很多，例如零件的制造误差、装配时的定位夹紧、连接过程本身以及工作环境(温度变化)的影响而产生的变形等。除了零件制造必须满足相应的准确度要求以外，其他方面就是飞机装配工艺应当达到的要求。

6.3 飞机装配中的定位、夹紧与连接

6.3.1 装配工艺基准

基准就是确定结构件之间相对位置的一些点、线、面。产品设计需要建立这样的基准，如飞机水平基准线、对称轴线、翼弦平面、梁轴线、长桁轴线、框轴线、肋轴线等，统称为设计基准。

设计基准一般都是不存在于结构上的点、线、面，在生产中往往无法直接利用。因此，在装配过程中要建立装配工艺基准，它是存在于结构件上的点、线、面，可以用来确定结构件的装配位置。

装配工艺基准按功能分为三类，即定位基准、装配基准和测量基准。其中，定位基准用于确定结构件在设备或工艺装备上的相对位置；装配基准用于确定结构件之间的相对位置；测量基准用于测量结构件装配位置尺寸的起始位置。

飞机各部件的气动力外形准确度直接关系到飞机的飞行性能，因此在装配过程中如何保证和提高部件外形准确度，是十分重要的问题。

各部件的气动外形主要都是在装配过程中形成的，其形成的方法按定位方法和装配基准的不同主要分为以下三种。

1. 以部件骨架表面为基准

以部件骨架表面为基准的装配示意图如图6-10所示。图(a)的装配过程为：翼肋按定位

孔定位、铆上桁条组成骨架；然后在骨架上装蒙皮(或板件)，用钢带或橡皮绳在蒙皮上施加外力，使蒙皮紧贴在骨架上；最后铆接骨架与蒙皮，形成部件气动外形。图(b)的装配过程为：翼肋按卡板定位，与大梁、桁条等组成骨架后，放上蒙皮，用卡板压紧，然后进行骨架与蒙皮的铆接。显然，这种以骨架为基准的装配方法，其误差积累为“由内向外”。部件气动外形的误差由以下几项组成：

$$\Delta_{部件外形}=\Delta_{骨架外形}+\Delta_{蒙皮装配}+\Delta_{蒙皮厚度}+\Delta_{骨架与蒙皮间隙}+\Delta_{装配变形}$$

部件的气动外形准确度主要取决于骨架外形准确度(包括零件制造和骨架装配的准确度)，误差积累的结果都反映到部件的蒙皮外形上，所以取得的部件气动外形准确度较低。

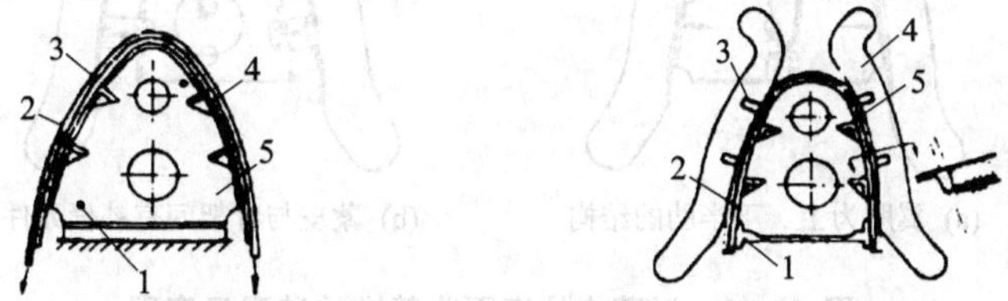

1—定位孔；2—蒙皮；3—橡皮绳；4—桁条；5—翼肋

(a) 不带卡板翼肋装配

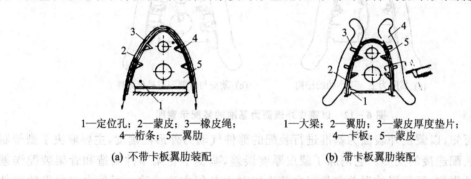

1—大梁；2—翼肋；3—蒙皮厚度垫片；4—卡板；5—蒙皮

(b) 带卡板翼肋装配

图 6-10 以部件骨架表面为基准的定位

2. 以蒙皮外表面为基准

其典型结构的装配如图 6-11 所示，特点是装配过程中蒙皮外表面紧贴在夹具定位件上。

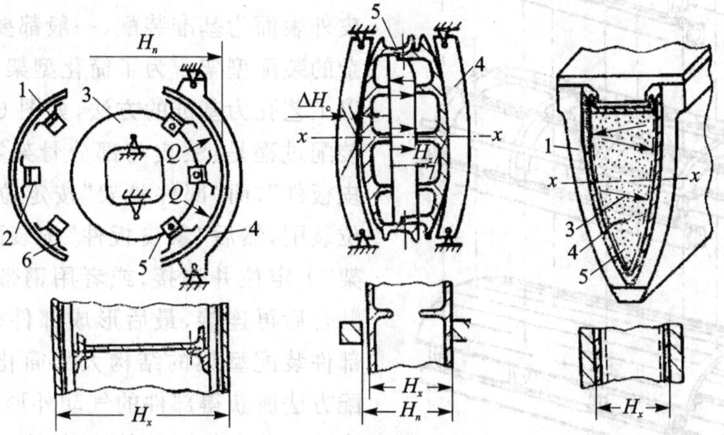

(a) 薄壁结构 (b) 整体壁板结构 (c) 发泡夹层结构

1—蒙皮(板件)；2—补偿件；3—骨架；4—卡板；5—铆钉(螺栓或胶)；6—桁条

图 6-11 按蒙皮外表面定位

又如以图 6－12 为例的以蒙皮外表面为基准的装配，先把半肋、长桁连接在蒙皮上，或把桁条、补偿角片和蒙皮连接，装配成板件，然后通过外力使蒙皮紧贴在型架卡板上，最后把上、下半肋或把补偿角片与翼肋连接，形成部件外形。它们的误差积累“由外向内”，由下列诸环节组成：

$$\Delta_{部件外形}=\Delta_{卡板外形}+\Delta_{卡板与蒙皮间隙}+\Delta_{装配变形}$$

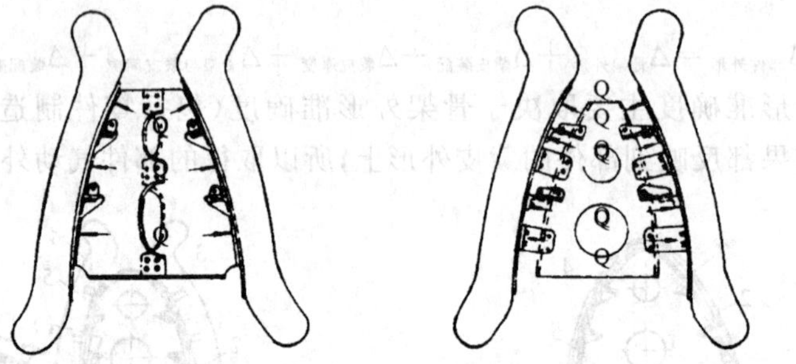

(a) 翼肋为上、下半肋的结构　　(b) 蒙皮与骨架间有补偿元件

图 6－12　以蒙皮外表面为基准的装配示意图

由上式可知，以蒙皮外表面为基准进行装配的部件气动力外形准确度，主要取决于型架制造准确度和装配连接的变形。它消除了蒙皮厚度误差，减少了骨架零件制造和骨架装配误差对部件外形的影响，所积累的误差在骨架内部连接时由补偿方法消除。可见由它取得的部件气动外形准确度较高。

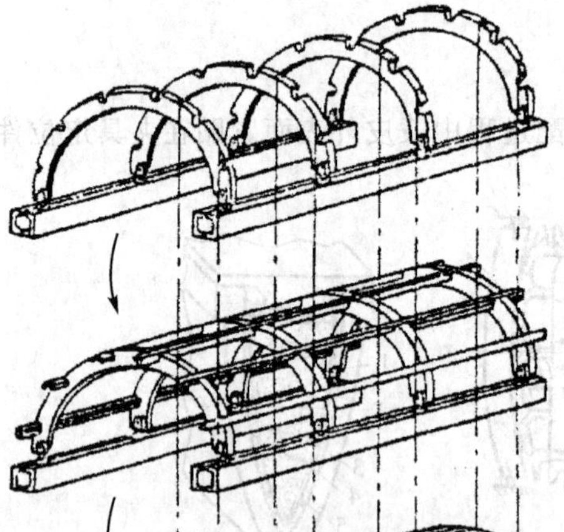

图 6－13　以工艺孔为基准的装配示意图

3. 以工艺孔为基准

无论是以部件骨架表面为基准还是以蒙皮外表面为基准装配，一般都要求使用结构复杂的装配型架。为了简化型架，有时还可采用以工艺孔为基准的方法，如图 6－13 所示。其装配过程是：蒙皮与部分骨架零件先装成“蒙皮板件”，而“部件骨架”按定位孔在型架中定位装配，然后“蒙皮板件”按装配孔在“部件骨架”上定位并连接，或者用钢带压板件与骨架贴合后再连接，最后形成部件外形，这样可使部件装配型架的结构大大简化。利用这种装配方法所获得部件的气动外形准确度，主要取决于工艺孔位置及其孔、销配合的精度。由于基准转换以及工艺孔和定位件协调制造的环节多，误差积累较大，而且还受蒙皮板件的刚

度及其外形准确度的影响，因此，该方法多适用于外形准确度要求较低的部件。

近年来，随着飞机速度的不断提高，厚蒙皮或整体壁板结构的应用愈加广泛，这类零件和结构由于刚度较大，难以在型架中通过外力进行校形，需要在结构和工艺上采取其他措施，甚至要提高整体结构件的加工准确度，以保证满足外形准确度的要求。

6.3.2 定位形式和定位基准的选择

1. 定位形式的选择

定位形式的选择取决于结构件的形状复杂程度、刚性高低、外形准确度要求、结构件的功用等。

若部件骨架与蒙皮之间设有补偿结构，或翼肋在弦平面采用重叠补偿形式，以及翼肋、隔板在弦平面为分开且不相连接的结构，才有可能采用以蒙皮外表面为基准的方法。骨架零件为整体时只能以骨架为装配基准。

对刚性较大的结构件，其定位必须满足六点定位原则；而对低刚性结构件通常采用过定位，其目的是维护结构件的形状或强迫变形使结构件符合定位件要求。但需要注意的是，过定位会产生装配应力。

决定部件外形的结构件定位时，应尽量以外形面作为定位基准；具有对接孔的接头或组件，应选择对接孔、叉耳侧面作为定位基准。

对于有轴线要求的梁、肋、框、长桁等，应尽量以其轴线面作为定位基准；有对合要求的对接孔和对接平面，应选择对接孔和对接平面作为定位基准。

2. 定位基准的选择

从工艺因素上考虑，选择装配工艺基准应注意如下几方面：

① 以结构件上的工艺孔作为工艺基准。以孔代替边缘（或外形）作为定位基准，可以简化定位方式和工装结构，在能保证位置准确度和外形准确度的前提下应优先考虑。结构上用做定位基准的工艺孔有装配孔、定位孔。

② 以工艺接头孔作为定位基准。当结构件上不允许制孔或结构上的孔不能满足定位刚度和强度要求时，以工艺接头孔作为定位基准。这种情况适于刚性较大且无产品接头孔可利用的装配件的定位。

③ 装配协调要求。不同组件的协调部位的定位基准应统一。如普通框分段装在几块壁板上，各框段在各壁板上的定位基准应选在同一平面上。另外，同一组件在不同夹具上的定位基准应该统一。

在选择定位基准和装配基准时应遵循以下 4 个原则：

① 装配定位基准与设计基准相统一的原则。结构件定位应尽可能直接利用设计基准作

为装配定位基准。当不能直接利用时,应通过工艺装备间接地实现基准的统一。如当机翼翼肋的位置在图样上是用肋轴线确定的定位翼肋时,应选择翼肋轴线面作为定位基准。

② 装配定位基准与零件加工基准相统一的原则。尽量使装配定位基准与零件加工基准相统一,否则应进行协调。如整体翼肋、整体大梁数控加工时的定位基准孔,在装配夹具内定位时也应采用该孔作为装配定位基准,这样能保证较高的位置准确度。

③ 装配基准与定位基准重合的原则。如部件或分部件为叉耳对接或围框式对接,则这些接头或平面在部件(分部件)装配时是定位基准,在部件对接时选作装配基准。

④ 基准不变的原则。在部件的装配过程中,每道工序及每一个装配阶段(装配单元)都用同一基准进行定位,即构件的二次定位应采用同一定位基准。如在机翼前梁装配时,以前梁接头对接孔作为定位基准,则在前梁与前缘对合、部件总装时,均应以该接头对接孔作为定位基准。

6.3.3 飞机装配中的定位与夹紧

在装配过程中,首先要确定零件、组合件、板件、段件之间的相对位置,这就是装配定位。被装配的工件定位好后,应夹紧固定,然后再进行连接。

在装配工作中,对飞机装配的定位有如下要求:

① 保证定位符合飞机图纸和技术条件中所规定的准确度要求;

② 被装配工件的定位和夹紧固定要可靠,操作迅速、方便;

③ 所用的工艺装备要简单,制造费用低。

一个工件若没有约束,则在空间有六个自由度,即沿 x、y、z 轴的移动和绕这三个轴线的转动(见图 6-14)。定位的任务就是限制这六个自由度。

在一般的机械产品中,工件的刚性大,通过约束其六个自由度,即“六点定位原则”,即可完全确定该工件的空间位置。

对飞机大多数工件来说,由于其刚度低,为防止变形,并使定位误差不致集中积累在某一面上,同时又为了便于在装配时检验零件(装配工件)的制造准确度,常采用多定位面的“超六点定位”,亦即“过定位”。例如图 6-15 所示的利用工艺孔和平面确定翼肋缘条和腹板的位置,在一平面上定位某一零件,平面本身对被定位的零件就已约束了三个自由度(一个移动和两个转动),再加缘条两端的两个工艺孔就已完全约束了另外三个自由度。但一般对于尺寸大、刚度小的薄壁钣金件,尤其是定位准确度要求较高的工件,往往采用“过定位”,如图 6-15 中缘条在腹板上的定位就采用了三个工艺孔。

“过定位”可能带来的问题是“定位干涉”,如上述翼肋缘条在腹板上的定位,在缘条两端两个工艺孔内插入定位销后,第三个孔可能就插不进销子。主要原因在于工件与工件、或工件与定位件之间的协调误差过大。解决的方法一是保证工件和定位件的制造准确度,二是要合理选择装配基准。

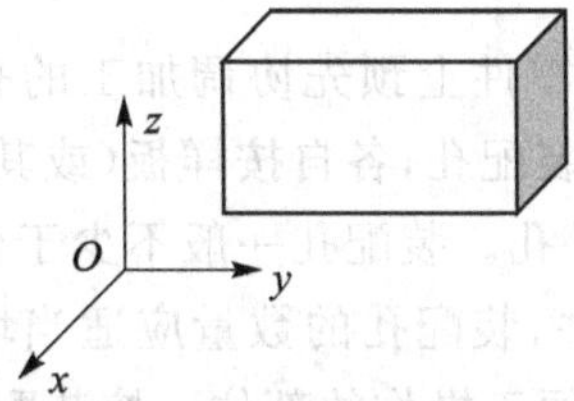

图 6-14　空间刚体的自由度

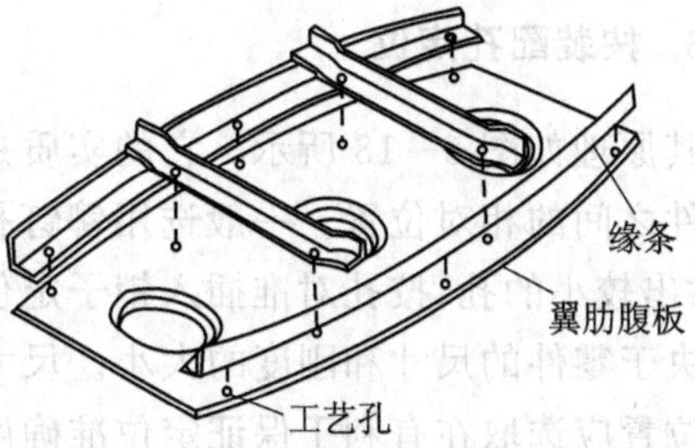

图 6-15　翼肋各零件按工艺孔定位

在飞机装配中，常用的定位方法有按基准工件定位、按划线定位、按装配孔定位和按装配夹具(型架)定位。

1. 按基准工件定位

主要适用于刚度比较大的工件，是一般机械制造中基本的装配定位方法，其定位准确度取决于工件的刚度和加工准确度。在飞机装配中，由于工件刚性差，构造复杂，此法常作为辅助的定位方法。例如按长桁上已装的角片确定框、桁条的纵向(展向)位置(见图 6-16)；或者利用框、肋上的缺口弯边，确定桁条的位置。此外，当工件在装配过程中获得较大的刚度时，则后装零件可以按该工件定位，如按装配成的骨架定位蒙皮等。

2. 按划线定位

按划线定位即根据飞机结构图纸用通用量具划线定位(见图 6-17)，也可在专用的透明胶片上用接触照相法画线。这种方法的效率和定位准确度较低，对工人要求较高，主要用在试制和小量生产时，尤其适用于刚度较大、位置准确度要求不高，或者尺寸关系比较简单的工件。在成批生产中应尽量不用或少用这种方法。

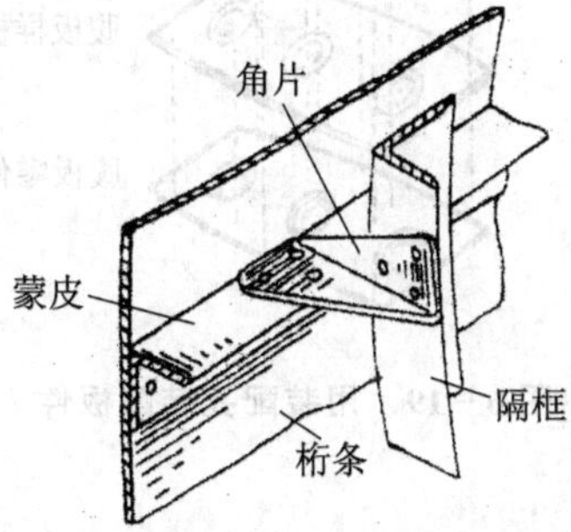

图 6-16　按角片确定框的纵向位置

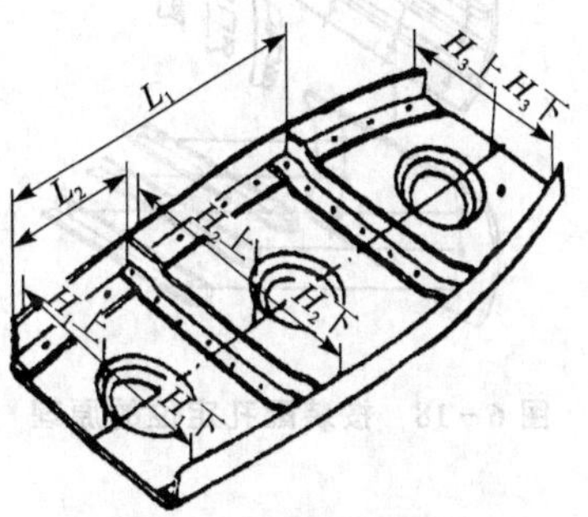

图 6-17　翼肋装配用划线定位

3. 按装配孔定位

其原理如图 6-18 所示。它的实质是按有定位关系的零件上预先协调加工的孔，直接确定零件之间的相对位置。一般选用铆钉孔（或螺栓孔）作为装配孔，各自按样板（或其他协调工具）钻出较小的孔，按孔对准插入销子定位，装配铆接时再扩孔。装配孔一般不少于 2 个，其数量取决于零件的尺寸和刚度的大小。尺寸大、刚度小的零件，装配孔的数量应适当增多，装配孔的位置应选取在有利于保证定位准确度、比较可靠，以及便于操作的部位。按装配孔定位的准确度主要取决于装配孔的协调制造方法，以及定位时孔、销的配合精度，由于协调环节较多，误差积累一般较大。但其显著的优点是：定位方便迅速，不需要专用夹具，或者可简化夹具，提高定位效率。因此，在能够保证定位准确度要求的前提下，应尽量广泛采用装配孔定位。

为保证相连接的零件之间的装配孔是协调的，一般采用模线样板法。首先按 1∶1 的尺寸准确地在铝板上画出组合件的结构图（结构模线），在结构图上标出装配孔，然后以结构图为标准分别制造各零件钻孔用的样板，零件上的装配孔则按各自的样板钻孔。装配孔的加工和协调路线如图 6-19 所示。由于各个零件上装配孔的位置是根据同一个标准制出的，因而能保证装配孔之间的协调。

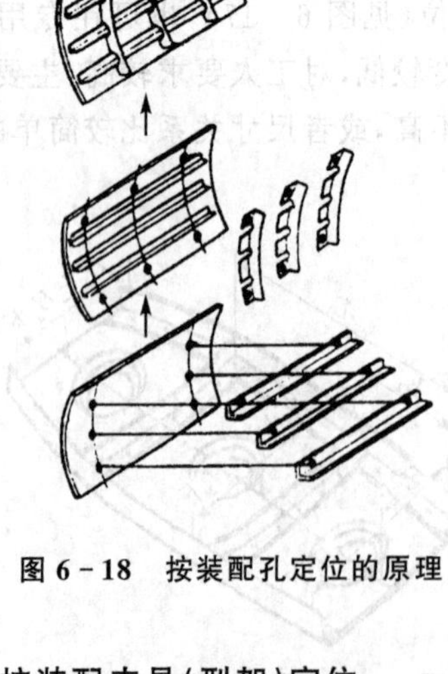

图 6-18 按装配孔定位的原理

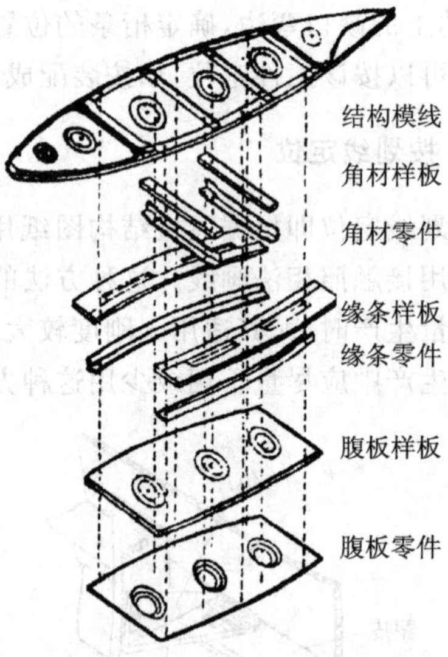

图 6-19 用装配孔装配板件

4. 按装配夹具(型架)定位

它是飞机装配中应用最广泛的基本定位方法。如图 6-20 所示，翼肋腹板以定位销定位；

上、下缘条以定位件和挡块定位，并用夹紧件将缘条和腹板压紧在定位面上。加强角材也可用定位件夹紧定位(图中未示出)，由于加强角材位置准确度的要求不高，一般可用划线方法或用装配孔方法来定位。

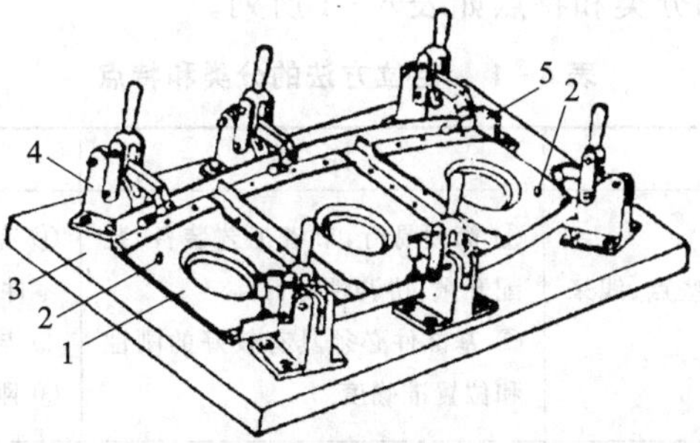

1—翼肋腹板；2—定位销；3—夹具底座；4—定位夹紧件；5—挡板

图 6-20　翼肋装配用夹具定位

图 6-21 为机翼装配型架示意图。机翼外形由卡板定位，机翼接头和副翼悬挂接头由代表产品之间连接关系的接头定位器来定位。

飞机零件、组合件的尺寸大、刚性小，在飞机装配中装配夹具的功能与一般机械产品装配夹具的功能有明显的不同。后者的主要用途是提高生产率，而前者是保证零组件相对位置准确度所必不可少的。此外，按夹具的定位件定位，由于夹紧、支托作用，对于低刚性零件还能消除定位间隙，限制装配变形，所以定位准确可靠。利用夹具进行装配定位操作迅速、方便，生产效率较高。

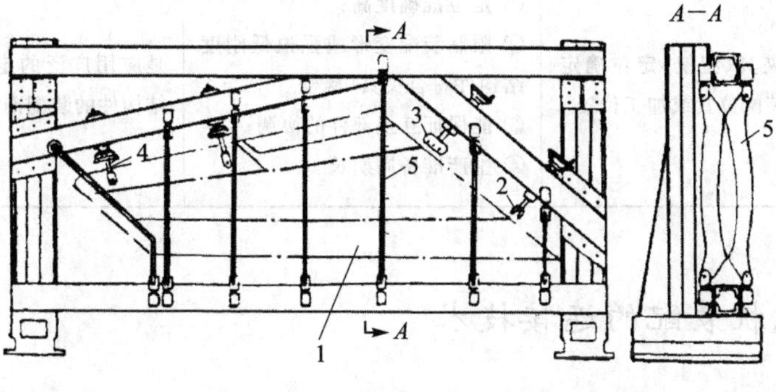

1—机翼；2—前梁接头定位器；3—主梁接头定位器；4—副翼悬挂接头定位器；5—卡板

图 6-21　机翼装配型架示意图

上述几种基本的定位方法有各自的优缺点，在实际生产中，应根据装配工件的结构特点、质量要求以及生产任务和生产条件等进行综合分析，合理选用定位方法。一般情况经常是几种方法综合使用。在成批生产中，主要应用装配夹具(型架)定位，尤其对于比较复杂的装配件以及与部件气动外形密切相关的零件和接头的定位，一般都需要用夹具定位；在广泛采用夹具的同时，用装配孔定位也较多，它对简化装配夹具十分有利；而划线定位法，在部件装配时，对结构内部的连接片、支架、固定板等的定位，也常有采用。

归结起来，定位方法的分类和特点如表 6-1 所列。

表 6-1 定位方法的分类和特点

类别	方法	特点	选用
基准件定位法	以产品结构件上的某些点、线来确定待装件的位置	① 简便易行，节省工艺装备，装配开敞，协调性好； ② 基准件必须具有较好的刚性和位置准确度	① 有配合关系且尺寸或形状相一致的零件之间的装配； ② 与其他定位方法混合使用； ③ 刚性好的整体结构件的装配
划线定位法	① 用通用量具和工具划线； ② 用专用样板划线； ③ 用明胶模板晒相方法	① 简便易行； ② 装配准确度较低； ③ 工作效率低； ④ 节省工艺装备费用	① 新机研制时尽可能采用； ② 成批生产时，简单的、易于测量的、准确度要求不高的零件定位； ③ 作为其他定位方法的辅助定位
装配孔定位法	在相互连接的零件(组合件)上，按一定的协调路线分别制出孔，装配时零件以对应的孔定位来确定零件(组合件)的相对位置	① 定位迅速、方便； ② 不用或仅用简易的工艺装备； ③ 定位准确度比装配夹具定位的低，比划线定位的高	① 单曲度和平滑双曲度壁板中蒙皮、长桁、框的装配； ② 内部加强件的定位； ③ 平面组合件非外形零件的定位； ④ 组合件之间的定位
装配夹具定位法	利用型架夹具(型架)定位确定结构件的装配位置或加工位置	① 定位准确度高； ② 限制装配变形或强迫低刚度结构件符合夹具(型架)； ③ 能保证互换部件的协调； ④ 生产准备周期长	是应用广泛的定位方法，能保证各类结构件的装配准确度要求

6.3.4 飞机装配的连接技术

在飞机装配中，使用着各种不同的连接方法，其中应用较多的是铆接、胶接、接触点焊和螺栓连接。飞机机体上连接方法的选用主要取决于各部件的结构及其构件所用的材料。例如铝合金薄壁结构的飞机，大量采用铆接，约占全机总连接量的 80 %。铝合金夹层结构的飞机部件，主要采用胶接，在有的飞机上胶接夹层结构已占全机表面的 70 %左右。有些蒙皮桁条式薄壁结构的部件，是以接触点焊为主的，机体上的焊点数已达 30 万个左右。当飞机部件采用以整体壁板和整体构件为主的结构时,铆接就大大减少,而螺栓连接明显增多。飞机结构中的重要承力部位,尤其是各部件之间的可卸连接,主要采用螺栓连接。对于复合材料结构,用得最多的是铆接和胶铆连接。随着航空材料和飞机结构的发展更新,在飞机制造中一些新的连接方法如电子束焊、扩散连接等也已有所应用。这里主要介绍铆接、胶接、点焊、螺接等连接工艺。

铆接和螺栓连接属于机械连接,是飞机的主要装配手段。机械连接在强度、耐腐蚀和成本方面具有其他方法所不可比拟的优点,所用工具价廉、简单,对工件不要求进行预处理,检验直观、省工,出现故障易于排除。随着机械连接技术的不断发展,机械连接可以更好地满足现代飞机对疲劳性能的要求。

胶接是一种先进的连接方法,具有应力集中小、疲劳强度高、结构质量轻、密封性好、表面光滑、劳动强度低等优点,成批生产时,成本较为合理。

点焊适于薄壁钣金件的连接,与用铆接及胶接相比较,具有生产效率高、成本低的显著优点,比铆接结构质量轻,表面也光滑些,可显著地改善劳动强度。

1. 铆　接

铆接是一种不可拆卸的连接形式。从 20 世纪 30 年代飞机机体采用铝合金薄壁结构以来,就广泛地应用了这种连接方法。与其他连接形式相比,虽然铆接降低了结构的强度,疲劳性能较差,增加了结构的质量,铆接变形大,手工劳动量的比重大,劳动条件较差,但它的工艺过程简单,连接强度稳定可靠,检查和排除故障容易,能适应各种金属及非金属材料之间的连接,能适应比较复杂和不够开敞的结构连接。这些正是其他连接方法目前还难以做到的。随着铆接工具设备不断改进和铆接机械化、自动化程度的逐步发展,新的铆接方法不断采用,使铆接结构的疲劳寿命和密封性能都有了显著提高;在铆接质量得到提高的同时,劳动强度和劳动条件也都有所改善。因此,铆接仍是飞机装配中应用最广泛的连接方法。

由于飞机机体各部位结构的要求不同,因此飞机装配中采用各种不同的铆钉和铆接方法。例如伊尔—86 飞机机体结构上的主要连接形式是铆接,全机共用铆钉 148 万个,其中普通铆钉占近 60 %,其余为特种铆钉。

(1) 普通铆钉铆接

普通铆钉铆接的典型工艺过程是:确定钉孔位置,制铆钉孔(以及制埋头窝),铆钉插入钉孔后进行铆接,如图 6-22 所示。铆钉孔直径一般比铆钉杆直径大 0.1～0.3 mm,这样既便于放铆钉,铆接后又能使钉杆较好地填满钉孔。铆钉孔的边距、孔距和排距,一般允差为 ±1 mm。常用的定孔位方法有:按尺寸划线、按导孔(见图 6-23)、按样板(见图 6-24)以及按钻模(见图 6-25)等几种。

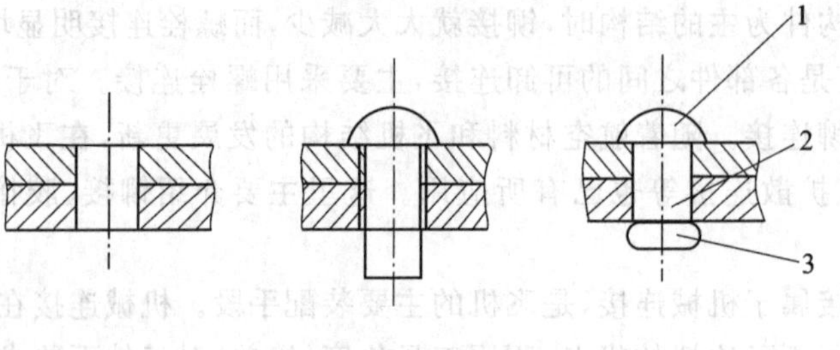

1—钉头；2—钉杆；3—镦头

图 6-22 铆接典型工序

图 6-23 按导孔钻孔

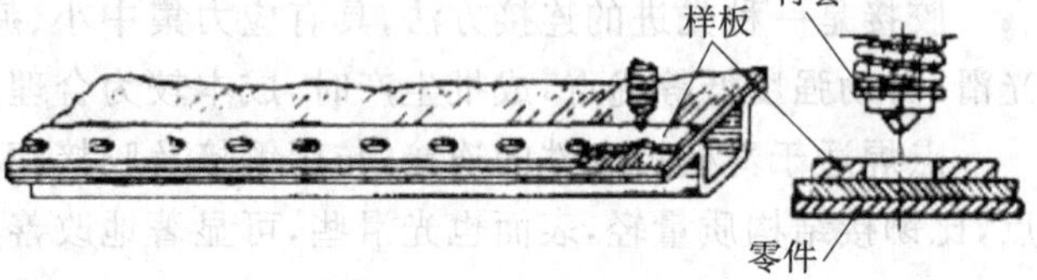

图 6-24 按样板钻孔

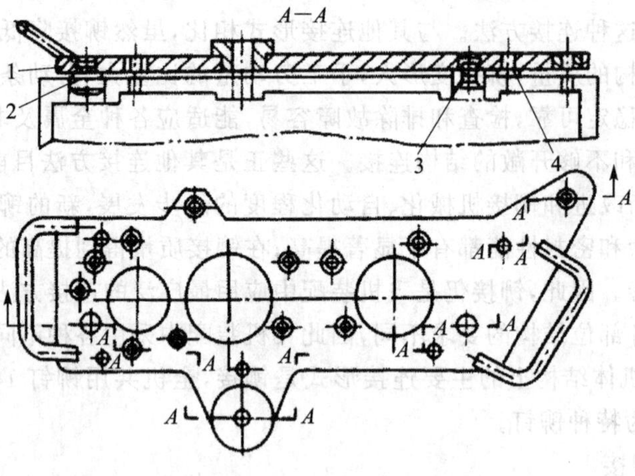

1—钻模板；2、3—定位销；4—支承钉

图 6-25 按钻模钻孔

对埋头铆钉，钻孔后还需制埋头窝。埋头窝的准确度对工件的外形表面平滑度和铆缝强度都有影响，为保证质量，一般规定为埋头窝应稍浅些，铆接后允许钉头凸出 0～0.1 mm，而不允许下陷，如图 6-26 所示。埋头窝的加工方法取决于铆接件的材料厚度；划窝法要求板料厚度大于钉头高度；冲窝法用于薄工件；对于薄蒙皮厚骨架结构，则骨架上用划窝而蒙皮用冲窝。划窝法常用能限制窝深的划窝钻，装在风钻或钻床上加工。冲窝法则用凸凹模或以铆钉头作冲模直接冲压,也可用旋压工具制窝。

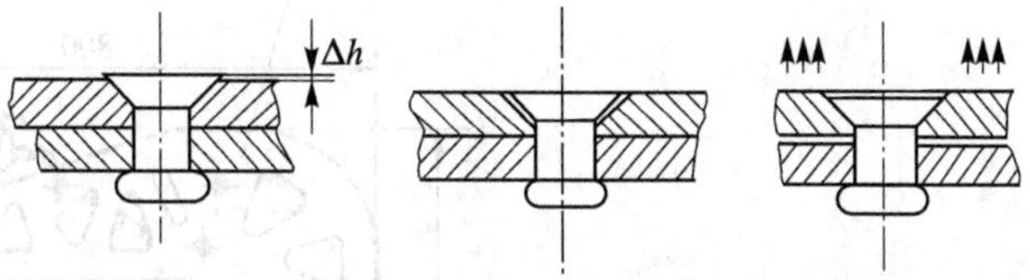

(a) 正确的埋头铆接　(b) 埋头窝过深的情况

图 6-26　埋头窝的深度要求

铆接过程是把钉杆镦粗,并在钉杆的一端形成镦头。铆接方法根据作用力的不同,可分为锤铆和压铆。

锤铆是利用气动铆枪以冲击载荷进行铆接,按锤击铆钉的部位不同,又区分为正铆和反铆(见图 6-27)。正铆是铆枪在镦头一面直接锤击钉杆,而用较重的顶铁顶住铆钉头;反铆则相反,铆枪在钉头一面锤击而顶铁顶住钉杆。正铆法的工件表面质量好,引起工件的变形较小,但它要求顶铁重,工人劳动强度大,而且铆枪要进入工件结构内,要求开敞可达。反铆法的显著优点是顶铁轻巧,一般为正铆用顶铁的 1/4 重,操作灵活方便,受工件结构限制较少,而且部分锤击力能促使工件紧贴消除间隙,但反铆易使工件变形,甚至造成钉头附近局部下陷。在飞机生产中广泛采用反铆法;而对于工件表面平滑度要求高的部位,应尽可能采用正铆。

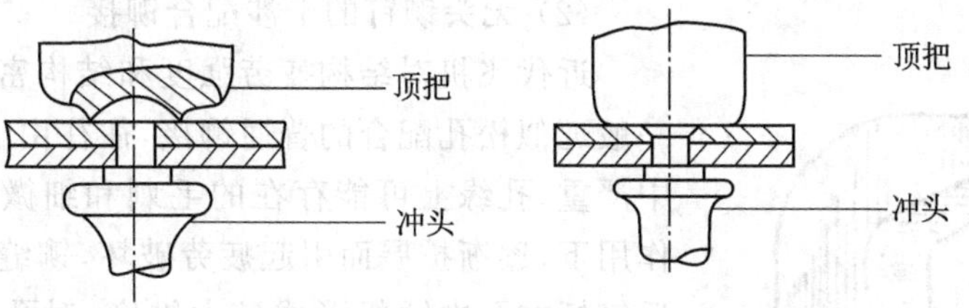

(a) 正　铆　(b) 反　铆

图 6-27　正铆法和反铆法

锤铆法应用的工具,主要是各种形式的铆枪以及与铆枪一起配合使用的各种形状的铆卡(冲头)和顶铁。

压铆是利用压铆机的静压力使铆钉杆胀粗并形成镦头。压铆时无噪声和振动,钉杆镦粗比较均匀,工件的铆接变形较小,连接强度比锤铆高 2 %～3 %。铆接质量稳定,生产效率高,因此生产上应尽可能多用压铆,要求提高压铆率。但能否采用压铆,主要取决于工件结构的开敞性,压铆率已作为评价铆接结构工艺性的重要指标之一。

现用的压铆机,按其使用特点有如图 6-28 所示的手提式压铆机和如图 6-29 所示的固定式单个压铆机,以及如图 6-30 所示的固定式成组压铆机。

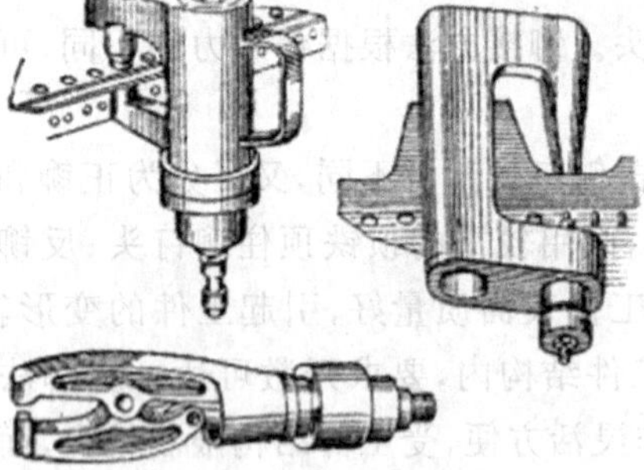

图 6-28　手提式压铆机

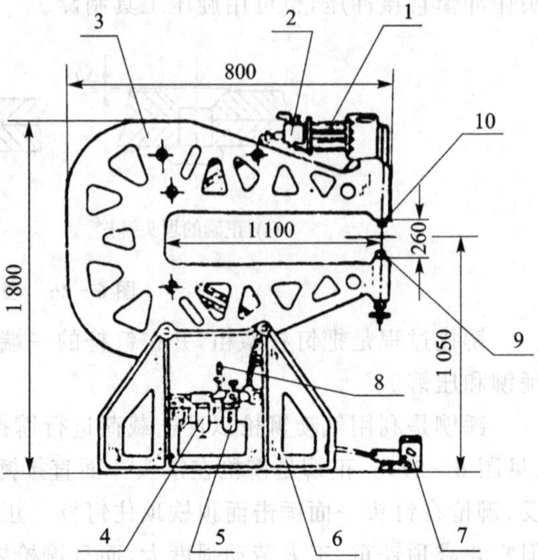

1—气缸；2—冷气分配阀；3—弓臂；4—气滤；5—自动注油器；6—支座；7—操纵踏板；8—压力表；9—下柱杆；10—上柱杆

图 6-29　固定式单个压铆机

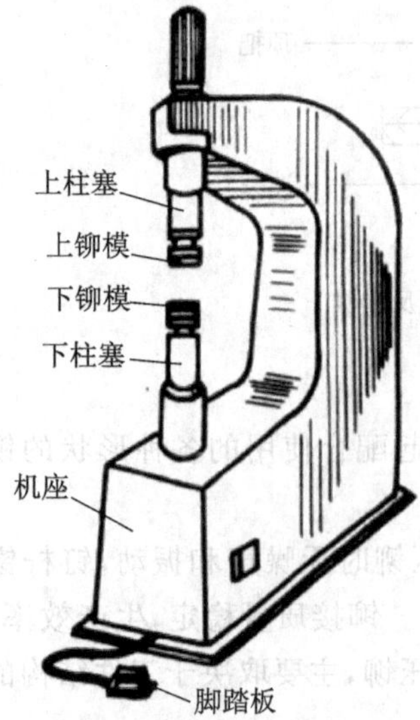

图 6-30　固定式成组压铆机

(2) 无头铆钉的干涉配合铆接

近代飞机对结构疲劳强度和结构密封性的要求很高，一般近似松孔配合的普通铆接，往往由于钉孔边缘应力集中严重，孔缘上可能存在的毛刺和细微裂纹，在交变载荷作用下，逐渐扩展而引起疲劳破坏，铆缝疲劳强度低；铆接后钉杆在孔内镦粗形成较大锥度，对孔壁挤压不均匀，使工件的铆接变形较大，而且铆缝的密封性也差。寻求的解决办法之一是采用无头铆钉的干涉配合铆接。

无头铆钉铆接，是将没有铆钉头的实心圆杆作为铆钉，铆钉在压铆过程中镦粗，同时在两端形成钉头和镦头。对于埋头铆钉，再将凸出外表面的部分铣平，如图 6-31(a)所示；有的无头铆钉铆成凸头，如图 6-31(b)所示。

开始采用无头铆钉是为了在自动铆接机上输送铆钉方便，后来的实践证明，采用无头铆钉铆接的优点还在于铆接后沿铆钉全长可形成较均匀的干涉配合。一般用相对干涉量表示：

$$相对干涉量=\frac{D-D_0}{D_0}\times 100\ \%$$

式中，D_0为铆前孔径，D为铆后孔径。

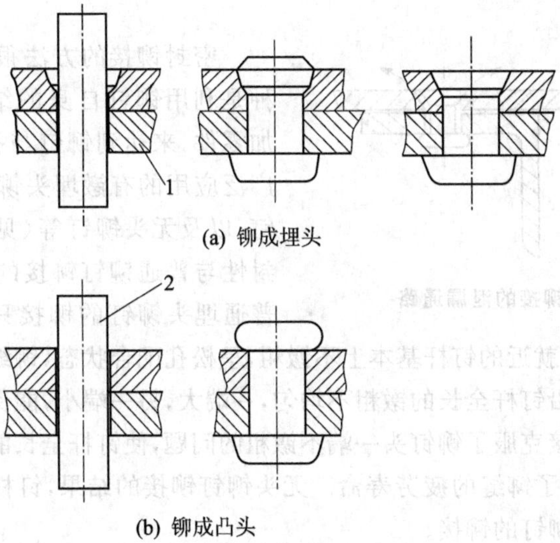

1—工件；2—无头铆钉

图 6-31　无头铆钉的干涉配合铆接

有适当干涉量的干涉配合，能成倍地提高连接结构的疲劳寿命。同时，采用无头铆钉干涉配合的铆接，还能够可靠地保证铆钉自身的密封性。

由实验表明，铆接时得到了一定的均匀干涉量(大于 0.4 %时)，才能有效地提高铆缝疲劳寿命。开始时疲劳寿命随干涉量的增加而提高，当干涉量达到一定值时，疲劳寿命最高，如干涉量再增大，疲劳寿命反而降低，而且对防止铆接变形和应力腐蚀也不利。干涉量控制在原孔径的 1.5 %～3 %时为最佳(见图 6-32)。与普通铆接相比，干涉配合铆接的疲劳寿命可提高近 5 倍。

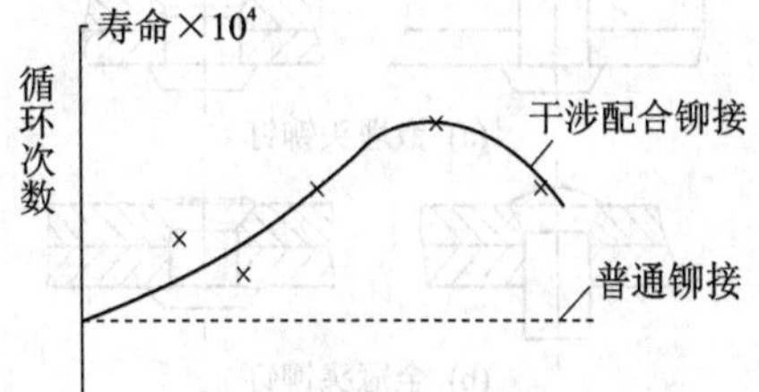

图 6-32　干涉配合铆接的疲劳寿命对比

(3) 密封铆接

飞机在高空中飞行，气压随飞行高度增加而降低，为了使座舱内有一定的气压，保证乘坐人员有舒适的工作和生活环境，舱体就必须密封。由于飞机经常处于高温、严寒、雨淋、日晒等恶劣环境中飞行，因此其密封要求比较高。

现代飞机的机身和机翼的一部分结构形成整体油箱。对于整体油箱，要求在高温或低温下以及各种载荷的情况下都不漏油。密封的作用是：保持座舱中的剩余压力(应保持 2.45～0.59 N/cm^2)；防止燃料从整体油箱中渗漏；防止腐蚀性液体和气体以及雨水渗入机体等。而普通铆钉的铆缝总是存在泄漏通路，如图 6－33 所示。因此，必须采取密封措施，寻求密封方法，消除缝隙堵塞泄漏。

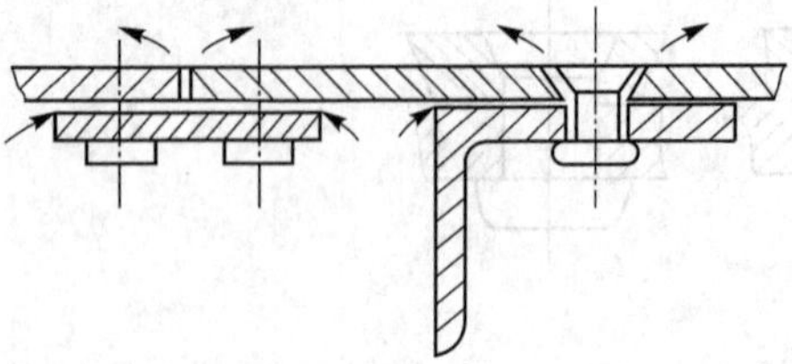

图 6－33　普通铆接的泄漏通路

密封铆接的方法很多，可归纳为两种。一种是利用铆钉自身的结构特点或在铆钉上附加零件，来达到铆钉与孔壁之间的密封。比较广泛应用的有镦埋头铆钉(自封铆钉)、冠头铆钉，以及无头铆钉等(见图 6－34)。它们的密封性与普通铆钉铆接的比较如图 6－35 所示。普通埋头铆钉的铆接只是靠近镦头端的钉杆销有镦粗，而铆钉头及其就近的钉杆基本上不镦粗，呈松孔配合状态，铆缝不密封，疲劳寿命也很差。镦埋头铆钉铆接后沿钉杆全长的镦粗不均匀，一端大，另一端小，能保证一定的密封性，但不够理想。冠头铆钉的铆接克服了铆钉头一端不镦粗的问题，使钉杆全长能均匀镦粗，其结果不仅密封性好，而且明显提高了铆缝的疲劳寿命。无头铆钉铆接的结果，钉杆镦粗最均匀，其密封性和疲劳寿命都优于冠头铆钉的铆接。

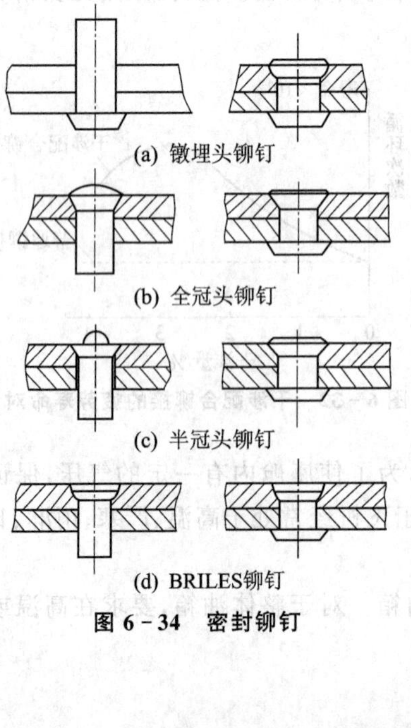

图 6－34　密封铆钉

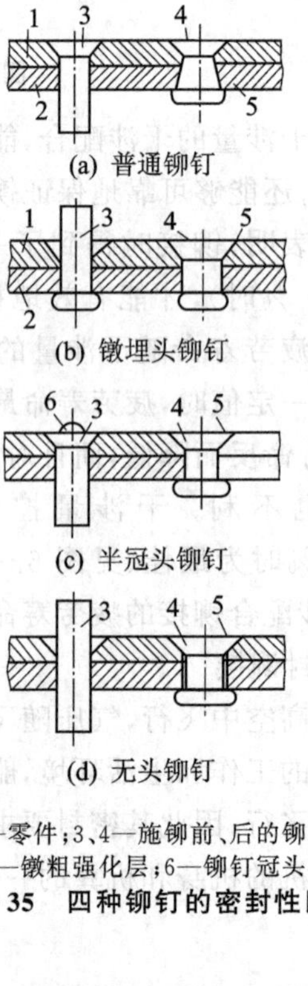

1、2—零件；3、4—施铆前、后的铆钉；
5—镦粗强化层；6—铆钉冠头

图 6－35　四种铆钉的密封性比较

其他还有锥形钉杆的铆钉以及铆钉上附加橡胶圈或铝套的密封方法(见图 6-36)等。另一种是在铆缝的适当部位,补加放置密封材料,达到连接零件接触表面之间的密封。这种方法主要有缝内密封(见图 6-37)和表面密封(见图 6-38)以及混合密封等。缝内密封是在零件之间铺设密封胶条、胶膜,或者在一个零件上铣出专用沟槽并注入密封胶(见图 6-39)。表面密封采用密封膏或密封胶液,在已铆接好的构件上,填充、涂敷,或刷涂、流注到需要密封的部位。混合密封是缝内密封和表面密封相结合的方法。实际应用中还发展了采用铆钉自身密封与表面密封相结合的方法,即所谓"干铆"与"湿涂"相结合的方法取代工艺操作过于繁琐的混合密封法。

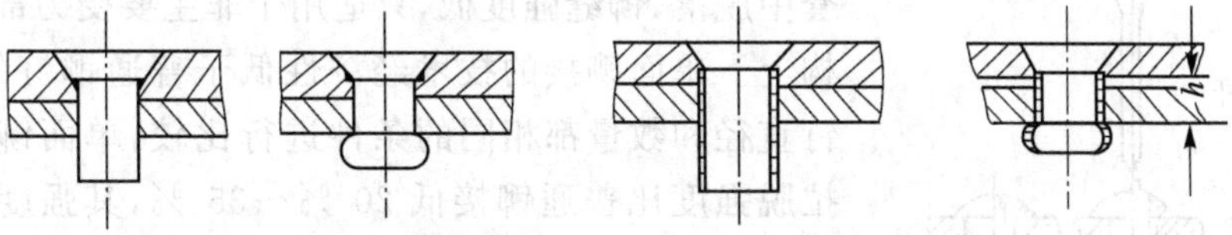

(a) 附加橡胶圈的密封方法　(b) 附加铝套的密封方法

图 6-36　橡胶圈和铝套密封

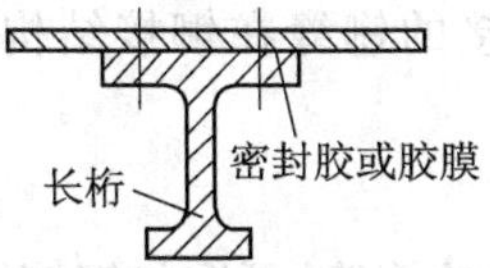

图 6-37　缝内密封

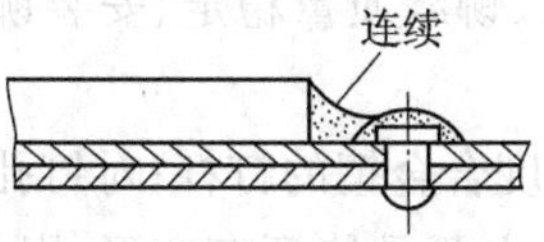

图 6-38　表面密封

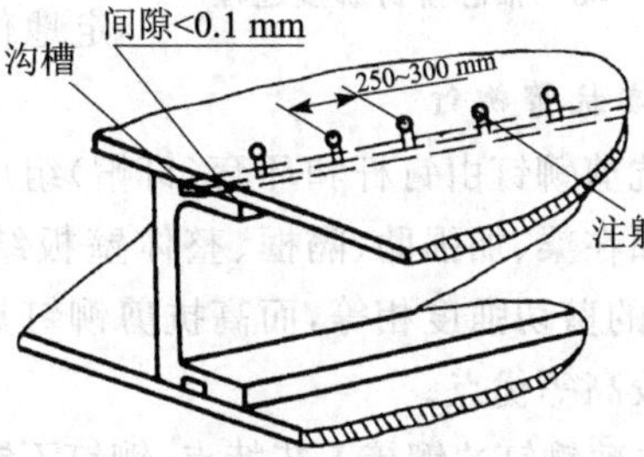

图 6-39　沟槽密封示例

对密封胶的要求,首先是与金属有很好的粘合力,在结构受力和产生变形的情况下也能保证可靠的密封;其次是耐老化,要求和飞机有同样的使用寿命。密封铆接中用的密封材料主要是聚硫橡胶。它们以膜片状、膏状和液体状态的形式提供使用。在密封材料中,还有密封腻子,用不变硬的不干性腻子注射在铆缝的预制沟槽中,用来堵住铆缝的泄漏。

铆接后,必须经过严格的密封试验。密封试验有气密试验和油密试验。前者是向密封容器内充以压缩空气,观察在一定时间内的压力降。后者是在整体油箱内装 80 %的燃油,充以一定的压缩空气,在连接件与结构间的缝隙处涂上试剂,在各种状态下停放一段时间,观察有无燃油泄漏;上述试验合格后,油箱不充压,模拟各种状态,再停放 14～21 h,如不漏油才为合格。

(4) 特种铆钉的铆接

在飞机的铆接技术中，除了采用普通铆接和无头铆钉铆接外，还有若干特种铆钉以适应各种要求。如在结构比较封闭的地方，采用单面铆接；对承受很大剪力的构件上，采用高抗剪铆钉和环槽铆钉。

1）单面铆接的铆钉——抽芯铆钉

抽芯铆钉由空心钉套和芯杆两部分组成。用手动抽钉钳或气动抽钉枪拉动芯杆，使铆钉胀粗形成镦头。其工艺过程如图 6－40 所示，芯杆易从钉套中脱落，铆缝强度低，只适用于非主要受力部位的封闭结构上。单面铆接的技术经济性低于普通铆钉的铆接，以铆钉直径和数量都相同的条件进行比较，单面铆接的剪切和拉脱强度比普通铆接低 20 %～35 %，其强度的稳定性只有普通铆接的 1/2～1/4，但其成本却比普通铆接高 2～3 倍。尽管这样，为适应结构封闭部位的需求，以及减轻锤铆工作量，即使在比较开敞的结构部位有时也适当采用单面铆接的铆钉，可见单面铆接的铆缝在铆接结构中已占有一定地位。

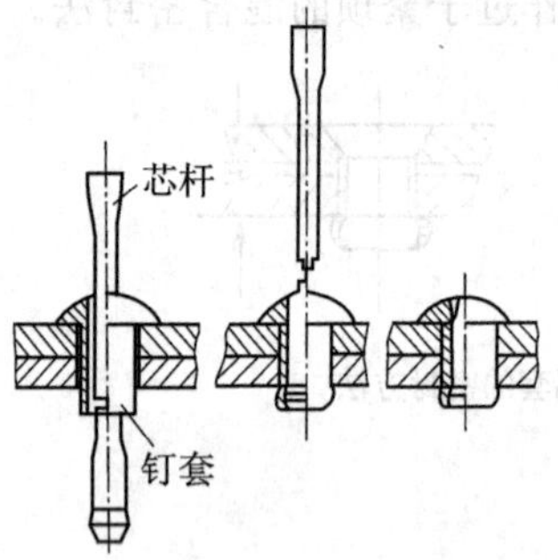

图 6－40　抽芯铆钉铆接过程

2）高抗剪铆钉

高抗剪铆钉由钉杆和环套(钉帽)组成。用于承受大剪力的铆缝，可取代钢铆钉，也可代替螺栓。如在梁、加强肋、隔框、整体壁板结构中，用高抗剪铆钉代替螺栓是合理的。与螺栓相比，它们的剪切强度相等，而高抗剪铆钉具有质量轻、价格低、铆缝质量稳定、安装铆接方便、生产效率较高等优点。

高抗剪铆钉的铆接工艺特点：铆钉不镦粗，因此采用高强度合金钢的钉杆；对钉孔要求高，钻孔后需铰孔(或拉削)，甚至要求对孔壁做强化处理；铆接过程主要是使环套变形，嵌入钉杆细颈内，一般都用正铆法或压铆法。如图 6－41 所示，图(a)为放铆钉和环圈；图(b)为将模腔对准铆钉头并用顶把顶住；图(c)为施铆过程，图(d)为铆完成形，环圈余料被从模腔中甩出。

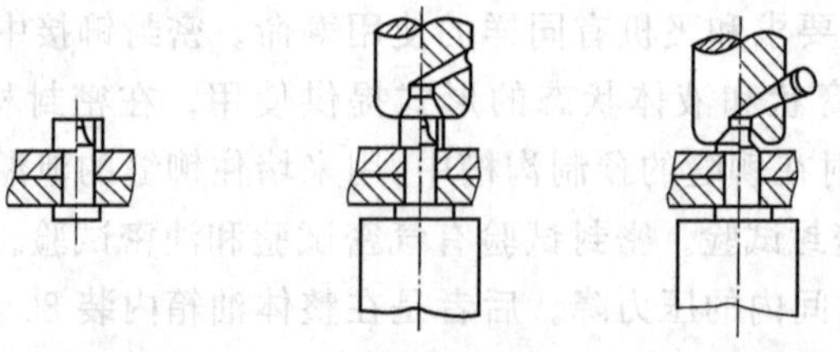

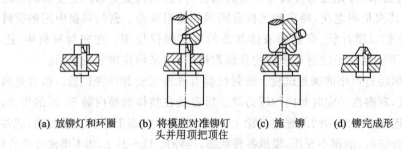

(a) 放铆灯和环圈　(b) 将模腔对准铆钉头并用顶把顶住　(c) 施　铆　(d) 铆完成形

图 6－41　高抗剪铆钉的铆接

3）环槽铆钉

环槽铆钉又称虎克铆钉、螺栓铆钉。它由带槽的钉杆和钉套（钉帽）两部分组成，铆接后不是镦粗钉杆，而是用拉枪将钉套的一部分材料挤入实心钉杆的环槽内，形成紧固连接，起到螺母的作用。整体壁板、大梁、舱门边框、加强支臂等重要部位的对接缝处，可选用环槽铆钉。

环槽铆钉以环槽数量的多少区分为抗拉型和抗剪型，如图 6－42 所示。抗拉型与钉套铆接的环槽部分较长，钉头较大，可以承受较大的拉力；抗剪型的钉头是平的，环槽较少。

按铆接方法不同又可分为拉铆型（钉杆带有尾杆）和镦铆型（无尾杆）。常用的钉杆多以高强度合金钢或耐热不锈钢制成，也有用超硬铝合金的，钉套都用一般硬铝合金。

环槽铆钉铆接的技术要求主要是钉杆与钉套之间的拉脱力以及钉杆的抗剪强度，其受力形式如图 6－43 所示。环槽铆钉可以代替螺钉，与同规格的螺钉相比较，其拉脱力高于螺钉。

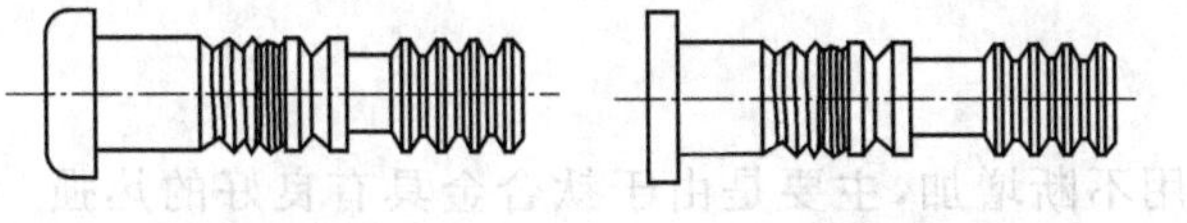

(a) 抗拉型　(b) 抗剪型

图 6－42　抗拉型和抗剪型环槽铆钉

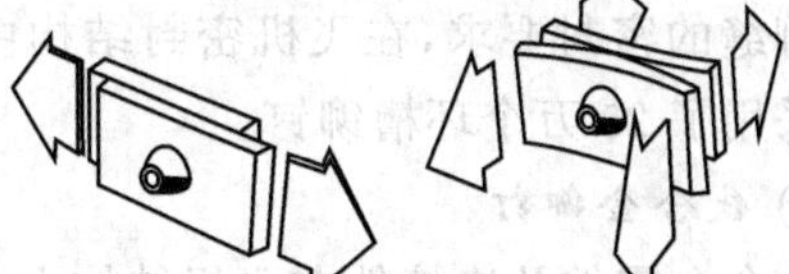

(a) 抗　剪　(b) 拉脱力

图 6－43　环槽铆钉的受力形式

环槽铆钉铆接工艺过程如图 6－44（锤铆型）和图 6－45（拉铆型）所示，其优点是操作方便、效率高，又可单面拉铆，对工件能施加较大的夹紧力，有利于抗疲劳，质量比较稳定。

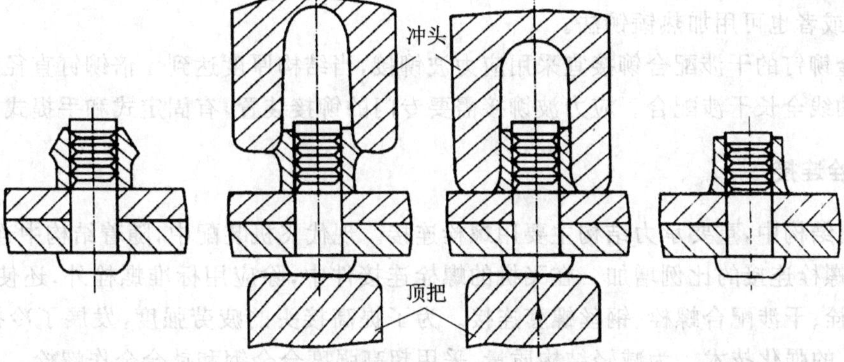

(a) 放钉和钉套　(b) 冲头和顶把对准铆钉　(c) 形成镦头　(d) 完成铆接

图 6－44　环槽铆钉镦铆过程

环槽铆钉与高抗剪铆钉都属于高强度铆钉，它们的技术、经济性的综合效果均优于螺栓，尤其是环槽铆钉，有许多优点。环槽铆钉与螺栓的剪切强度相等，而环槽铆钉的拉脱强度比螺

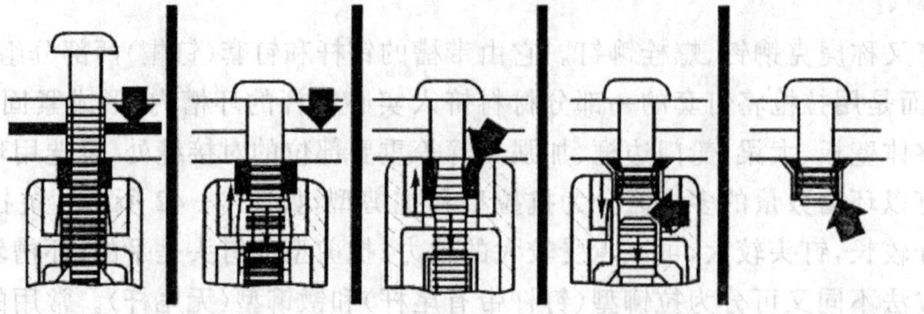

(a) 放钉和钉套 (b) 铆钉拉入孔中 (c) 钉套形成 (d) 尾杆拉断退出拉铆枪 (e) 检查铆头质量

图 6-45　环槽铆钉拉铆过程

栓高，安装工时和成本也比螺栓少 1/3～1/2。环槽铆钉的使用范围在不断扩大，由于它可以保证铆缝的密封要求，在飞机密封结构中也开始广泛应用，例如 DC—8 飞机的机翼整体油箱上就采用了 25 万个环槽铆钉。

4）钛合金铆钉

钛合金零件及连接件在飞机结构上的应用不断增加，主要是由于钛合金具有良好的热强度、断裂韧性和耐腐蚀性。尽管它的冷加工性差，材料价格和加工费都比铝合金高得多，但在飞机结构上的应用仍日益增多，钛合金铆钉也已逐步广泛应用。由于钛合金的硬度高、塑性差，其铆接的难点在于钉杆镦粗量小，不易填满钉孔和形成镦头，而且还易产生裂纹，因此，钛合金铆钉的冷铆效果差，一般也不宜采用锤铆法，而要求采用加热压铆。钛合金在一定温度范围内塑性良好，例如 TB2 钛合金在 700 ℃以上塑性就好，容易形成镦头。钛合金铆钉的铆接可以在点焊机（电阻焊）上进行，由电极与铆钉之间的接触电阻产生所需的热量，在压力作用下形成镦头，或者也可用加热锤铆法。

钛合金铆钉的干涉配合铆接宜采用应力波铆接，当结构厚度达到 4 倍铆钉直径时，仍能保证沿钉杆轴线全长干涉配合。应力波铆接需要专门的铆接装置，有固定式和手提式两种。

2. 螺栓连接

在飞机结构中，重要承力结构主要用螺栓连接。现代飞机装配中，随着结构中连接夹层厚度的增加，螺栓连接的比例增加。在飞机的螺栓连接件中，除应用标准螺栓外，还使用高锁螺栓、锥形螺栓、干涉配合螺栓、钢丝螺套连接。为了提高接头的疲劳强度，发展了冷挤压、压印和喷丸等孔的强化技术。为减轻结构质量，采用超高强度合金钢和钛合金作螺栓。

（1）普通承力螺栓

飞机上的螺栓接头可分为两种类型。一种是受力接头，它承受或传递空气动力、操纵力、冲击力或加速度引起的比较大的载荷以及连接比较厚的工件，它主要是承受剪力或拉力，例如机身、机翼、尾翼等部件之间各种接头的连接，段件之间的连接，蒙皮与部件骨架的连接以及骨架重要受力部位的连接等。这一类螺栓在现代轻型飞机上有 5 万多件，重型飞机上多达 40 万件。另一种是非受力接头，或只受很小的力，主要起连接固定作用，如各种仪表、设备、电缆、导管和它们的支持件之间的连接，以及各种大小口盖、整流包皮和蒙皮之间的连接等，也大多采用螺接。

螺栓连接的主要工艺过程是：制孔、上紧螺栓、锁紧保险。对螺栓孔必须在钻孔后再铰孔或拉孔才能达到精度要求，必要时还要用孔的挤压强化和干涉配合的方法，以提高螺栓连接的疲劳寿命。

对主要受力螺栓要严格控制预紧力，一般需用定力扳手或测力矩扳手操作。此外，为避免螺栓在使用中可能松脱，以及保证必要的抗振寿命，必须采取锁紧保险措施，常用的有冲点、开口销、保险金属丝、弹簧垫圈、挡块以及双螺母、高锁螺母、锁紧螺母等。

(2) 高锁螺栓与锥形螺栓

在飞机结构上的螺栓连接件中，除应用一般的普通螺栓外，对于抗疲劳要求高的结构部位，还可使用高锁螺栓和锥形螺栓。高锁螺栓由螺栓和特种双螺母组成，双螺母上部为工艺螺母，拧紧时自行断掉，用以控制拧紧力矩，而无须用定力扳手。它具有自锁性，强度高、质量轻、安装方便，可以利用螺栓的过盈量与孔造成的干涉配合和较高的预紧力的组合作用，以提高接头的疲劳强度。

高锁螺栓的规格品种较多，有平头、埋头；材料有铝合金、钛合金、碳钢、不锈钢等。图 6-46 是国产三种起不同作用的高锁螺栓。高锁螺栓的安装工艺过程如图 6-47 所示。

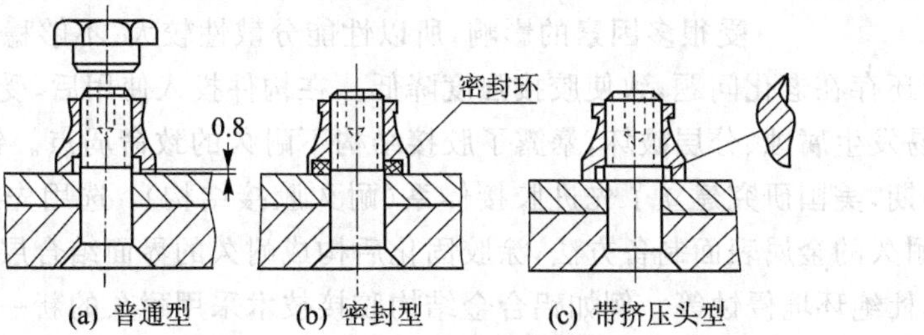

图 6-46　不同形式的高锁螺栓

锥形螺栓是利用螺栓与孔的一定锥度(1/48)安装后形成干涉配合，从而提高接头的疲劳寿命。与其他干涉配合的连接件比较，锥形螺栓所形成的干涉量最均匀，疲劳寿命也最高。锥形螺栓由螺栓、螺帽和垫圈组成(见图 6-48)，其成本和加工费都较高。

3. 胶　接

胶接是通过胶接胶粘剂将零件连接成装配件。胶接是现代飞机结构中常用的一种连接方法。与铆接、螺接、焊接等连接方法相比，胶接具有一系列显著特点，如金属胶接所形成的胶缝是连续的，应力分布均匀，耐疲劳性较好，一般疲劳寿命可比铆接或点焊提高 10 倍左右。同时

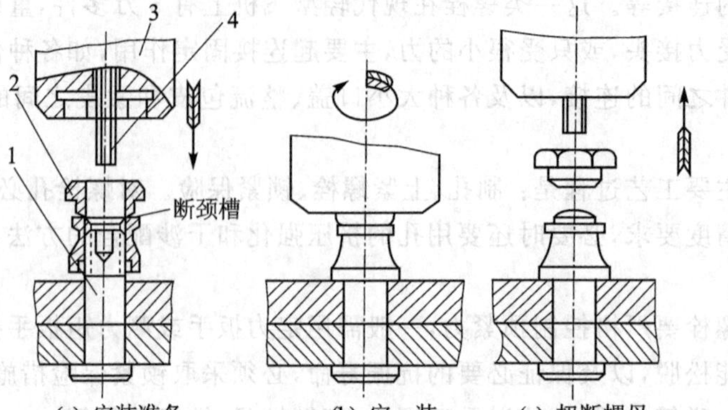

(a) 安装准备 (b) 安 装 (c) 扭断螺母

1—螺栓；2—螺母；3—内六方套筒；4—六角棒

图 6-47 高锁螺栓安装工艺过程

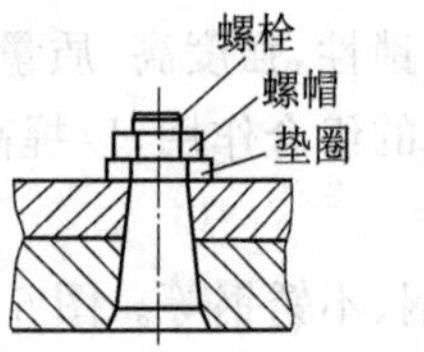

图 6-48 锥形螺栓

胶接未削弱基本金属的强度，也无铆钉头等的多余材料，它的结构效率较高。胶缝表面光滑，没有铆钉头的凸起或点焊的凹陷，结构变形又较小，因而气动性能好。胶缝本身又具有良好的密封性，而且胶接又适用于各种不同材料的连接（金属与金属、金属与非金属）以及厚度不等的多层结构的连接。

胶接也存在一些不足和缺点，诸如：胶接的剥离强度差；质量容易受很多因素的影响，所以性能分散性较大，不够稳定，且不易直接检验判断；胶粘剂还存在老化问题，致使胶接强度降低。在构件投入使用后，受应力和环境作用，胶接接头还容易发生腐蚀、分层破坏，暴露了胶接结构不耐久的致命弱点。针对这些缺点，20 世纪 70 年代中期，美国研究建立了先进胶接体系（耐久胶接结构）：选用先进的胶粘剂；采用适合胶接并能耐久的金属表面制备方法，涂胶固化后构成耐久的界面结合层；以及采取严密的胶层防护措施，杜绝环境侵蚀等。例如铝合金结构胶接技术采用耐久的新一代环氧胶接剂、抑制腐蚀底胶、进行磷酸阳极化表面处理；采用耐久的裸铝板（取代包铝板）和铝蜂窝芯材；采用严格的质量控制方法，以及多层 C 扫描无损检验等。耐久胶接结构已成为明显的发展趋势。

金属胶接在飞机结构上的应用开始于 20 世纪 40 年代中期。从 50 年代以来，国外采用金属胶接的机种更多，已达百余种，如 B—58 轰炸机 90 %的蒙皮用蜂窝夹层壁板制成；B747、DC—10、伊尔—86 等大型客机以及 ATR—42、F—50 和 F—100 等支线客机上也都广泛采用胶接；现代各种直升机的旋翼桨叶，几乎无例外地采用胶接结构。胶接结构比较典型的形式有：蒙皮-桁条壁板；蒙皮与波纹板或其他形式的加强板组成的板件；多层板或多层结构；面板与夹芯材料组成的夹层壁板或夹层结构（广泛应用的是蜂窝夹层结构）。图 6-49～图 6-51 是某些飞机上采用的各种胶接结构实例。胶接结构的材料除常用的铝合金之外，还有钛合金、非金属材料以及复合材料。有的机种由于采用了大量各种类型的胶接结构,胶接装配工作量已占机体装配工作量的主要部分。

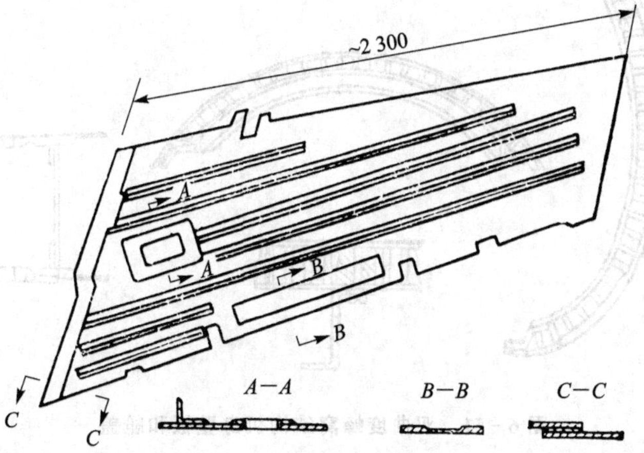

图 6-49 蒙皮-桁条板件

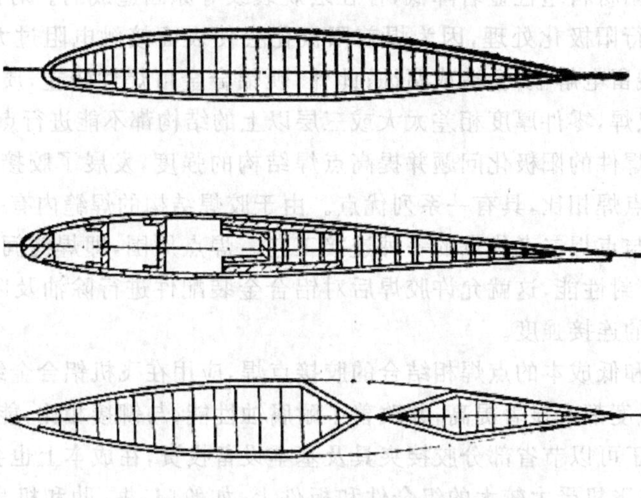

图 6-50 几种全高度蜂窝结构翼面

4. 点焊和胶焊结构装配

飞机薄壁结构的连接方法除前述的铆接及胶接外,还有点焊以及由点焊与胶接组成的混合连接——胶接点焊(一般简称为"胶焊")。

薄壁钣金件用点焊连接,与用铆接及胶接相比较,具有生产效率高、成本低的显著优点,比铆接结构质量轻,表面也光滑些,显著地改善了劳动条件。但单纯的点焊虽然其静强度与铆接

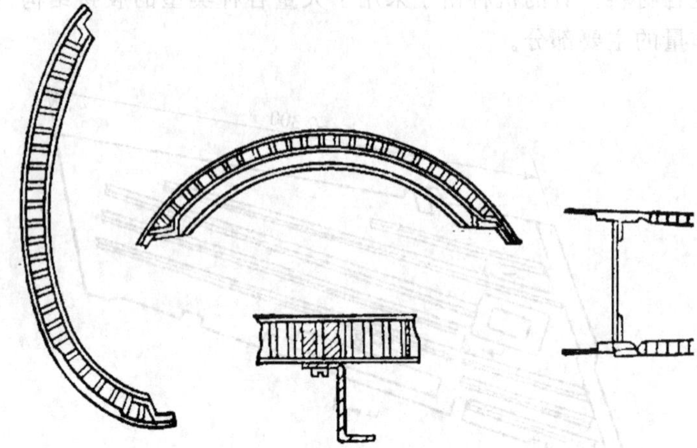

图 6-51 双曲度蜂窝结构机身壁板和舱盖

差不多,而疲劳强度却比铆接低约 20 %。这可能是由于点焊接头有最大的应力集中系数,以及焊点周围热影响区内材料塑性显著降低,存在宏观裂纹等原因造成的。对铝合金材料来说,焊前和焊后都不能进行阳极化处理,因为焊前阳极化会使表面接触电阻过大,焊后进行阳极化,板材间隙中必然残留电解液,会造成腐蚀;此外,硬铝合金可焊性较差,质量检验方法较为复杂,不同材料不能点焊,零件厚度相差太大或三层以上的结构都不能进行点焊。

为了解决铝合金焊件的阳极化问题并提高点焊结构的强度,发展了胶接点焊这一混合连接方法。胶焊与单纯点焊相比,具有一系列优点。由于胶焊结构的焊缝内有一层胶粘剂,故胶焊连接是综合了胶接与点焊二者优点的一种连接工艺。焊点周围,即焊缝间的胶粘剂具有良好的耐酸、碱性能及密封性能,这就允许胶焊后对铝合金装配件进行除油及阳极化处理,同时胶粘剂也提高了结构的连接强度。

高剪切强度胶接和低成本的点焊相结合的胶接点焊,应用在飞机铝合金结构上,与点焊相比,其静强度及疲劳强度都有显著提高,并改善了耐腐蚀性能,与铆接相比,能降低成本和减轻质量;与胶接相比,由于可以节省部分胶接夹具及基本设备投资,在成本上也会低于胶接。

目前,点焊已用在飞机受力较大的组合件和板件上,如舱门、框、肋和机身、机翼及尾翼的板件等处。它已部分地代替铆接结构,如国产某型轰炸机中点焊结构的焊点达 7 万多个,法国快帆式客机机体上的焊点数就有 30 万个左右。

6.4 飞机部件装配工作

飞机装配过程就是将大量的飞机零件按图纸、技术条件进行组合和连接的过程。由于飞机部件的构造复杂,零件及连接件数量多,大多数零件在自身重量下刚度较小,而组合的外形又有严格的技术要求，因此，其装配内容繁多、工作量大。在装配过程后期，结构比较封闭，劳动条件较差。成批生产时，应将部件进一步划分为段件，段件再进一步划分为板件、组合件等各种装配单元，以使装配工作分散，简化部件或段件装配型架结构，使工作开敞可达，从而缩短装配周期，改善装配工作的劳动条件。划分出来的板件、组合件的铆接工作可以机械化或自动化，以提高连接质量和劳动生产率。其中部件结构的板件化，对部件装配过程的影响很大。按其结构和工艺特征分，段件和部件的装配可归纳为三组：第一组为非板件化结构的段部件，它通常由许多分散的单个零件和较小的组合件装配而成，而且需要复杂的、比较庞大笨重的装配型架；第二组是板件化的段部件，它主要由装配或加工成的板件和组合件装配而成，而所用的段部件装配型架较简单，而且扩大平行工作面和实现装配工作机械化的可能性较大；第三组是分成段件的部件，它实质上是预先装配好的各段连接，以及分离面处各系统的连接工作，部件装配的工作就更简单。在成批生产时，部件装配过程大致可划分成以下几个阶段：组合件、板件装配；段件、部件装配。

下面分别介绍各类典型结构部件的装配工艺过程。

6.4.1　组合件、板件装配工作

1. 结构和工艺特点

平面形状的组合件如翼肋、平面框、翼梁、机身内的地板、隔墙等。

板件主要由蒙皮、长桁、隔框或翼肋的一部分组成，有时还包括与其他部件对接的接头或对接型材等。

组合件和板件的工艺特点是：

① 组合件（平面的）和板件装配工作的开敞性好，可采用机械化、自动化设备进行钻孔和铆接；

② 绝大部分的板件与部件的启动外形有关，外形要求较高，多用埋头铆钉，应有足够的刚度，以保证铆接后变形小；

③ 兼作整体油箱的机翼板件，除了外形要求较高以外，还必须有良好的密封性；

④ 有的组合件和板件带有部件之间的对接接头或对接型材，必须用装配型架保证对接面和对接孔的准确度。

2. 组合件、板件的装配过程

组合件、板件的装配一般可分为以下几个阶段：

① 零件的定位及定位铆接：对于结构较简单、准确度要求不高的组合件和板件，装配时可用装配孔定位；对于结构复杂、外形准确度要求较高或带有对接接头的组合件和板件，装配时

一般要用装配型架定位。零件定位后进行定位铆接，即在铆缝上隔一定数量(5～10 个)的铆钉铆接一个定位铆钉，使零件之间定位牢固，使工件有一定的刚度，当工件从装配型架中取出后，零件之间不会错位，也不会产生较大变形，不但可以为铆接机械化和自动化提供有利条件，还可以提高装配型架的利用率。

② 钻孔、锪窝和铆接：在飞机试制和首批生产时，为了减少工艺装备的品种和数量，常在装配型架上进行钻孔和铆接，可不用专用的钻孔和铆接托架装置；当成批生产时，组合件和板件的钻孔和铆接应尽量机械化和自动化。

③ 补充铆接机安装工作：组合件和板件上还有些铆钉，难以在铆接机上铆接，而需要在托架上补铆，有时有些螺栓和高抗剪铆钉等也要在托架上进行安装。此外，还可能要进行一些安装工作，如小支架、口盖、卡箍等的安装。

3. 板件装配方法

板件装配主要是蒙皮与纵向骨架零件(长桁)和分段的横向骨架零件(框或肋的一部分)的定位和连接，有时板件还包括对接型材或对接接头。板件装配有下述几种方法。

(1) 用内外卡板定位零件(见图 6－52)

这是比较典型的板件装配用的型架结构，用这种方法，零件定位可靠，但型架结构较复杂，制造费工。卡板分布很密，操作不甚方便。

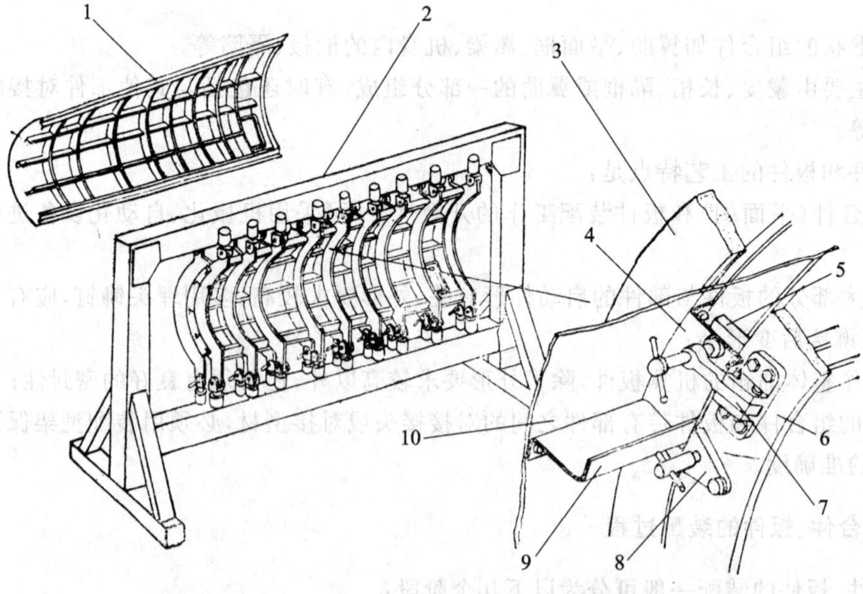

1—板件；2—型架；3—外卡板；4—Z 形剖面隔框；5—隔框腹板平面挡块；
6—内卡板；7—夹紧件；8—定位桁条的托板；9—Z 形剖面桁条；10—蒙皮

图 6－52 用内外卡板定位的板件型架

(2) 用内型板定位(见图 6－53)

这种方法的型架结构简单,操作也较方便,但它只适于装配蒙皮较薄、曲度较小的机身板件。它用金属绷带或橡皮绳施压,使蒙皮紧贴到内型板上。若曲度大或蒙皮厚,就可能使压紧力不足,不宜采用。

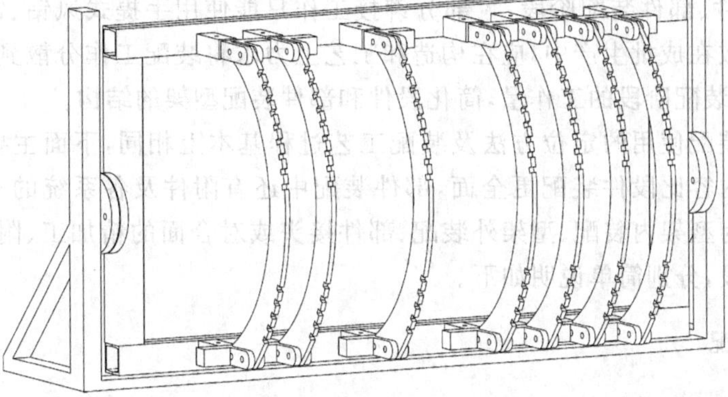

图 6－53 用内型板定位的板件型架

(3) 用包络板定位(见图 6－54)

板件的整个外表面直接固定在型架包络板(钻模板)上,并在型架内钻孔、铆接,工件不必取出型架,因此,铆接变形较小,尤其是可以防止薄蒙皮经常出现的蒙皮鼓动现象。包络式型架适于形状复杂而刚性低的结构件装配(如整流包皮、舱门等)。这种型架制造起来较复杂,所以应用不普遍。

(4) 按装配孔定位

结构比较简单的板件可用装配孔定位进行装配,而不必使用型架,这种方法已成功地应用于尾翼和机身板件装配中。

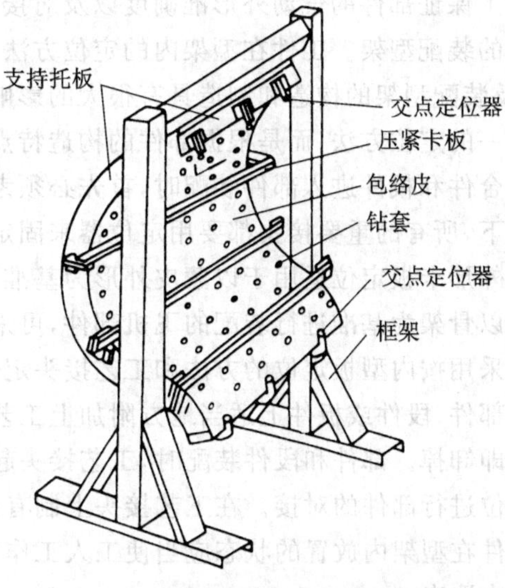

图 6－54 发动机舱盖包络式装配型架

6.4.2 段件、部件装配工作

段件和部件装配的技术要求是:① 要保证部件设计分离面的协调和互换以及外形准确

度;② 成批生产时,部件内各系统的安装工作,如操纵、液压、冷气、起落架等系统的安装,力求在段件、部件装配时完成,还要按技术条件的规定进行各种试验。

当某些段件、部件或其一部分结构是气密座舱或整体油箱时,应保证其密封性要求,并进行密封性试验。

一般来说,飞机的段件和部件结构都比较复杂,其装配阶段的工作量大,而且工作的开敞性差,因此,在段件、部件装配阶段,大部分铆接工作只能使用手提式风钻、铆枪,生产效率较低,装配周期长,故在成批生产中,应在构造和工艺上力求将装配工作分散到组合件和板件中去,尽量减少部件装配阶段的工作量,简化段件和部件装配型架的结构。

段件和部件装配使用的定位方法及装配工艺过程基本上相同,下面主要介绍部件装配。部件装配的工作内容比段件装配更全面,部件装配中还有附件及各系统的安装和试验工作。部件装配通常分为型架内装配、型架外装配、部件接头或对合面的精加工、附件及系统的安装和试验等几个阶段,分别简单说明如下。

1. 型架内装配

部件的型架内装配是部件装配的重要阶段,因为通过型架内装配,就确定了部件上各接头以及外形的准确度。

为了保证部件的气动外形准确度以及对接的互换性,段件、部件装配中要使用大尺寸的构造复杂的装配型架。工件在型架内的定位方法对装配的准确度、装配工作的开敞性和生产效率,以及装配型架的构造和制造具有很大的影响。在实际生产中,对一个部件来说,往往不是采用单一的定位方法,而是根据部件的构造特点和具体的生产条件,综合运用多种方法。

组合件和板件进入部件装配时,首先必须考虑用该组合件和板件所带的接头来定位。一般情况下,所有的重要接头都要用定位器来固定,以保证部件装配后各接头位置的准确度。

按外形卡板定位适用于以蒙皮外形为基准的部件装配。为简化型架结构,某些刚性大的部件或以骨架为基准进行装配的飞机部件,可采用工件上的定位孔将它固定在型架中。另外,还可以采用按内型板定位的方法和工艺接头定位的方法。

在部件、段件或板件上适当地方附加上工艺接头,它布置在部件较强的骨架上,部件装配完成后即卸掉。部件和段件装配时,工艺接头起定位和支持作用。图 6-55 所示为采用工艺接头定位进行部件的对接。在工艺接头上制有吊挂用孔供起吊用。

部件在型架内放置的状态应当使工人工作方便,并使型架及定位器的构造简化,部件便于从型架中取出。

翼面部件,一般是前缘向下或向上垂直安放,使工作方便。也有时将翼面水平安放,一般是当上翼面或下翼面装配工作已经基本完成,在装配另一半翼面时,结构已比较封闭,此时将另一半翼面朝上,水平安放,工作比较方便。

机身一般都是水平安放。在个别情况下,也有的将较短的机身段竖放,这是为了装配工作

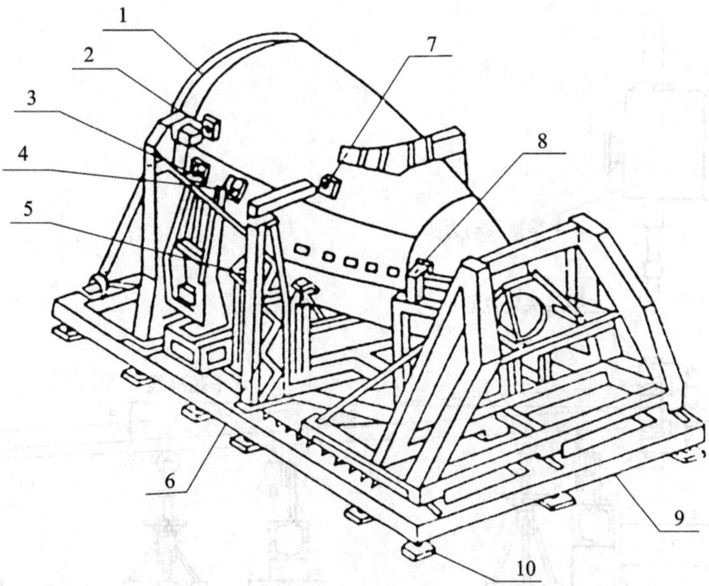

1—型架平板；2～8—工艺接头；9—底座；10—可调支承

图 6-55　工艺接头定位进行机身对接

更加方便。

2. 型架外装配

部件在型架内装配到一定程度，使部件具有足够的刚度(即在自重及工艺载荷作用下没有影响准确度的变形)后，即可取出，在型架外进行装配。其工作内容有：补铆和螺栓连接；准确度要求不高的一些次要零件、组合件的安装和连接(如设备支架的安装和连接等)；部件上可卸部分的修配与安装(如舱门、盖板，以及襟、副翼的修配与安装等)。

3. 部件的最后精加工

在部件装配过程中，由于定位误差及铆接变形等影响，不可避免地使部件接头位置产生误差。为了保证部件对接的互换性，铆接装配的部件都采用工艺补偿的方法，对装配完毕的部件对接接头做精加工。精加工是在专用的精加工型架(或机床)上进行的，如图 6-56 所示。

4. 附件、系统的安装和试验

飞机部件内要安装许多附件及系统(如操纵、液压、冷气、电气、燃油系统等)，为减少飞机总装配的工作量，这些工作要尽可能在部件装配时完成，并对各附件和系统进行工作可靠性试验检查。

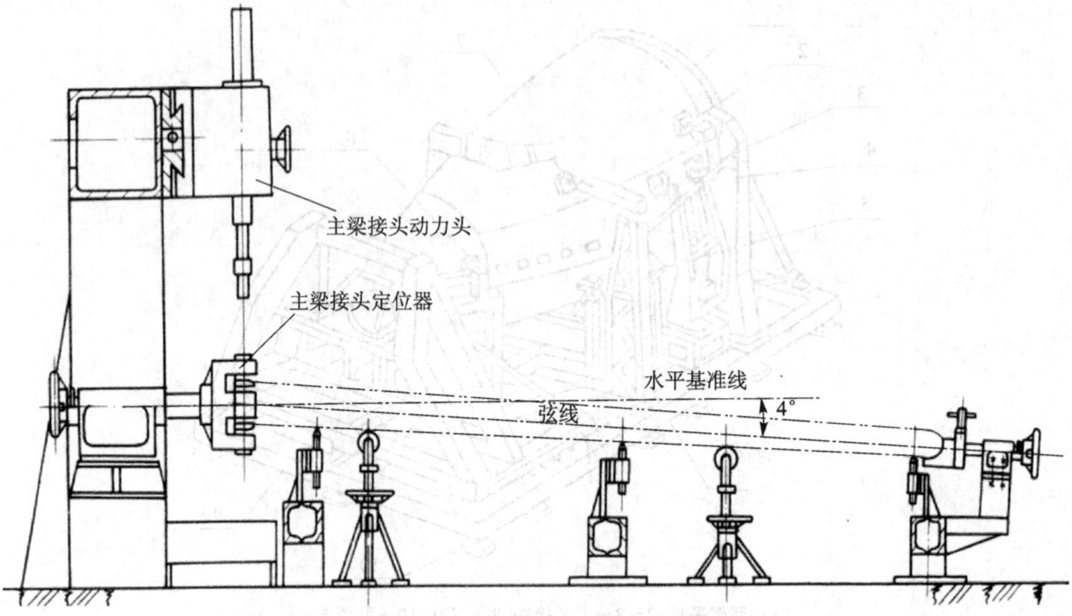

图 6-56 机翼精加工型架

6.5 飞机部件自动化装配技术

飞机装配由于产品尺寸大、形状复杂，零件以及连接件数量多，其劳动量占飞机制造总劳动量的一半左右甚至更多。社会的需求、市场竞争及相关技术的不断进步，推动着飞机装配技术的发展。目前各经济发达国家对飞机装配技术十分关注，并投入巨资进行研发。

近 10 余年来，飞机装配技术发展迅速，以 B777、A340、A380、F—22、F—35 等为代表的新型军、民机集中反映了国外飞机制造技术的现状和发展趋势，在装配技术上基于单一产品数据源的数字量尺寸协调体系，通过装配仿真实现装配过程优化，应用柔性模块化的工装技术、加工和检测单元并集成应用为一系列的自动化装配系统，进行机体结构的自动化装配，大量采用长寿命连接技术，实现飞机结构的高质量、高效率装配。

飞机制造中的钻铆工作，手工操作劳动量比重很大，而从保证钻铆质量、提高劳动生产率以及改善劳动条件等诸方面考虑，都迫切要求钻孔铆接工作机械化和自动化。国外某些飞机制造的机铆率已达 50 %以上，如伊尔—86 为 54.5 %，B747 为 62 %。在发展钻铆工作机械化、自动化方面，有两种不同途径：一是成组钻孔、成组压铆，其特点是把钻孔、划窝和压铆分别在不同机床上进行；二是铆接工艺全过程的单机自动化，即逐个铆钉自动完成钻孔、锪窝、放铆钉、铆接、按铆距移动等全铆接过程。

自动化装配的基础是数控工装、加工和检测单元、数字化定位等技术。加工单元主要包括制孔单元、孔强化单元、自动注胶单元、自动送料单元、紧固件插入单元、铆接单元、环槽钉安装单元、抽钉安装单元、铆钉铣平单元、焊接单元等；检测单元包括照相测量孔定位单元、法线检测单元、孔检测单元等。

① 制孔单元用于对结构进行钻孔和锪窝。制孔单元一般由钻孔主轴、钻夹头、位置反馈线性编码器、伺服进给机构、安全机构等组成。

② 孔强化单元通过芯棒对开缝衬套的胀形实现对孔的挤压，完成孔强化，以提高连接孔的耐疲劳性能。孔强化单元主要由美国疲劳技术公司(FTI)开发。

③ 自动注胶单元用于铆钉或螺栓安装前将一定量的密封胶注入孔内(从沉头窝一侧)，注胶时通过转动实现密封胶在孔内的均匀涂敷。

④ 自动送料单元用于完成紧固件的自动送料，有料斗式和提箱式两种类型。提箱式送料单元包括离线式紧固件填充站、紧固件存储箱、送料自动选择装置、提箱手动清理装置等几个部分。提箱式送料单元可以完成无头铆钉、环槽钉、沉头铆钉、凸头铆钉和环圈等的自动送料。

⑤ 紧固件插入单元用于测量紧固件长度、插入间隙型紧固件和安装干涉型紧固件。紧固件插入单元的主要组件有用于送料的供料头、带编码器的气缸、插入和安装的驱动器等，通过线性光栅编码器(光刻尺)进行轴向定位，对紧固件的插入过程进行监控和确认，实时反馈紧固件的长度、方位、直径、干涉水平和安装速度等信息。

⑥ 铆接单元分传统的液压式压铆单元、新型电磁铆接和电动铆接单元三种。电磁铆接单元动力头轻巧，铆接效率高，铆接干涉量均匀。电动铆接单元采用滚柱丝杠伺服进给技术实现铆接，具有高精度、高重复性且无油污染的特点。

⑦ 环槽钉安装单元使用时先将环槽钉插入，然后在钉尾一侧自动安装环圈并实现铆接。美国EI公司借助电磁铆接技术实现了镦铆型环槽钉环圈的自动安装。该技术普遍用于波音和空客大型民机壁板的自动化装配中。

⑧ 抽钉安装单元用于复合材料结构单面螺纹抽钉的自动安装，已在空客飞机复合材料平尾的自动化装配中应用。

⑨ 铣平单元用于铣平无头铆钉、补偿头铆钉、冠头铆钉等成形后的钉头和单面抽钉安装后的凸出部分，保证飞机的良好气动外形。

⑩ 焊接单元用于飞机金属结构的自动化焊接装配。目前应用的先进技术有激光焊接、搅拌摩擦焊等。

⑪ 照相检测单元用于通过机器视觉显示、确认和校准加工点的位置。

⑫ 法线检测单元采用数个涡流传感器或小型激光测距仪进行多点测量，以确定工件加工点的法线，反馈至机床控制系统进行调整，以满足制孔的垂直度要求。

⑬ 孔检测单元采用带伺服驱动的探针测量孔的直径和同心度。检测中通过接近开关预防碰撞，保护壁板或探针免受损害。孔的数据通过机器反馈以便识别超差情况。

如图 6-57 所示为自动钻铆机和自动调平托架，图 6-58 为龙门式自动钻铆机。自动钻铆机是集电气、液压、气动、自动控制于一体，应用于航空航天紧固件安装的专用设备。它不仅可以实现组件（或部件）的自动定位，还可以一次完成钻孔、锪窝、涂胶、送钉和紧固件安装，或独立完成上述操作的一种或几种操作的组合，是现代飞机装配中常用的设备。自动钻铆机主要应用于安装工作量大、表面质量要求高、种类单一的紧固件和具有较好的开敞性的装配件。与传统的手工铆接相比，采用自动钻铆不但可以提高工作效率，还可以减少质量波动，改善铆接结构的抗疲劳性能。

图 6-57 自动钻铆机和自动调平托架

图 6-58 龙门式自动钻铆机

上述机械化、自动化设备，主要适用于机身和机翼、尾翼板件的铆接。

在计算机和数控技术发展的基础上，钻铆工作自动化已从单台数控钻铆机向多台钻铆机、托架、传感控制装置等组成的计算机集成的柔性自动装配系统的方向发展，国外在有些大型客机的制造中已建立和采用了柔性铆装生产线。

思考题与习题

1. 试述飞机不同于一般机械产品的原因。
2. 飞机装配应遵循什么原则？
3. 飞机装配工艺过程设计的特点是什么？
4. 试述装配工艺过程设计的内容。
5. 在划分装配单元时，必须遵循哪些原则？
6. 什么是设计分离面？什么是工艺分离面？
7. 飞机装配的准确度要求主要包括哪几个方面？
8. 什么是飞机的设计基准？
9. 什么是飞机的装配工艺基准？装配工艺基准按功能分为哪三类？
10. 试述在飞机装配时以部件骨架表面为基准的特点。
11. 试述在飞机装配时以蒙皮外表面为基准的特点。
12. 试述在飞机装配时以工艺孔为基准的特点。
13. 从工艺因素上考虑，选择装配工艺基准应注意哪些方面的问题？
14. 定位形式的选择应注意哪些问题？
15. 试述补偿方法的分类、形式及特点。
16. 飞机装配的主要连接方法有哪些？
17. 铆接的类型有哪些？各有何特点？
18. 什么是柔性装配系统？

第7章 飞机总装配

7.1 概 述

7.1.1 飞机总装配的工作内容

飞机总装配是部件装配过程的延续,是飞机装配工作的最后阶段。飞机总装配的任务是根据飞机图纸、技术条件及生产使用说明书的规定和要求,将部件装配车间移交的各段件、部件对接成完整的飞机,将各专业厂提供的发动机、各种仪表、设备和附件等安装在飞机上,用各种导管、电缆、拉杆等连接成系统,进行调整、试验和检验,最后将飞机送交工厂试飞车间,作地面及空中试飞。

具体来说,飞机总装配包括以下各项工作:

- 飞机机体部件对接及水平测量;
- 安装试验油箱及燃油和滑油系统;
- 安装调整发动机及操纵系统;
- 液压和冷气系统设备、附件和导管的安装、敷设和试验;
- 起落架及其收放机构、信号系统的安装、调整和试验;
- 飞机操纵系统的安装与调整;
- 电气、通信、仪表设备与电缆的安装、敷设和试验;
- 高空救生设备的安装和试验;
- 特种设备的安装和试验等。

由于每一个系统在结构、技术要求和工艺方法上差别甚大,因此使得在生产过程中不仅所采用的工艺过程复杂多样,而且必须配置各种不同专业的技术人员和工人。总装配劳动量的大小取决于飞机类型、结构形式、工艺方案、装配方法和生产组织。在飞机总装配阶段可完成全部安装工作,也可把航空电子、无线电仪表等设备放在试飞车间安装,以加快资金周转,节省仓库面积。在飞机制造中,特别是在成批生产中,不能待机体各部件完全装配、对接以后才开始安装工作,也不能逐个系统顺序地安装,如果这样,不仅安装工作周期长,而且因工作条件差,要么无法安装,要么不易保证安装质量。有时先安装的系统会妨碍后面的安装工作,后面进行的安装工作,又可能会损坏先前安装好的系统。因此,要根据飞机结构,妥善安排安装工作的先后顺序。

机场车间的工作是飞机总装配过程的延续，机场车间工作的任务是将总装配车间送来的飞机进行最后的地面试验和空中试飞检验。

7.1.2 飞机总装配工作的特点及对策

① 工作开敞性差、工作集中、劳动量大。飞机驾驶舱、客舱、发动机舱、设备舱、尾舱等部位空间有限，而需要安装的设备又很多、很复杂。有些部位只能一人工作，工作姿态又很受限。这些因素将影响安装质量，增加装配周期。因此，应尽量扩大地面装配工作，并将安装工作分散进行。应根据飞机结构特点和系统的技术要求，把分散安装和集中安装合理地结合起来。如对于电气线路，可制出相应位置的布线样板，对同部位的导线根据布线样板进行布线及集束装配，将仪表板、配电盘、操纵台、继电器盒等先在地面组合装配和试验，将液压、冷气系统的部件、附件和导管预先组合，固定在固定板上，进行局部的调整和试验。安装时仅仅是将固定板装入飞机，接通管路，这样许多附件、导管就不用在飞机上一个一个地安装，简化了在飞机上的安装工作。又如可预先在发动机上安装液压泵、压气机、进气管、滑油、燃油导管以及电缆等，进行局部的系统试验，甚至可预装发动机罩等。

② 工序的顺序性强。为避免安装工作的互相干扰，一般按照从里向外的顺序层层敷设。对系统试验也有顺序的安排问题，如首先要进行电气系统通电试验，保证机上供电，然后才能进行其他系统试验；又如要在液压系统试验后，保证机上液压系统工作，才能做操纵系统的调整试验。

③ 飞机各系统的检查和测试工作量大。这是由于飞机上安装的系统很多，各有各的检查试验要求。为避免互相干扰，影响工作，一般不能安排几个系统同时工作。如当进行军械系统校靶、操纵系统调整、飞机水平测量等工作时，不允许在飞机上同时进行其他工作。

④ 以“样机”作为安装依据。飞机总装配的安装依据是图纸和技术条件，但因飞机结构要充分利用机内有限空间，管路、线路及各种附件等的布置很少是设计在同一个平面内的，安装图纸难以表达这种空间的复杂关系，故图纸往往是原理图或半安装图，安装工作往往还要用“样机”作为安装的补充依据。“样机”是根据设计和制造的需要而制造的 1∶1 尺寸的飞机某些部位的模型，在样机上根据实际结构完成各系统的安装，经设计部门、检验部门和使用单位审查和鉴定，这个补充依据对安装工作的顺利进行十分有利。目前，飞机设计已普遍应用 CAD/CAM 技术，其系统设计、设备和管路布置在计算机上进行，导管的空间位置、导管与结构和设备的间隙都可以明确给出。这样，可进一步加快试制批生产的速度，保证飞机设计和制造的质量。

7.1.3 飞机总装配的工作过程

鉴于上述原因，飞机总装配难以实现机械化和提高生产效率，劳动量一般占飞机制造总劳动量的 8 %～15 %，周期所占百分比更大，可达 20 %。此外，飞机总装配占用的生产面积大，要求使用高度和跨度较大的厂房，所以如何减少总装配工作量，有节奏地进行装配工作，是总装配工作中的重要问题。

在成批生产中，飞机总装配采用流水生产的组织形式，图 7-1 为总装配过程示意图。在总装时，基准部件(机身)沿着流水线移动，其他部件、系统、设备、附件等在总装的不同阶段安装到飞机上去，进行调整和试验，最后总装出整架飞机。

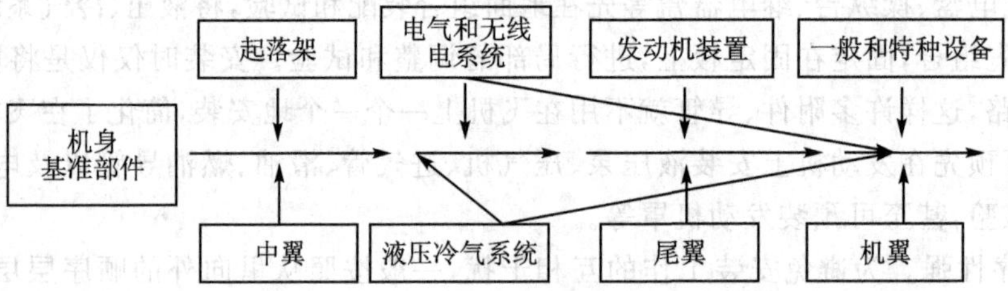

图 7-1 总装配过程示意图

为节省总装配占用的生产面积，布置流水线应认真考虑飞机的安排方案。图 7-2 为歼击机总装流水线的各种布置方案。

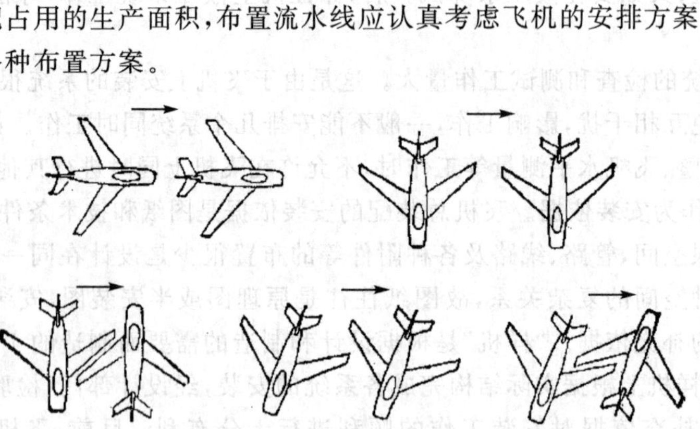

图 7-2 流水线上歼击机的布置方案

流水线上歼击机(轻型机)与重型机的传送工作架车如图 7-3 及图 7-4 所示。

在总装配工作中，凡必须在机上安装调试的工作，称装配站工作；不在机上的总装配工作(各种准备及组合工作)，称工作台工作。流水作业的基础就是安装、调试工作的节奏化，所以组织流水生产就是将机体对接及安装、调试等工作划分为许多工序，然后根据飞机结构将必须

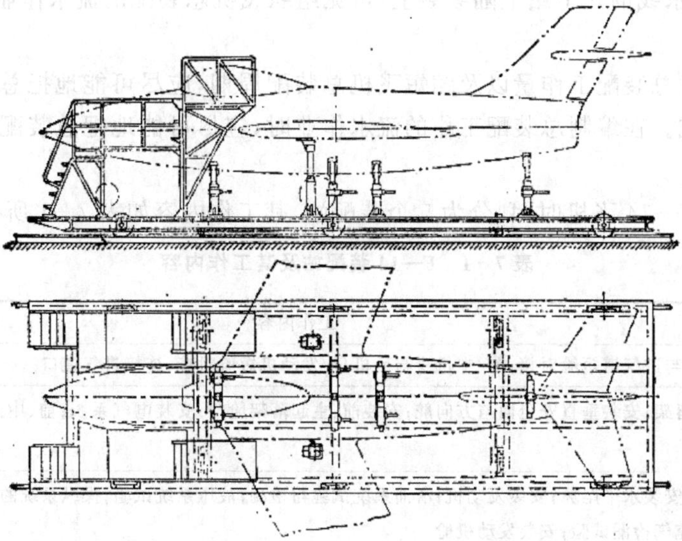

图 7－3　轻型飞机的传送工作架车

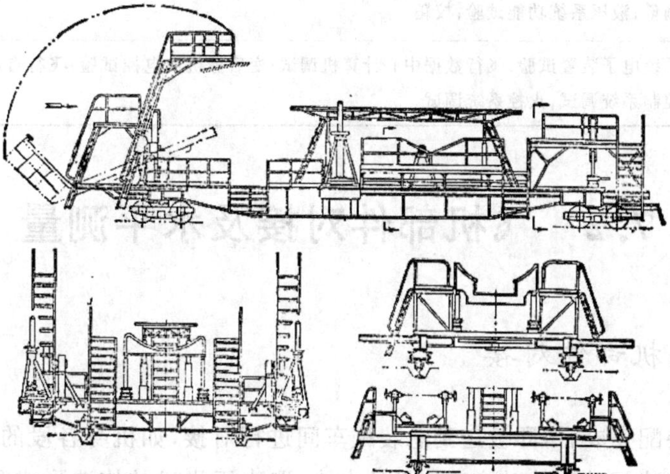

图 7－4　重型飞机的传送工作架车

在机上工作的若干工序组合成一个任务，而完成该任务的时间应等于或倍比于流水线生产的节奏时间，这个任务就是某装配站上的工作内容。节奏系指流水线上连续生产两架飞机的时间间隔。

必须指出，由于飞机结构的特点，飞机上每一个系统往往不是在一个装配站上完全装上去的，而是分散在流水线的几个站上陆续装上，可见组织飞机总装配的流水作业是极为复杂的技术工作。

为了减少飞机总装配工作量以及缩短飞机总装配周期，应尽可能地把总装配工作安排在部件装配阶段完成。在编制总装配工作的流水作业时，应尽可能地把总装配工作安排在工作台上完成。

国外在总装 F—14 飞机时，划分为 5 个装配站，其工作内容如表 7-1 所列。

表 7-1 F—14 装配站及其工作内容

装配站	工作内容
1 号站	前/中机身与进气道短舱对接；前/中机身与后机身/发动机短舱对接；连接进气道口
2 号站	安装主起落架；安装垂直安定面与方向舵；安装前、主起落架舱门；安装电气系统；前、中及后机身电气系统的导通试验
3 号站	安装机翼；安装水平尾翼；安装发动机；滑油系统试验与检测；液压系统试验；操纵系统的检查与试验。燃油系统充气检漏试验；安装发动机舱
4 号站	安装机翼整流罩；安装机头罩；安装弹射坐椅。操纵系统的机械调整；变后掠机翼运动协调性调整。全机水平测量；液压系统功能试验；校靶
5 号站	飞行控制系统电子装置试验；飞行数据中心计算机调试；变后掠机翼电控试验；飞行自动控制系统调试；飞机综合自动控制系统调试；火控系统调试

7.2 飞机部件对接及水平测量

7.2.1 飞机部件对接

飞机各部件装配完成后，即被送到总装配车间进行对接，如机身各段的对接、机身和机翼的对接等。飞机总装配时部件对接工作量的大小，取决于飞机的构造形式和总装与部装车间的分工。部件对接要保证对接后部件相对位置准确，连接可靠。

传统的飞机部件对接时，对于不互换的部件对接，主要靠工装和工艺补偿来保证部件之间的协调，在对接部件留出余量，采用手扶肩扛、吊车与牵引配合进行对接；最后进行精加工，将对接接头孔一起扩孔并铰孔。这种对接方法效率低、精度低，易造成强行装配。对于完全互换的部件对接，调整对接的部件到正确位置，然后用检验销棒检查对合孔的同轴度要求，用塞尺检查配合面之间应保持的间隙值，用塞规检查连接孔孔径和表面质量，然后进行连接。

现在飞机对接一般采用模块式对接技术，即把机身和机翼作为模块放置于可调的对接车上，应用数字化手段实现装配过程中的数据采集与监测，测得部件当前位姿与理论位姿的偏差，并将测得的结果反馈给计算机，通过软件系统将其进行汇总、整理、分析、处理，发送控制指令给控制系统，带动相应的电机伺服驱动或液压驱动来实现执行机构的调整与定位，完成定位位置调整、固定、夹紧等活动，完成飞机的对接工作。

7.2.2　飞机部件水平测量

目前，一般采用水平测量的方法调整和检验各部件间的相对位置。

水平测量的基本过程是：首先在部件装配时，在部件表面规定的位置上，按型架上的专用指示器做出测量点的记号（涂红色漆的冲坑、凸头或空心铆钉），这些记号称为水平测量点，它实际上是将飞机理论轴线转移到部件表面的测量依据。因此，在测量过程中，只要检查这些点的相对位置数值，就可借以确定部件间相对位置是否符合技术要求。

图 7－5 为水平测量原理示意图。机体表面上各测量点都在部件装配时标出，测量时以机身 2 段为基准，用水平仪将 1、2 和 1′调在同一个水平面内，再用经纬仪将 5、6 调在同一个垂直面内，随后用水平仪和经纬仪分别测 3、4、7 和 8，就可确定机身的同轴度。

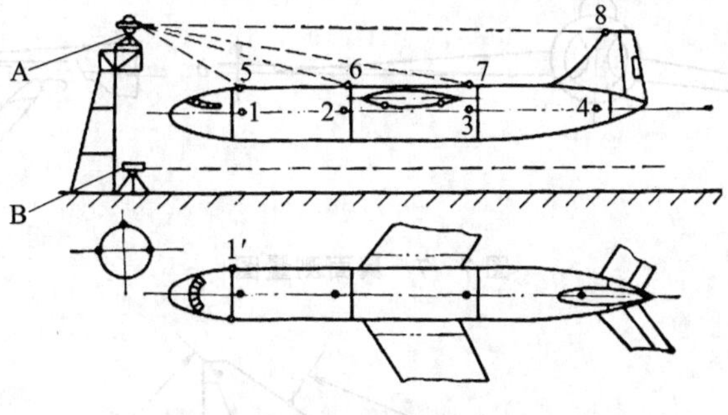

1～8—水平测量点；A—经纬仪；B—水平仪

图 7－5　水平测量原理示意图

为减少段件、部件对接和水平测量时间，也可设计成如图 7－6 所示的专门水平测量台或测量夹具以代替水平仪和经纬仪。水平测量台的结构原理是把测量点指示器固定在可靠的基座上，将飞机用千斤顶固定于测量台中应有的位置后，借测量点指示器读出的数据，就可测得各部件间相对位置是否符合技术要求。

机翼的安装角、上反角（下反角）、舵面转角也可用同样的方法测量。如图 7－7 所示是翼面测量图。首先将飞机调平，机翼安装角、下反角分别通过测量点差值 a、b 来检查；活动翼面的开启角通过 c、d 来检查；机翼的后掠角仅测其对称性，方法是用卷尺测机翼两端头处测量点至机身测量点的距离来检查，如图 7－8 所示。

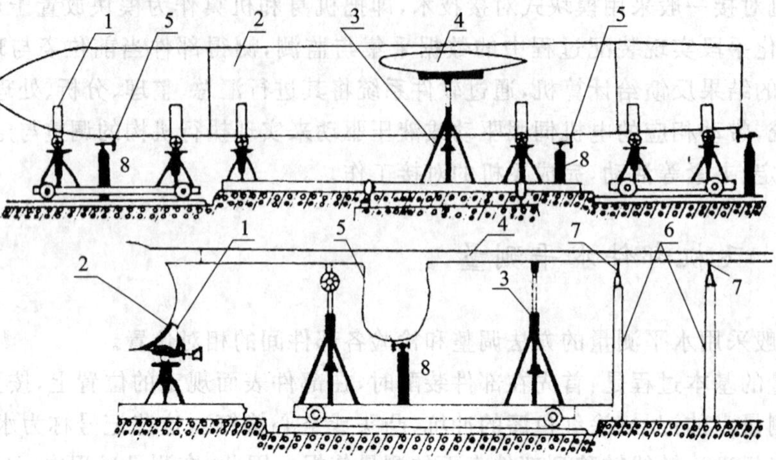

1、3—千斤顶；2—机身；4—机翼；

5—测量点；6、8—顶杆；7—指示器

图 7-6 飞机水平测量台

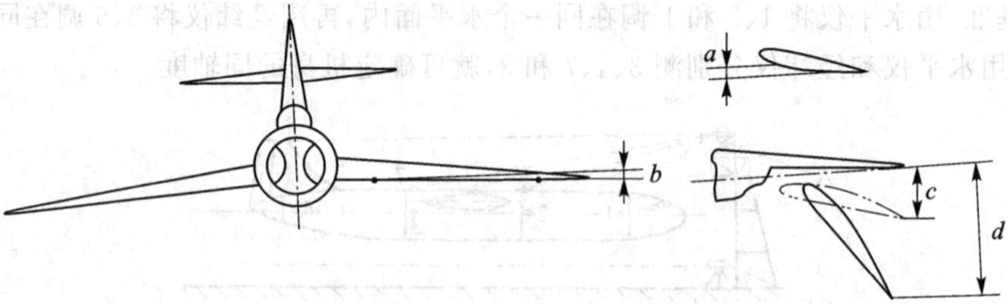

图 7-7 翼面测量图

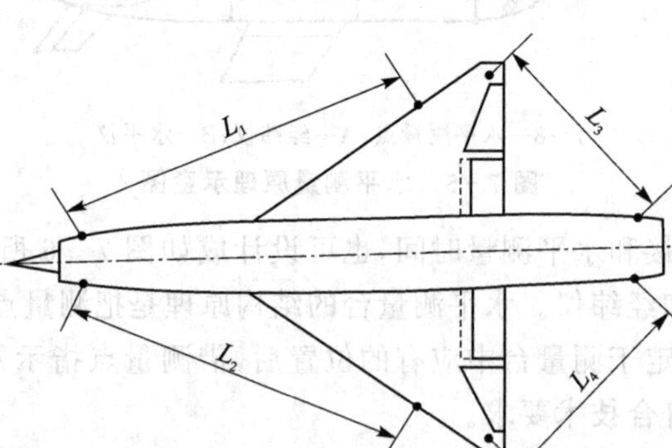

图 7-8 机翼对称性检查

图 7-9 为歼击机水平测量点分布图。该机水平测量支撑要求如图 7-10 所示，用水平仪

按 1、2 两测量点调整纵向水平，按 3、4 两测量点调整横向水平，在飞机已调平的情况下，测量并检查各测量点间的差值。

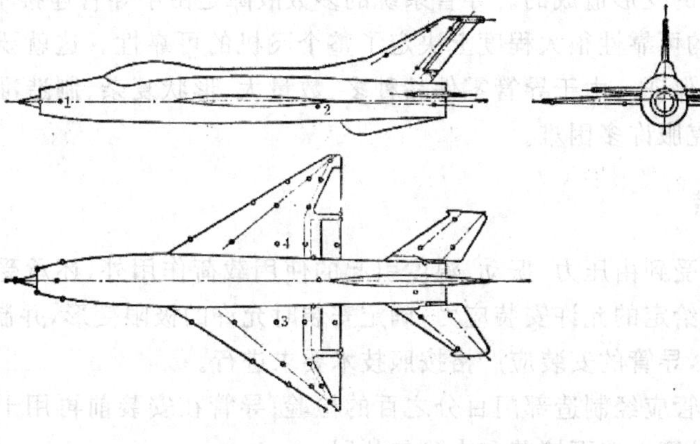

图 7-9　歼击机水平测量点分布图

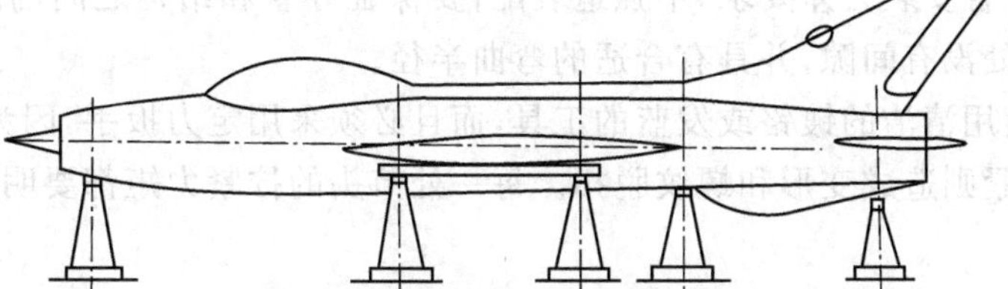

图 7-10　水平测量时的支撑要求

7.3　飞机导管、电缆的安装与试验

7.3.1　飞机导管的安装与试验

飞机上很多系统要采用导管传输工作介质，维持和操纵系统工作。如冷气液压系统用来完成飞机操纵、起飞着陆、应急操纵等重要功能；弹射救生系统要利用燃爆气体的能量使机构工作，完成弹射动作。在飞机导管中的工作介质有气体和液体，气体如空气、氧气、燃烧气体等；液体有液压油、燃油、滑油等。

根据各系统工作的不同要求，飞机上常用的导管材料有：铝合金、铜、碳钢、合金钢、不锈钢和钛合金；橡胶软管、氟塑料管也有采用。导管的直径小至 6 mm，大的可达 80～90 mm。金属导管大多为薄壁管，壁厚为0.5～2 mm。

飞机上很多导管处于高负荷状态下工作，这是由于工作介质的脉动流引起的压力、振动，以及温度、安装、使用中的变形造成的。导管系统的多数故障是由于导管连接不密封和破坏造成的。因此，管路系统的可靠性很大程度上决定了整个飞机的可靠性。这就要求导管的制造和安装质量应特别加以保证。由于导管零件品种多、数量大、形状复杂、制造准确度要求高等原因，解决这一任务要克服许多困难。

1. 飞机导管的安装

飞机上的导管除了受到由压力、振动、温度引起的使用载荷作用外，还承受因安装应力造成的额外载荷。可根据给定的允许安装应力，确定安装时允许的极限变形，并制定系统对导管的安装公差要求。因此，导管的安装应严格按照技术要求进行。

进入安装的全部导管应经制造部门百分之百的检验；导管在安装前再用干燥清洁的空气吹过；直到安装前才从导管上取下堵盖和去除包扎层。

导管敷设路线应使导管长度最短、弯曲最少，没有囊袋形弯曲，彼此尽可能平行。

导管固定应符合安装公差要求，不强迫装配；要保证导管和结构之间的间隙，导管要固定牢固，在导管固定处没有间隙，并具有合适的弯曲半径。

安装导管要使用清洁的镀铬或发蓝的工具，而且必须采用定力扳手，因为连接不紧会导致不密封，而拉得过紧则造成变形和螺纹脱扣。每一处节头的拧紧力矩都要明确规定，列入技术文件。

最后，导管敷设还应当便于显示导管上的识别标记。

导管安装后需要百分之百地检验安装质量。主要检查项目有：导管与结构元件之间、导管之间、导管和电缆之间的实际间隙值；导管安装线路与图纸是否相符；导管有无机械损伤等。

2. 飞机导管的试验

导管在飞机上安装后，根据各系统的特点，有不同的试验要求。一般要有气密试验和清洁度检验。

系统导管密封性试验可以在单个部件上进行，或在总装配车间已装配好的完整飞机上进行。一般将气密性检查安排在系统工作性能检查之前进行。

气体法检验密封性，是用一定剩余压力的空气或氮气充填系统，把肥皂溶液涂在被检查处，并在规定的时间内观察剩余压力是否下降至超出规定值；同时，在检查处观察是否出现空气气泡，要注意如果有微小量泄漏，则气泡的生成很慢，且很小，需要耐心细致地观察。如果充填的是氟氯烷混合物，则要用探头探测漏气处发出的声响信号或仪表指示的信号。为了明显显示泄漏源，也可以利用试纸或试剂，涂在被检查处，用颜色显示。

液体法检验密封性，是用工作流体在压力下充填系统和持续一定时间。目视检查连接处有无泄漏，也可用过滤纸帮助发现泄漏。在发现有泄漏时，应将系统中的压力降到零，拧紧连接处的接头或螺帽，或更换导管。在排除泄漏以后重复检查密封性，直至达到要求。

管路系统的清洁度检查。以液压系统为例，当系统安装后，要进行系统的清洗并作清洁度检验。系统清洗方法是使系统重复动作，如收放起落架、收放襟翼、收放减速板等；使系统内的杂质被冲刷下来，并被油滤过滤掉。为此目的，系统内液体运动速度应该为工作速度的 1.5～2 倍；液体压力应该等于清洗导管和清洗设备液压阻力的总和，但不应超过工作压力。清洗时间的长短与导管的总长度、系统内部的清洁状态有关。一般需要清洗 30 min 左右，而对于极重要的系统，可以超过 1 h。最后在实验室检验液压系统的清洁度。可用自动计算器统计或在显微镜下观察微粒试样，根据液体试样中所含杂质的数量大小，判断系统清洁达到的标准等级。

7.3.2 飞机电缆的制造与检测

飞机电缆担负着向全机各用电设备输送电能和完成各系统传递交换信号的任务。为了便于安装和检查，飞机电网划分成电缆，它由很多导线装配成为导线束。

1. 飞机电缆的制造

飞机电缆按图纸和工艺规程在专门的样板台上制造。严格的使用要求提出了电缆制造的高质量要求，即在最小的接触电阻下，导线与电气元件连接应有高的机械强度。电缆应当避免引起短路失火的可能性，应当防止机械损伤和其他损伤。

电缆制造工艺过程有：导线印字、布线、端头装配、试验、包扎。

(1) 电缆导线束成形

将导线按样板要求集束成形，称布线或划线。布线时要求导线具有线号标记或者在导线两端套以线号标套。复杂的电缆一般要按样板布线后成形。

电缆样板分为单功能与多功能的。单功能的一块样板上只能生产单一机种的少数电缆。多功能的采用网孔阵列样板和明胶图板，一块样板上可生产多机种的多种电缆。

布线工作大多仍是手工操作，较先进的有计算机显示布线程序，人工布线。

布线前需要在导线上印刷线号。这一工作可以实行计算机控制的自动印字机械化。能将导线号以一定的长度间隔印在成盘的导线上，然后送去布线。

对标笺管也可以实现自动印字，定长切割。有热压印及喷印等方法。根据导线材料不同，导线印字用的墨水需要选用专门配方。国内较普遍地采用薄膜涂敷、钢字热压印工艺，用于标笺管的印字。

(2) 导线的焊接和压接工艺

将导线端头与专门元件连接，使其具有良好导电性能并有一定机械强度的方法，有焊接和压接两种。

电缆制造采用的焊接为锡焊，也称软焊。它具有工具简单、性能可靠、使用广泛的特点。软焊是借助工件接触面之间熔入焊料而完成工件连接的工艺方法。所用的焊料是熔点低于450 ℃的软金属合金、锡铅合金。

压接工艺现已广泛应用子航空插头插针(孔)与导线的连接。美国插头座标准中有一半数量采用压接。压接工艺是借助可控制变形量的压力，使端接件尾管与导线线芯或导体线股一起产生塑性变形，从而排除它们之间的间隙，达到紧密的连接。压接接头应具有足够的机械强度和良好的导电性能。接头压接是用专用的压接工具来完成的，如用手动压接钳、小型气动压接工具或在中小型压床上配以不同的压模进行压接。

2. 飞机电缆的检测

电缆制造中由于人的因素及环境对人的影响，时有偶然错误发生。如：拉线错位、标套装错、插头座左右件搞错、焊线错位、多焊线等。这些差错的发生有偶然性，但在依靠人工制造时又有其必然性。因此，必须在电缆装入飞机前进行检测，彻底排除故障。

电缆检测的主要内容有：

线路故障检查，发现短路、断路、混线、搭壳等故障及部位；

绝缘电阻测量，要求每两点间在500 V电压下电阻大于20 MΩ；

元件组合逻辑功能检查和电子元件装配质量检查，发现断路、短路、反接、错装等故障。

上述检测要求属于正常检查，要百分之百地进行。除此之外，还要按一定比例进行典型试验，如振动、低温等试验。

电缆检测的方法发展很快。最初阶段是用导通灯、万用表和兆欧表手工检测。后来应用了开关指示灯电路的手工导通仪、半导体电路的导通仪、数字电路导通仪、程序控制检验仪，以及较先进的计算机自动电缆检测系统，将简单的手工重复劳动由测试仪器来取代。

7.4 飞机系统的安装、调整与测试

进入系统安装的飞机部件或段件应当装配完整，并清除掉多余物。其内表面用抗腐蚀的覆盖层保护，如对飞行员座舱、机轮舱内表面要进行喷漆。

7.4.1 对装机系统元件的要求

系统安装前，应对全部系统零件、附件进行检验。各个系统有不同的检查要求。

操纵系统应检查拉杆和钢索装置的成套性，涂层有无损伤、锈蚀、压坑、擦伤和钢索紊乱。钢索在编结到套环节头以前要做拉伸试验。检查导管表面有无机械损伤。

电气和无线电系统，要检查电缆的绝缘电阻、电缆装配的正确性、连接强度和导通情况，并测量接触电阻。装机设备的工作性能也要进行地面检查和测试。

带有损伤的保护套或防波套的电缆不允许安装，安装的全部设备和电缆、导管、紧固零件都应具有互换性。

7.4.2　操纵系统的安装调整与试验

操纵系统的很多元件是在部件装配时安装、调整和检查的。如在机身或机翼内安装操纵飞机和发动机的拉杆、钢索，安装滑轮、摇臂、支架和导向件，在驾驶舱内安装驾驶杆、脚蹬和拉杆。

操纵系统安装要保证运动件和结构之间有足够的间隙；在三滚轮导向件中拉杆不应紧涩；固定拉杆端接头的空心铆钉不应使拉杆在滚轮中运动遇到困难；在极限位置时，摇臂和拉杆之间应当有允许的间隙。在敷设和连接钢索时，钢索的轴线应当与滑轮的对称平面重合；钢索在滑轮上退出点的偏斜不应大于 2°；所有运动和转动零件离钢索距离不小于 3 mm，拉紧钢索，在气温较高时不致松弛下垂，在气温低时又不能太紧。

操纵系统的调整可以采用改变拉杆长度，或者改变摇臂长度的方法。用拉杆端头装的带螺纹端接头来调整长度，其调整范围要检查，不应超出极限尺寸。用力臂调节器来调节摇臂长度，一般是专用附件。

操纵系统调整时，一般要采用专用的中立位置夹具，使操纵系统处于中立位置。如国外飞机使用各种长短不一的高精度的中立位置销子，插在相同名义尺寸的结构固定孔中，这些孔位置均在型架上定位，准确度高。因此，拉杆长短调整非常准确，既保证了中立位置准确，又保证了操纵面的极限偏转范围。

对于装有液压助力器的操纵系统，驾驶杆力是由载荷机构产生的。因此，操纵系统的调整检查要测量驾驶杆力与行程的关系曲线，并从此杆力曲线图上得出杆力变化的梯度和系统的摩擦力大小。

近代高速飞机多采用多余度电传操纵，或称飞行控制系统。此系统除了舵机与舵面之间有拉杆和摇臂外，从驾驶杆、脚蹬到舵机之间均用导线传递信号。飞行控制系统采用飞行控制计算机，并与航空电子系统、液压系统、电气系统综合显示。因此，为保证飞行控制系统在飞机上工作安全可靠，必须将飞行控制系统、液压系统、电子系统等在地面试验台上进行 1∶1 的联机工作试验，一般叫做在“铁鸟”台上试验。通过“铁鸟”台试验的飞行控制系统、电气系统、液压系统才能往飞机上安装。

7.4.3 电气和通信系统的安装

电缆安装应保证固定牢固,不破坏绝缘并便于识别打印标记。电缆和导线的弯曲弧度应符合规定,与零件之间的间隙要保证。电缆敷设不应该太紧、交错或被折断,不应将电缆置于锋利的结构边缘上。连接到运动构件的电缆应松缓,有活动余地。

将电缆、个别的设备和装置组合在带引出线的板件上,以插座式接头形式与飞机上对应的线路连接,这种组合安装形式工艺性最好,便于检查和维修。

电气设备的插接头连接要用定力扳手;用螺旋缠绕带进行缠绕操作方便。电缆在飞机上安装后要进行试验。检查电缆连接的机械强度,测量接触电阻、绝缘电阻,检查线路是否接通,有无错线、混线和短路。检测设备有手动控制及自动控制两种。对于全机有数千根导线的检测,采用自动检测比较有利。

通信设备的工作检查按专用试验说明书进行。

7.5 试验与试飞

机场车间的工作是飞机生产的最后阶段,这一阶段工作完成后,飞机移交给使用单位。机场车间的工作内容包括:从总装配车间验收飞机;进行飞机地面检验及试验、飞行前准备、飞行试验;排除故障;最后移交给订货方。

1. 验收飞机

飞机总装配工作结束后,由机场车间与总装配车间共同检查飞机的总装配质量。飞机验收按一定提纲进行,其主要内容为检查飞机的外表情况、仪表和设备的成套性,进行车间分工的某些试验工作。

2. 地面试验

地面试验包括发动机试车前的试验和发动机试车情况下的试验工作。

各系统的检验和试验:如全机的电气、无线电和仪表系统的试验;液压、冷气和操纵系统的试验;发动机操纵和燃油、滑油系统的试验等。为了保证飞机质量,其中有些试验工作,在总装配后再重复做一遍。

罗盘校正:检查罗盘指示是否正确,并修正其误差。为使罗盘校正不受周围磁性物质的影响,罗盘校正场应远离建筑物百米以上。

上述工作完毕后,加注燃、滑油,准备发动机试车。发动机试车时除检查发动机装置本身外,还要在发动机开车的情况下,检查飞机各系统的工作情况。

3. 飞行前准备

加添燃油、滑油等，对飞机各部分及各系统进行外表检查。为保证质量，飞机的外表检查应按一定顺序进行。

4. 飞行试验

成批生产的飞机，飞行试验有两种：

① 移交试飞。必须对每架飞机进行，试飞时检查的项目不多，只对飞机的主要性能进行鉴定。

② 成批试飞。对一批飞机，抽出少数几架，检查的项目比移交试飞时多，以便更全面地检查这一批飞机的制造质量。

成批生产的飞机，在试飞合格后移交给订货方。移交时除飞机本身外，还包括备件、随机工具，以及飞机、发动机、仪表和设备的合格证及履历书等。

思考题与习题

1. 飞机总装配大致包括哪些工作？
2. 飞机总装配工作的特点是什么？
3. 试述飞机总装配工作的过程。
4. 试述金属导管制造的工艺过程。
5. 试述电缆制造的工艺过程。
6. 试述机场车间的工作内容。

参考文献

[1] 郦正能.飞行器结构学[M]. 北京:北京航空航天大学出版社,2003.
[2] 方宝瑞.飞机气动布局设计[M]. 北京:航空工业出版社,1997.
[3] 杨景佐,曹名.飞机总体设计[M]. 北京:航空工业出版社,1991.
[4] 王细洋.航空概论[M]. 北京:航空工业出版社,2004.
[5] 程宝蕖.飞机构造工艺性[M]. 北京:国防工业出版社,1990.
[6] 程宝蕖.飞机制造协调准确度与容差分配[M]. 北京:航空工业出版社,1987.
[7] 程宝蕖,崔赞斌.飞机制造互换协调技术[M]. 北京:国防工业出版社,1990.
[8] 黄良.飞机制造工艺学[M].北京:航空工业出版社,1993.
[9] 范玉青.现代飞机制造技术[M].北京:北京航空航天大学出版社,1999.
[10] 常荣福.飞机钣金零件制造技术[M]. 北京:国防工业出版社,1992.
[11] 刘忠梁.飞机装配协调互换问题与装配型架设计安装[M].北京:航空工业出版社,1990.
[12] 赵渠森.复合材料飞机构件制造技术[M]. 北京:国防工业出版社,1989.
[13] 赵渠森.先进复合材料手册[M]. 北京:机械工业出版社,2003.
[14] 姚任远,蔡青.飞机装配技术[M]. 北京:国防工业出版社,1993.
[15] Campbell F C. Manufacturing Technology for Aerospace Structural Materials[M]. Elsevier Ltd,2006.
[16] 王云渤,等.飞机装配工艺学[M].北京:国防工业出版社,1990.
[17] 王海宇.飞机装配工艺学[M].西安:西北工业大学出版社,2012.
[18] 马名伦.飞机金属胶接结构制造技术[M]. 北京:国防工业出版社,1994.
[19] 《航空制造工程手册》总编委会.飞机模线样板[M].北京:航空工业出版社,1993.
[20] 《航空制造工程手册》总编委会.飞机钣金工艺[M].北京:航空工业出版社,1992.
[21] 《航空制造工程手册》总编委会.金属材料切削加工[M].北京:航空工业出版社,1994.
[22] 《航空制造工程手册》总编委会.非金属结构件工艺[M].北京:航空工业出版社,1996.
[23] 《航空制造工程手册》总编委会.飞机装配[M].2版.北京:航空工业出版社,2010.